植物医科学叢書 No.5

カラー図説

増補改訂版

植物病原菌類の見分け方
～身近な菌類病を観察する～
（下巻）

編著　堀江 博道

法政大学 植物医科学センター
一般財団法人 農林産業研究所

大誠社

画像診断依頼の事例

図2.3 インターネットによる診断依頼の
　　　　添付写真例　　　　　　　〔本文 p 337〕
マリーゴールド灰色かび病
　①鉢植え栽培の被害症状
　②③症状の拡大（病患部に菌体が見られる）
バラ黒星病
　④株全体の被害症状　⑤枝の着生葉の症状
　⑥病葉の拡大（病斑の色調や形状などがよく分かる）
ヒペリカム（セイヨウキンシバイ）さび病
　⑦植栽の被害症状
　⑧同・局所（著しい落葉を起こしている）
　⑨病葉表面の症状（病徴の相違がある）
　⑩葉裏の症状（病患部に菌体が見られる）

菌類観察・同定の機器／細菌の観察

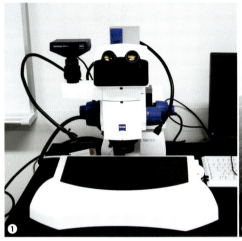

図2.5　菌類観察・同定に用いる機器（1）　　　　　　　　　　　〔本文 p340〕
①実体顕微鏡　②生物顕微鏡（①②カールツァイス社製）　　　〔①②鍵和田 聡〕

図2.6　菌類観察・同定に用いる機器（2）　　　　　　　　　　　〔本文 p341〕
①走査型電子顕微鏡（卓上型：日本電子社製）
②恒温器（パナソニック社製）にブラックライトを備え付ける
③多段式恒温器（日本医化器械製作所製）　　　　　　　　　　〔①-③鍵和田 聡〕

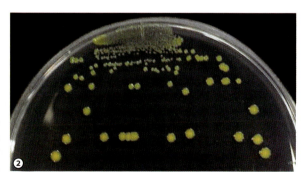

図2.7　植物病原細菌の観察　　　　　　　　　　　　　　　　　〔本文 p342〕
①生物顕微鏡下で観察される噴出菌（イネ白葉枯病菌）　②平板培地に画線させて得られたコロニー
　　　　　　　　　　　　　　　　　　　　　　　　　　　　　〔①②鍵和田 聡〕

271

細菌の簡易同定／ウイルスの接種（1）

図2.8　API20NEを用いた植物病原細菌の簡易同定　〔本文 p 342〕
① API20NEによる生化学テスト
② 農業環境技術研究所の簡易同定96-APIのデータベース　〔①②鍵和田 聡〕

図2.9　ウイルスの汁液接種　〔本文 p 343〕
①接種する検定植物の葉にカーボランダムをふりかける　②綿棒を用いて粗汁液を摩擦接種する
③接種葉に現れた局部病斑　〔①-③鍵和田 聡〕

図2.10　媒介昆虫（アブラムシ）を用いたウイルスの接種　〔本文 p 345〕
①アブラムシを飼育しておく（植物はナス）　②アブラムシをシャーレ内に置き，1時間程度絶食させる
③罹病植物に移し，数分間で獲得吸汁させる　④接種植物に移し，数時間〜1日程度吸汁させる
〔①-④鍵和田 聡〕

ウイルスの接種（2）／診断・観察

図2.11　接ぎ木によるウイルスの接種　〔本文 p 345〕
① - ③芽接ぎ：(①樹皮にナイフで切り込みを入れて形成層を露出させる
　②接ぎ穂を形成層が密着するように差し込む　③接ぎ木テープで接ぎ木部を
　固定して保護する)
④寄せ接ぎ：ウイルスに感染したウメ小枝（右）をニシキギ（左）に接ぎ木する　〔① - ③鍵和田 聡　④川合 昭〕

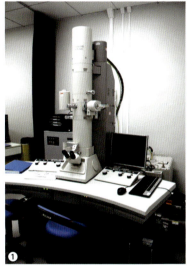
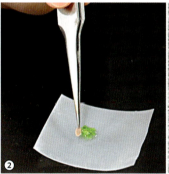
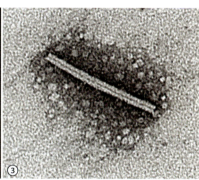

図2.12　電子顕微鏡によるウイルス粒子の観察（DN法）〔本文 p 345〕
①透過型電子顕微鏡（日立ハイテクノロジーズ社製）
②染色剤で磨砕した感染組織汁液をグリッドに載せる
③棒状のウイルス粒子が明るい部分として観察される
〔① - ③鍵和田 聡〕

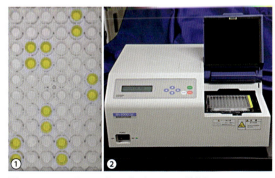

図2.13　ELISAによるウイルスの診断　〔本文 p 346〕
①酵素反応により発色として検出されたサンプル
②プレートリーダー（コロナ電気社製）を用いて数
　値化する　　　　　　　　　　　　〔①②鍵和田 聡〕

図2.14　イムノクロマト法（Agdia社製）による
　　　　ウイルスの診断　　　　〔本文 p 346〕
判定ライン（上2サンプルの矢印位置）が認め
られたものが陽性反応　　　　　　〔鍵和田 聡〕

遺伝子解析（1）

図2.15 核酸抽出キット　　　　　　　　　　　　　　　　　　　　　〔本文 p 346〕
①DNA抽出のキット（左：バイオラッド社製，右：ライフテクノロジーズ社製）
②RNA抽出のキット（左：QIAGEN社製，右：ニッポンジーン社製）　〔①②鍵和田 聡〕

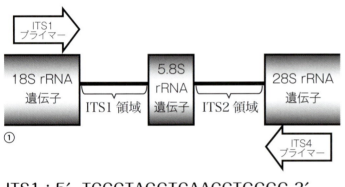

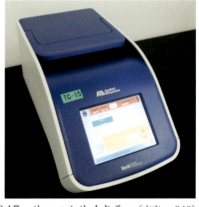

図2.16 リボソーム遺伝子とプライマー　〔本文 p 346〕
①真核生物のリボソーム遺伝子の構造とプライマーの位置
② ITS1とITS4のプライマーの塩基配列　〔①②鍵和田 聡〕

図2.17 サーマルサイクラー〔本文 p 346〕
（ライフテクノロジーズ社製）
〔鍵和田 聡〕

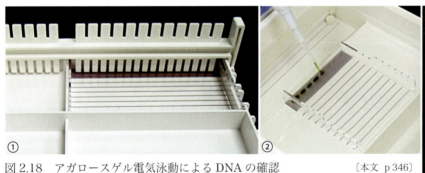

図2.18 アガロースゲル電気泳動によるDNAの確認　　　　　　　〔本文 p 346〕
①アガロースゲルを作製するためのゲルメーカー
②電気泳動槽に入れたアガロースゲルにサンプルをローディングする
③電気泳動後の検出結果：特定の泳動度（DNAの長さ）のところにバンドが現
　れれば，遺伝子増幅されたと考えられる．左のレーンはマーカー
〔①‐③鍵和田 聡〕

遺伝子解析 (2)

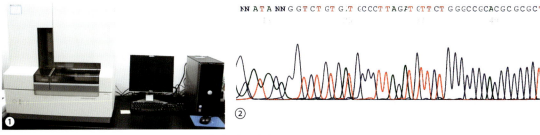

図 2.19　DNA シークエンサーによる塩基配列の決定　　　　　　　　　　　　　　　　　　　〔本文 p 347〕
①DNA シークエンサーの外観（ライフテクノロジーズ社製）
②得られた波形データと読み取られた塩基配列　　　　　　　　　　　　　　　　　　　　〔①②鍵和田 聡〕

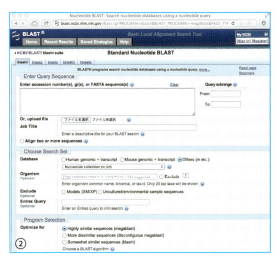
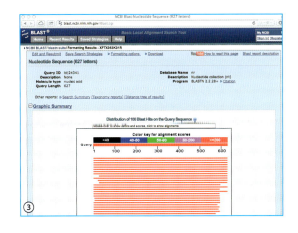
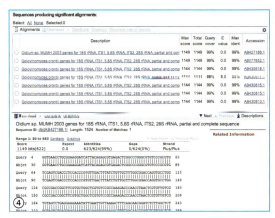

図 2.20　塩基配列の相同性検索　　　　　　　　　　　　　　　　　　　　　　　　　　　　〔本文 p 347〕
① NCBI の BLAST のトップページ．ITS 配列を検索する場合は nucleotide blast を選択する
②入力ボックスに得られた配列をペーストし，検索にかける
③相同性検索をかけた結果：ヒットした塩基配列の領域が棒線で示される
④結果の続き：ヒットした対象の種名等が 1 行ずつ列挙される
　　結果の続き：ヒットした対象の配列とのアライメントが示される　　　　　　　　　　〔①-④鍵和田 聡〕

土壌伝染性病害の診断ポイント

図2.21 土壌伝染性病害の診断ポイントとなる症状と発生状況の事例 〔本文 p353〕
①-③ダイコン萎黄病（①発生圃場の状況；菌密度の高い場所や雨水の停滞しやすい場所で最初に発生し，徐々に圃場全体へ拡がる　②罹病株の症状；片側の下葉から黄変萎凋する　③肥大根の断面；導管部が輪状に黒褐変する）
④キヌサヤエンドウ アファノミセス根腐病の発生状況（畦に沿って連続して発病することが多い）
⑤⑥ハクサイ根こぶ病（⑤発生圃場の状況；圃場全体または低湿場所に発生し，外葉が褐変枯死して結球不良となる　⑥罹病根の症状；大小まちまちで，表面が平滑なこぶを形成する）
⑦-⑨コマツナ萎黄病（⑦発生圃場の状況；高汚染圃場では生育初期から圃場全体に発病する　⑧⑨被害株の症状；葉脈が網目状に黄変する）　　〔①酒井宏　②⑤牛山欽司　③漆原寿彦　⑥近岡一郎　⑨阿部善三郎〕

細菌病の診断ポイント

図2.22 細菌病の診断ポイントとなる症状　　　　　　　　　　　　　　　　　　　　〔本文 p 355〕
①ハクサイ軟腐病（地際部から軟化腐敗）　②キャベツ黒腐病（褐変が葉縁からV字状～扇状に進展）
③-⑤トマトかいよう病（③茎の潰瘍症状　④茎髄部の崩壊　⑤果実の"鳥の目"状斑点）
⑥-⑧トマト青枯病（⑥急激に萎凋　⑦罹病茎の断面から病原細菌の菌泥が滲出　⑧切断した茎から病原細菌が水中に流出）
⑨⑩モモせん孔細菌病（⑨葉の病斑部が脱落　⑩果実にはハローを伴った小斑）
⑪トウカエデ首垂細菌病（葉脈に沿って連続する水浸状の条斑）
⑫バラ根頭がんしゅ病（地際部に生じた癌腫）　　　　　　　　　　　〔①⑩⑫牛山欽司　③-⑤⑦-⑨近岡一郎〕

ファイトプラズマ病・ウイルス病の診断ポイント

図 2.23　ファイトプラズマ病の診断ポイントとなる症状　　　　　　　　　　　　　〔本文 p 356〕
①シュンギクてんぐ巣病（叢生，奇形）　②リンドウてんぐ巣病（全身黄化，矮化，叢生）
③アジサイ葉化病（萼が葉のような外観を呈して奇形化，正常に着色しない）　〔②藤永真史　③鍵和田 聡〕

図 2.24　ウイルス病の診断ポイントとなる症状　　　　　　　　　　　　　　　　　〔本文 p 357〕
①キャベツえそモザイク病（葉の壊疽斑点）　②ダイコンモザイク病（葉のモザイク）
③トマト黄化葉巻病（新葉の黄変，縮れ，葉巻き）
④ - ⑥トマトモザイク病（④上葉の糸葉症状　⑤茎の条状壊疽　⑥果実の条状壊疽，奇形）
⑦スイカ緑斑モザイク病（果肉の"コンニャク"症状）
⑧ - ⑩ウメ輪斑病（⑧花弁の斑入り　⑨葉の輪紋状モザイク　⑩果実の色抜けした斑紋）
⑪チューリップ モザイク病（花弁の斑入り）　⑫パンジー モザイク病（花弁の斑入り）
⑬サクユリモザイク病（葉の条状黄化，茎の奇形）　　〔①②⑪近岡一郎　③⑧ - ⑩星 秀男　⑤⑥米森弘己　⑦牛山欽司〕

線虫病の診断ポイント

図2.25 線虫病の診断ポイントとなる症状 〔本文 p 358〕
①イネシンガレセンチュウによるイネの葉先枯れ（玄米にも寄生して"黒点米"を生じる）
②イチゴセンチュウによるシャクヤク葉枯線虫病（葉脈に囲まれて褐変する）　③同・ボタン新芽の奇形
④‐⑥トマト根腐線虫病（④地上部の萎凋　⑤ネグサレセンチュウ類による被害根の褐変　⑥同・拡大）
⑦キタネグサレセンチュウによるダイコン肥大根の被害（白色の水疱症状が多数生じる）
⑧キタネグサレセンチュウ雌成虫（寄生性線虫に特有の口針が確認できる）
⑨⑩ガーベラ根こぶ線虫病（⑨サツマイモネコブセンチュウによる株枯れ　⑩根に多数のこぶを形成する）
⑪⑫サツマイモネコブセンチュウによるコクチナシの被害（⑪葉の黄変，落葉を起こし，ときに株枯れ　⑫根にこぶが数珠状に連鎖する）
⑬⑭ダイズシストセンチュウによるダイズの被害（⑬葉が黄変し，株は矮化して著しい生育不良となる　⑭根に寄生する雌成虫；のちシスト化）
〔①⑦⑧⑬⑭近岡一郎　③牛山欽司　④‐⑥竹内 純〕

害虫とその被害症状 (1)

図2.26　害虫の加害様式と被害 (1)　〔本文 p 359〕
①-③ モンシロチョウ（①成虫　②幼虫　③同・キャベツの被害）
④-⑥ コナガ（④雄成虫　⑤幼虫　⑥キャベツの被害）
⑦-⑨ ハスモンヨトウ（⑦若齢幼虫　⑧中齢・老齢幼虫　⑨キャベツの被害）
⑩⑪ チャドクガ（⑩中齢幼虫　⑪老齢幼虫）　⑫マツカレハ幼虫とマツ針葉の被害
⑬アメリカシロヒトリ幼虫　⑭チュウレンジハバチ幼虫
⑮⑯ ミカンハモグリガ（⑮カンキツ類の被害　⑯幼虫と葉肉部の坑道）
⑰⑱ ナモグリバエ（⑰成虫　⑱サヤエンドウの被害）　〔①③④⑥⑦⑨⑫⑮⑯近岡一郎　②⑤⑧⑩⑪⑭⑰⑱竹内浩二〕

害虫とその被害症状 (2)

図2.27 害虫の加害様式と被害 (2)　　　　　　　　　　　　　　　　　　　　　　　　　　　　　　〔本文 p 359〕
①②ヘリグロテントウノミハムシ（ヒイラギモクセイ葉の被害；①成虫　②幼虫）
③④ニジュウヤホシテントウ（ナス葉の棚田模様の食害痕；③成虫　④幼虫）
⑤マツカサアブラムシ（アカマツ；成虫と卵）　⑥ナシ果実を吸汁中のチャバネアオカメムシ（成虫）
⑦カメムシ類の吸汁によるナシ果実の被害　⑧オオタバコガ；幼虫とトマト果実の被害
⑨⑩ゴマダラカミキリ（⑨リンゴ樹の被害　⑩幼虫）　　　　〔①-④⑧竹内浩二　⑤-⑦⑨近岡一郎　⑩牛山鉄司〕

害虫とその被害症状（3）

図2.28 害虫の加害様式と被害（3） 〔本文 p 360〕
①-③カキクダアザミウマ（①成虫　②幼虫　③カキ葉の被害；筒状に巻く）
④-⑦ミカンキイロアザミウマ（④成虫と幼虫　⑤トマト葉の食痕　⑥同・果実の被害；白色のかすり斑　⑦ガーベラ花弁の被害；萎縮，奇形，白色のかすり斑）
⑧アザミウマ類によるトルコギキョウ花弁の被害；白色のかすり斑
⑨⑩カワリコアブラムシ（⑨成虫と幼虫　⑩ハナモモの被害；新葉が巻く）
⑪⑫オンシツコナジラミ（⑪成虫　⑫蛹）
⑬⑭タバココナジラミ（⑬成虫と蛹　⑭トマト果実の被害；着色不良を起こす）
⑮⑯プラタナスグンバイ（⑮成虫と幼虫　⑯プラタナス葉の被害；黄白化する）

〔①-③⑥⑭近岡一郎　④⑤⑨-⑬⑮⑯竹内浩二〕

害虫とその被害症状（4）

図 2.29　害虫の加害様式と被害（4）　　　〔本文 p 360〕

①②トマトサビダニ（①成虫・幼虫・卵　②トマト茎葉の被害；枯れ上がる）
③ - ⑥チャノホコリダニ（③成虫と幼虫　④ナス先端葉の萎縮，奇形，芯止まり　⑤ナス果実表面やへたの部分が色抜けし，さめ肌状にコルク化　⑥ガーベラ花弁の被害；奇形と変色）
⑦⑧カンザワハダニ（⑦成虫と卵　⑧チャ新葉の被害；奇形，かすり斑と変色）
⑨ロビンネダニ：チューリップの球根に寄生し，生育不良と株枯れを起こす
⑩シクラメンホコリダニ：シクラメン花器への加害（吸汁）により花弁が奇形となり，部分的に変色する
⑪マツカキカイガラムシ：マツ針葉の基部に虫体が貼り付いて吸汁するため，その上方は黄化枯死する
⑫ヤノネカイガラムシ：カンキツ類の果実に貼り付くように多数寄生する

〔①- ③⑦⑧⑩竹内浩二　④⑤⑪⑫近岡一郎〕

283

気象要因による被害症状

図2.30 気象要因等による植物被害の事例 〔本文 p 365〕
①冷水によるイネの登熟不良（冷水が田圃に流入したため，水口付近のイネ〈矢印〉が登熟していない）
②乾燥による生垣の枯れ（レイランドヒノキ；土盛りをしてあるため，夏季の干ばつにより衰弱枯死した）
③潮風による被害（ヒュウガミズキ；潮風が当たる面が塩害により葉枯れを起こした）
④⑤降雹によるナシの被害（④落果状況　⑤果実の付傷と周辺部の腐敗）
⑥降雹によるサトイモ葉の破損 〔①近岡一郎〕

図2.31　日焼け痕から伝染性病害へ進行する症例（炭疽病） 〔本文 p 365〕
ツバキ：①②曇雨天が続いたあと，若い葉が強い直射光を受けると日焼け障害を起こす
　　　　③日焼け痕から炭疽病の病斑が拡がり，病斑上に分生子層（小黒点）を多数生じる
セイヨウキヅタ：④日焼け痕に輪紋状の病斑が拡がる　⑤病斑上に分生子層（小黒点）を多数形成する
ヒイラギナンテン：⑥日焼け斑を生じる　⑦輪郭の明瞭な病斑上に分生子層（小黒点）を多数形成する

薬害事例（1）

図2.32 薬害の症状（1）現地の薬害事例 〔本文 p 366〕
①アブラナ科野菜（銅剤散布による葉裏の褐色を呈した細かい照り；さび症状）
②ポインセチア（「チオシクラム＋ブプロフェジン」混合剤散布による赤色の苞の脱色）
③ペチュニア（TPN剤散布による花弁の色抜け）
④バラ（キノキサリン系剤の高温時散布による花弁の染み状の小点）
⑤プリムラ・オブコニカ（DMTP剤散布による花弁の色抜け）
⑥シクラメン（プロシミドン剤散布による葉柄・花柄の割れ）
⑦ハボタン（「ピレスロイド＋有機リン」混合剤散布による新葉先端部の焼け；特定品種のみに発生した）
⑧キク（オキシカルボキシン剤散布による葉縁の枯れ）
⑨スカシユリ（メタラキシル粒剤の土壌施用による葉先の黄化）
⑩トウカエデ（有機銅剤散布による葉の褐変落葉）
⑪除草剤のガス害（施設内で地表面に施用した除草剤のガス化により，ベンチ上の鉢植えアサガオの葉に萎縮・奇形症状が現れ，株は矮化して蔓の伸長が停止した）
〔⑥阿部善三郎〕

図2.33 薬害の症状（2）試験圃場での薬害事例 〔本文 p 366〕
①硫黄フロアブル剤散布によるキュウリの薬害（左側が散布区，右側は無処理区）：左右の株は同時に定植したが，薬害により葉の大きさ，色が著しく異なる
②同・被害葉の拡大：葉の全体が硬くなって褪緑するとともに，周縁は乾固してやや内側に巻く

薬害事例（2）／要素欠乏症状／アンモニアガス・光化学オキシダントの被害症状

図2.34 薬害の症状（3）除草剤のドリフトによる薬害と類似症状（菌類病）との比較　〔本文 p366〕
①薬害：ユリ栽培圃場の周囲に散布した除草剤が飛散し薬害を起こした．一見，葉の斑点性病害とまぎらわしいが，周辺の雑草が枯死している状況や斑点部分の組織からは病原菌が検出されないこと，斑点は伝染・拡大しないことなどから薬害と推定できる
②ユリ類 葉枯病：病斑が水浸状に進展しているように見える．病斑上には病原菌の菌体（分生子柄と分生子）を形成する

図2.35　要素の欠乏症の症例　〔本文 p370〕
①トマト：尻腐れ症状（カルシウム欠乏症状；同じ果房の果実が，果尻から黒褐変することが多い）
②シュンギク：カルシウム欠乏症状（先端葉および新葉の葉先・葉縁が黒褐色し，芯腐れを起こす）
③ナス：マグネシウム欠乏症状（下葉から葉脈間が褪色し，徐々に上葉へ進行する）
④カンキツ類：マグネシウム欠乏症状（古い葉の葉脈間が褪緑・黄変する）
⑤カンキツ類：マンガン欠乏症状（上葉から葉脈間が褪色し，やがて古葉にも同様の症状が現れる）
⑥ツツジ類：マンガン欠乏症状（新葉から，葉脈を残して黄化・白化する）　〔①近岡一郎　④⑤牛山欽司〕

図2.36　アンモニアガスの被害例　〔本文 p371〕
施設栽培のレザーリーフファンに未熟な鶏糞堆肥を施用したところ，土壌中における分解過程でアンモニアガスが発生し，施用場所を中心に葉が赤褐変する被害を生じた

図2.38　光化学オキシダントの被害　〔本文 p373〕
①ホウレンソウ：PAN型被害症状（葉裏に照りが現れる）
②アサガオ：オゾン型被害症状（被曝数日後に葉表の葉脈間が黄褐変する）　〔①飯嶋勉〕

宿主変換／病害虫防除対策（1）

図 2.39　ナシ赤星病菌の宿主変換と標徴　　　　　　　　　　　　　　　　　　　　　　〔本文 p 380〕
①②ビャクシンさび病（①冬胞子堆の集塊　②同・春季の降雨時に冬胞子堆がゼリー状に膨潤する）
③ - ⑤ナシ赤星病（③葉表に橙色の病斑を生じる　④葉表の病斑上に精子器を群生し，蜜状物を溢出する
　⑤葉裏に銹子腔を形成する）

図 2.40　ハウスの太陽熱消毒　　　　　　　　　　　　　　　　　　　　　　　　　　　〔本文 p 383〕
①夏季にビニルハウスを密閉し，太陽熱により土壌病原菌や地上部病原菌，土壌害虫，微小害虫等を死滅
　させる．気象条件，栽培作物や対象病害虫の種類により密閉程度，処理日数を調整する
②太陽熱消毒ハウスでのホウレンソウ栽培（立枯れ性病害などが防除される）　　　　　〔①②竹内浩二〕

図 2.41　紫外線カットフィルムを利用したハウス　　　　　　　　　　　　　　　　　　〔本文 p 383〕
①紫外線不透過型被覆資材を用いて近紫外線を遮断し，病原菌の分生子形成などを抑制する（このハウス
　では天井に紫外線カットフィルムを使用．病害の場合は側面も含め全体を被覆しないと，散乱光が入っ
　て効果が劣る）
②ワケネギの栽培（ネギアザミウマの食害などが軽減される）　　　　　　　　　　　　〔①②竹内浩二〕

病害虫防除対策（2）

図 2.42　土壌施用薬剤の効果（キャベツ根こぶ病防除試験例）　　　　　　　　　　　　　　　〔本文 p 385〕
①中央と右の列は無処理区（農薬無施用）；発病によって株は小型となり，葉が紫色を帯びて萎れ症状を呈する．その左は農薬を土壌混和した処理区；葉の張りがよく，良好に生育する
②無処理区；病勢が進行した株の被害状況　③同；罹病株の根部病徴

図 2.43　茎葉散布薬剤の効果（タマネギべと病防除試験例）　　　　　　　　　　　　　　　　〔本文 p 385〕
①防除区；農薬散布区は無防除区（②③）と比較して，べと病がかなり防除され，生育も相当に良好となる
②③無防除区；べと病の多発により激しい葉枯れを生じ，枯死部が白く見える　　　　　〔①-③星 秀男〕

図 2.44　圃場衛生と伝染源の除去（実際圃場の不適切な事例）　　　　　　　　　　　　　　　〔本文 p 386〕
コマツナ萎黄病発生圃場での残渣廃棄
　①罹病株や商品調製後の残渣を圃場から搬出・廃棄する場合，施設入り口付近を廃棄場所にすると，病原菌が飛散したり，雨水とともに流入して発病を激化させるおそれがある
　②③該当圃場ではコマツナ萎黄病（図 2.21 参照）が多発した
ペチュニアこうがいかび病発生施設での残渣放置
　④灌水マット（この上に鉢を置いて灌水管理する）上に摘み取った花殻が放置され，病原菌の繁殖場所となっている
　⑤⑥施設内の地面には病原菌の胞子を多量に形成している花殻が多数放置され，ここから胞子がベンチ上に飛散し，伝染する（⑥残渣上には病原菌が繁殖している）
　⑦該当圃場においてペチュニアこうがいかび病の発生が拡大した
　　　　　　　　　　　　　　　　　　　　　　　　　　　　　　　　　　　　　　　〔④-⑦竹内 純〕

病害虫防除対策（3）

図 2.45　抵抗性品種によるキャベツ萎黄病の防除　　〔本文 p 387〕
1960 年代後半，キャベツ萎黄病が東京都などで大発生した．本病を恒久的に防除するため，抵抗性品種の開発が行われ，わずか 2 年間で実用品種が育成され，完璧な防除効果を示した．東京都でのこの成果は，土壌伝染性病害を抵抗性品種で防除した最初の事例として特筆される．その後，土壌伝染性病害防除の最重要技術として抵抗性品種の育成が位置付けられた
① 1967 年当時のキャベツ萎黄病発生圃場（欠株が多数認められ，被害の大きさが分かる）
② 抵抗性品種による効果実証圃場での栽培（1969 年当時，①と同一の圃場；まったく発病していない）
③ キャベツ萎黄病の症状（外葉が黄化し，結球しない）　　　〔①-③飯嶋 勉〕

図 2.46　トマト半身萎凋病に対する抵抗性品種の効果実証
〔本文 p 387〕
土壌伝染性病害・トマト半身萎凋病（1973 年に初報告）の発生直後から抵抗性品種の育成に着手し，現在の実用品種のほとんどに本病抵抗性が付与されている．写真は 1970 年代に行われた抵抗性品種の効果実証圃場における発病状況；①②とも左側が従来の感受性品種で，下葉からの黄変や枯死が目立つ．右側は抵抗性品種で，発病は認められない　　〔①②飯嶋 勉〕

図 2.47　雨除け栽培　　〔本文 p 389〕
① トマト：茎葉・果実の地上部病害（疫病，灰色かび病，輪紋病など）の発病抑制に有効である
② コマツナ：春期や秋期，白さび病発生時期に直接降雨が当たらないように，頭上をポリ・ビニルフィルムで被うだけで高い防除効果がある（温度上昇を防ぐため，側面は適宜開閉を行う）　　〔②阿部善三郎〕

菌類病の診断ポイント：病徴の基本型

図 2.48 症状による菌類病診断のポイント (1)病徴の基本型 〔本文 p 394〕
①萎凋：ナス半身萎凋病の症状（茎などの導管部が侵され，葉の黄変，萎れ，株の生育不良を起こす）
②萎黄：コマツナ萎黄病の症状（根や葉柄の導管部が侵され，葉の黄変，萎れを起こす）
③腐敗：キャベツ株腐病の症状（外葉や結球葉の表面が水浸状に褐変腐敗する）
④縮葉・肥大：ハナモモ縮葉病の症状（新葉が展開とともに縮れ，厚みを増して奇形化する）
⑤こぶ：カブ根こぶ病の症状（根部が肥大してこぶ状となる）
⑥叢生・てんぐ巣：サクラ'ソメイヨシノ'てんぐ巣病の症状（小枝が叢生し，花が着かない）
⑦瘡痂：ヤツデそうか病の症状（葉や葉柄に小病斑がかさぶた状に連続する）
⑧徒長：イネばか苗病の本圃での発生状況（苗の草丈が異常に高くなり，黄変する）
⑨ミイラ化：ツバキもち病の症状（肥大した罹病葉が乾固し，樹上に長く着生する）
⑩ - ⑫斑点：⑩ハクサイ白斑病の症状（葉に淡いベージュ色の小円形病斑を形成する）　⑪ウメ環紋葉枯病の症状（葉に同心状の輪紋病斑を形成する）　⑫ハナズオウ角斑病の症状（葉脈に囲まれた角形の小病斑を形成する）

〔③⑥星 秀男　⑧⑨近岡一郎　⑪牛山欽司〕

菌類病の診断ポイント：萎凋・枯死症状

図 2.49　症状による菌類病診断のポイント（2）地上部全体の萎凋・枯死症状　　〔本文 p 395〕
①プリムラ苗立枯病：播種トレイでの発病（病原菌 Rhizoctonia solani が中央のトレイに侵入し，苗が枯死消失したが，隣接トレイには進展していない）
②コマツナ苗立枯病：圃場での発病（幼苗期に地際から倒伏枯死する）
③ストック苗立枯病：地際部が褐変して萎凋枯死する
④アルストロメリア根茎腐敗病：根部と地際の茎部が罹病し，株枯れを起こす
⑤キク萎凋病：根部と茎の導管部が侵され，萎凋枯死する　⑥キュウリつる割病：⑤と同様
⑦キュウリつる枯病：地際の茎部が罹病すると，株枯れを起こす
⑧⑨キュウリ ホモプシス根腐病：⑧根が侵され，萎凋して枯れ上がる　⑨根面の小黒点は微小偽菌核
⑩⑪トマト半身萎凋病：根と茎の導管部が侵され，萎凋して枯れ上がる
⑫⑬トマト根腐萎凋病：⑫根部と地際茎の導管部・髄部が侵される　⑬圃場での被害状況
⑭リンゴ白紋羽病：主根が罹病すると，樹全体が枯死する

〔⑤ - ⑦⑭牛山欽司　⑧小林正伸　⑨⑫⑬近岡一郎　⑩⑪竹内 純〕

菌類病の診断ポイント：花器・果実の症状

図2.50　症状による菌類病診断のポイント　(3)花器・果実の症状　〔本文 p 397〕
①洋ラン灰色かび病：花弁に小点が発生する　②バラ灰色かび病：花弁に染み状の小斑が発生する
③キク花腐病：花弁や花蕾が水浸状に腐敗枯死する
④ガーベラうどんこ病：花弁の裏面に白色～灰白色，粉状の菌体が生じる
⑤コスモス炭疽病：花弁に染み状の不整円斑を生じる
⑥トマト菌核病：果実ではへた部に菌核を形成することが多い
⑦イチゴうどんこ病：果実に白色粉状の菌叢が発生する
⑧キュウリ灰色かび病：花殻から病斑が進展することが多く，灰色紛状の菌叢が密生する
⑨モモ灰星病：果実の罹病部に灰色～ベージュ色の分生子の集塊を豊富に形成する
⑩モモ黒星病：果実では灰黒色の小円斑を多数形成する
⑪ナシ赤星病：幼果に橙黄色の病斑を生じ，筒状のさび胞子堆（銹子腔）を多数形成する
⑫リンゴ斑点落葉病：果実にはやや凹んだ灰褐色～褐色の小斑点を形成する
⑬ブドウ黒とう病：果実では中央部が灰色，周囲が暗褐色で，やや凹んだ不整円斑が現れ，亀裂を生じる
⑭ブドウ晩腐病：果粒が腐敗し，橙色粘質の分生子塊が溢出する

〔①⑧‐⑪⑭近岡一郎　②③⑫牛山欽司　⑬⑭飯島章彦〕

菌類病の診断ポイント：葉の症状

図2.51　症状による菌類病診断のポイント　(4)葉の症状　　〔本文 p 398〕
①キュウリ褐斑病：はじめ小型の円斑を生じ，のち淡褐色〜灰褐色，不整円形〜角形の病斑となる
②キュウリべと病：小葉脈に囲まれた黄褐色〜淡褐色の角形病斑を多数生じる
③ブドウ黒とう病：葉では赤褐色〜暗褐色の小斑が多数形成され，のち亀裂を生じ，穴があく
④カキ角斑落葉病：小葉脈に囲まれた淡褐色〜暗褐色の小角斑を多数形成する
⑤カキ円星落葉病：中央部が淡赤褐色〜淡褐色，周辺が黒褐色の不整円斑を多数生じる
⑥スターチス（リモニウム）褐斑病：灰白色に縁取られた灰褐色の不整円斑が現れる
⑦シオン黒斑病：小葉脈に囲まれた灰黒色の小角斑を多数形成し，しばしば融合拡大する
⑧ドラセナ炭疽病：葉先から淡褐色〜褐色の病斑が帯状に進展する
⑨セントポーリア疫病：罹病した葉柄から葉身に黒褐色，水浸状の病斑が進展する
⑩イチョウすす斑病：葉縁から扇形の褐色病斑を生じ，葉基部に向かって進行することが多い
⑪シャリンバイごま色斑点病：周囲を紅色に縁取られた淡灰褐色の小円斑が多数現れる
⑫ケヤキ白星病：褐色に縁取られた灰色の不整円斑を生じ，周辺は褪色する　　〔①星 秀男　③牛山欽司〕

293

菌類病の診断ポイント：茎・枝・幹の症状

図2.52　症状による菌類病診断のポイント (5)茎・枝・幹の症状　　〔本文 p 399〕
①ブドウ黒とう病：新梢には淡褐色〜黒褐色の類円形病斑を生じ，やや凹み，亀裂を伴う
②リンゴ腐らん病：進展すると病斑部が凹む．のち樹皮が破れ，巻き込むように枯死する
③リンゴ輪紋病（枝幹の"いぼ皮"症状）：アズキ粒大の隆起した疣が多数生じる
④ナシ赤星病：若い緑枝に病斑を生じると，やがて褐変し折損することが多い
⑤イネ紋枯病：茎（葉鞘）に長楕円形，中心部が灰白色で周縁が茶褐色の病斑が進展する
⑥トマト灰色かび病：花殻が付着した部位から褐色病斑が進展し，その上方は萎凋枯死する
⑦メロン類つる枯病：地際の茎部が罹病すると，灰色を呈して株枯れを起こす
⑧アスパラガス茎枯病：縦長の淡褐色病斑を生じ，その上方は枯死する
⑨シャクヤク斑葉病：茎では黒褐色〜黒色の縦長病斑となり，その上方の茎葉は萎凋枯死する
⑩キキョウ茎腐病：地際付近の茎部が褐変腐敗し，株枯れ状になる

〔①⑧青野伸男　②③飯島章彦　④牛山欽司　⑤⑥近岡一郎　⑩竹内 純〕

菌類病の標徴：菌糸・菌糸束・菌糸膜・菌核

図2.53　標　徴（1）菌糸・菌糸束・菌糸膜　　　　　　　　　　　　　　　　　　　　　〔本文 p 401〕
①白絹病：絹糸のような光沢のある菌糸が，罹病茎表面に膜状に伸長する（メランポジウム）
②③紫紋羽病：②サツマイモでは，いもの表面に菌糸束が縦横，網目状に拡がる　③地際の茎が菌糸膜で
　被われる（ハイビスカス）
④⑤白紋羽病：④罹病根の表面に菌糸束が発達する（広葉樹の一種）⑤特徴的な鳥の羽状の菌糸束
⑥-⑧くもの巣病：⑥葉が枯死し，菌糸で綴り合わされる（リンゴ）⑦⑧菌糸がくもの巣状に伸長する
⑨ナラタケに寄生されたカンキツの幹（上）とナラタケの根状菌糸束（下）
　　　　　　　　　　　　　　　　　　　　　　　　　　　　〔④⑨牛山欽司　⑤竹本周平　⑥-⑧竹内 純〕

図2.54　標　徴（2）菌核　　　　　　　　　　　　　　　　　　　　　　　　　　　　　〔本文 p 401〕
①白絹病：初期の菌核は白色でやや緩く，成熟すると淡褐色を呈し，小型球状である（ギボウシ類）
②同：白色菌糸が地表面を這い，淡褐色の菌核を多数生じる（ペンステモン）
③菌核病：キャベツでは罹病結球の表面に黒色，不定形でやや大きめの菌核を散在的に形成する
④同：シソでは罹病茎の表面に黒色，不定形の菌核を形成する
⑤同：トマトでは空洞化した罹病茎の内部（髄部）に黒色，不定形の菌核を形成する
⑥リンゴくもの巣病：細枝に濃褐色の菌核を貼り付くように形成する
⑦ネギ黒腐菌核病：地下の葉鞘部にごく微小な黒色菌核が密生する
⑧ツツジ類 花腐菌核病：枯死した花弁に扁平，半球状で内部が凹んだ黒色菌核を形成する　〔⑥⑦竹内 純〕

295

菌類病の標徴：分生子殻・分生子層

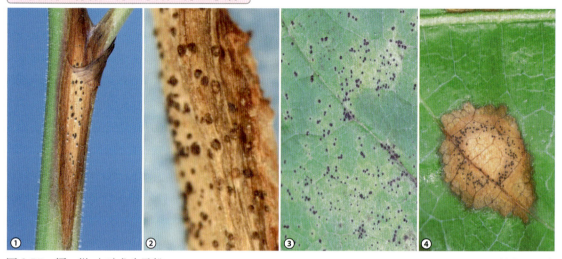

図2.55　標　徴（3）分生子殻　　　　　　　　　　　　　　　　〔本文 p 402〕
①スターチス褐斑病：不規則に分生子殻が散生する
②エダマメ（*Phoma exigua*）：分生子殻から分生子が溢れ出て集塊となる
③コブシ斑点病：分生子殻の周辺が褪色する
④ツタ褐色円斑病：分生子殻が円い帯状に群生する　　　　　　　〔②竹内 純〕

図2.56　標　徴（4）分生子層　　　　　　　　　　　　　　　　〔本文 p 402〕
①ボケ褐斑病：しばしば病斑を形成せず，小黒点（分生子層）を群生することがある
②③カナメモチごま色斑点病：1病斑あたり数個の不等形の分生子層（③拡大）を生じる
④ヒイラギナンテン炭疽病：分生子層から分生子の集塊が溢れ出ようとしている
⑤ヤブラン炭疽病：分生子層に剛毛が発達している

菌類病の標徴：分生子塊・分生子角・子実体

図2.57　標　徴　(5)胞子嚢，分生子柄・分生子の集塊　〔本文 p402〕
① *Rhizopus* 属菌が寄生したリンゴ果面には白色菌叢上に小黒点（胞子嚢）を多数散生する
②③灰色かび病：罹病部の分生子柄と分生子の集塊（②トマト果実　③ブドウ果房）
④ネギ黒斑病：病斑上の分生子柄と分生子　⑤カンキツ緑かび病：病斑部の分生子柄と分生子の集塊
⑥トマト葉かび病：葉裏の病斑上に分生子柄と分生子が叢生し，灰褐色を呈する
⑦ムギワラギクべと病：葉裏に胞子嚢柄と胞子嚢の集塊を生じ，灰白色紛状に見える
⑧セイヨウシャクナゲ葉斑病：病斑上に灰緑色の分生子柄と分生子の集塊を生じる

〔②近岡一郎　③飯島章彦　④星 秀男　⑦竹内 純〕

図2.58　標　徴　(6)分生子塊の溢出・分生子角　〔本文 p403〕
①トルコギキョウ炭疽病：分生子層から溢出した橙色の分生子塊
②ジンチョウゲ黒点病：分生子層から溢出した白色の分生子塊
③モモ枝折病：分生子殻から分生子塊が溢出して形成された分生子角
④リンゴ腐らん病：分生子殻から黄色の分生子塊が溢出して形成された，ひも状の分生子角

〔③青野信男　④飯島章彦〕

図2.59　標　徴　(7)子実体　〔本文 p403〕
①ベッコウタケ（幼菌；ケヤキ）　②ナラタケモドキ（サクラ'ソメイヨシノ'）
③コフキタケ（ヤマザクラ）

〔②竹内 純〕

菌類病の標徴：さび病菌

図2.60 　標　徴　(8) さび病菌 　　　　　　　　　　　　　　　　　　　　　　〔本文 p 403〕
①ビャクシンさび病（冬胞子堆が膨潤している）　②ナシ赤星病（さび胞子堆）
③モモ褐さび病（夏胞子堆）　④ウメ変葉病（さび胞子堆）　⑤キク白さび病（冬胞子堆）
⑥キク黒さび病（冬胞子堆）　⑦キク褐さび病（夏胞子堆）　⑧ナデシコさび病（夏胞子堆）
⑨ハマナスさび病（黒色部分は冬胞子が叢生してできた冬胞子堆，橙色粉状物は夏胞子堆）
⑩ササ類（ヤダケ）赤衣病（下側：夏胞子堆，上側：冬胞子堆）
⑪クワ赤渋病（さび胞子堆；さび胞子型夏胞子）　　　　　　　　　　〔①-④⑪近岡一郎　⑦⑧牛山欽司〕

菌類病の標徴：黒穂病菌

図2.61　標　徴　(9)黒穂病菌〔本文 p404〕
① ムギ類 なまぐさ黒穂病（黒色の黒穂胞子の集塊）
② サクラソウ黒穂病（罹病した子房）
③ フェニックス類 黒つぼ病（突起状菌体）
④⑤ ニリンソウ黒穂病（④花茎の膨らみと内部の黒穂胞子塊　⑤葉の菌えいと内部の黒穂胞子塊）
⑥ マコモ黒穂病（マコモタケの断面；内部には黒穂胞子が充満している）
⑦⑧ トウモロコシ黒穂病（雌穂の菌えいと内部の黒穂胞子塊）

〔①⑦近岡一郎　②柿嶌眞　⑥中村重正〕

菌類病の標徴：うどんこ病菌

図2.62 標　徴 (10) うどんこ病菌　　　　　　　　　　　　　　　　　　　　　　　　　〔本文 p 404〕
① - ③シラカシ紫かび病（*Cystotheca*）：主に葉裏に発生．菌叢は灰白色〜紫褐色となり，閉子嚢殻が密生
④⑤クワ裏うどんこ病（*Phyllactinia*）：主に葉裏面生．小黒粒は閉子嚢殻，黄色粒は未熟．付属糸は針状
⑥⑦エノキうどんこ病（*Erysiphe*）：葉の両面に発生．小黒粒は閉子嚢殻．付属糸の先端が巻く
⑧ - ⑪エノキ裏うどんこ病（*Pleochaeta*）：主に葉裏に発生．閉子嚢殻は大型．付属糸は冠状に密生．菌叢は豊富である（⑪は分生子世代）
⑫⑬ノルウェーカエデうどんこ病（*Sawadaea*）：葉裏基部から拡がることが多いが，のち両面に発生．小黒粒は閉子嚢殻．付属糸は冠状に生じ，先端が巻く

ルーペ観察／スケッチの勧め

図2.63 ルーペによる観察　〔本文 p 405〕
①観察の仕方
②ルーペ（各種仕様の製品が市販されている）

図2.64 スケッチの勧め　〔本文 p 408〕
上段：シャリンバイごま色斑点病の病徴と病原菌の分生子
中・下段：イチョウすす斑病の病徴と病原菌の子座・分生子柄・分生子（観察した菌体を組み合わせて作図）

徒手切片の作製／うどんこ病菌の観察法

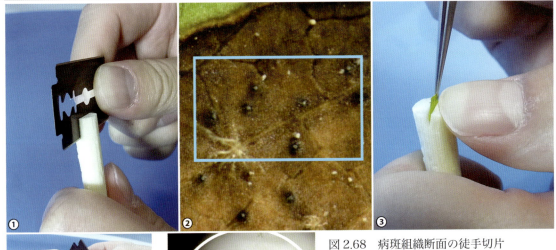

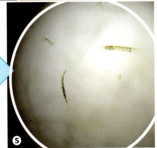

図2.68 病斑組織断面の徒手切片 〔本文 p411〕
①ピスに切り込みを入れる
②分生子層，分生子殻などを確認し，切り取る
③切り取った組織片をピスに挟み込む
④カミソリでピスごと薄く切る
⑤良い切片を選び，プレパラートにして検鏡する

図2.69 うどんこ病菌アナモルフの観察・保存 〔本文 p413〕
分生子の発芽管の観察方法：
　①タマネギ鱗片を作製する（鱗片表面に格子状に切れ目を入れ，ピンセットで剥がす）
　②鱗片は80％エタノール中に保存する
　③水洗後に滅菌水へ入れ，ワックス質の面を上にして，この面に分生子を払い落として付着させる
　④分生子を払い落とした鱗片をスライドグラス上に拡げる
　⑤湿らせた濾紙を敷いたシャーレ内に，鱗片を載せたスライドグラスを静置し，適宜検鏡する
病斑上のアナモルフの観察方法：
　⑥新鮮なコロニーを選び，セロハンテープを貼り付けて菌叢を剥ぎ取る
　⑦蒸留水を滴下したスライドグラスに，菌叢の付着したセロハンテープを貼り付けて検鏡する
菌株の保存方法の例：
　⑧昆虫（ツマグロヨコバイなど）飼育箱などを利用し，適宜植物を更新して継代する　〔①-⑧星 秀男〕

うどんこ病菌アナモルフの観察例

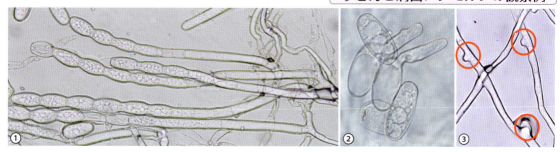

Euoidium 属〔①②キュウリ　③ジニア〕
　①分生子を鎖生し，フィブロシン体を欠く　②分生子の発芽管は Cichoracearum 型
　③菌糸の付着器は乳頭状

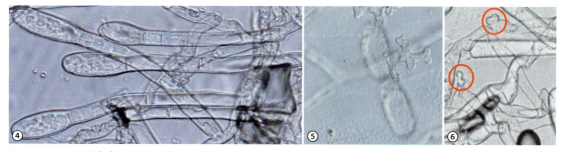

Pseudoidium 属〔④⑥トマト　⑤ヒメウスノキ〕
　④分生子を単生し，フィブロシン体を欠く　⑤分生子の発芽管は Polygoni 型
　⑥菌糸の付着器は拳状

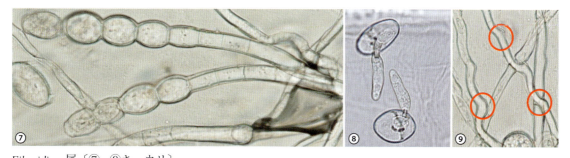

Fibroidium 属〔⑦ - ⑨キュウリ〕
　⑦分生子を鎖生し，フィブロシン体を含む　⑧分生子の発芽管は Fuliginea 型　⑨菌糸の付着器は突起状

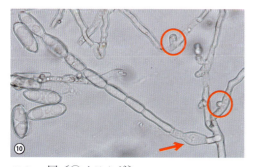
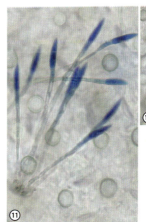

Oidium 属〔⑩イヌムギ〕
　⑩分生子を鎖生し，フィブロシン体を欠く
　　分生子柄基部が膨らむ（矢印）
　　菌糸の付着器は突起状または乳頭状

Oidiopsis 属〔⑪⑫ピーマン〕
　⑪分生子を単生し，フィブロシン体を欠く
　　披針形と棍棒形の2種類の分生子を形成
　⑫分生子の発芽

図 2.70　うどんこ病菌アナモルフの観察ポイント　　　　　　　　　　　　　　　　　　　　〔本文 p 414〕
＊赤丸は付着器．⑪⑫はコットンブルーで染色　　　　　　　　　　　　　　　　　　　　〔① - ⑫ 星 秀男〕

菌類病診断・同定の流れ

図 2.72　コッホの原則に基づく菌類病診断の事例　〔本文 p 435〕
リンゴ樹の葉腐れ症状の解明（①-⑦）：①リンゴ罹病樹の症状　②同（拡大）・葉の褐変腐敗と綴れ
　③罹病組織内の菌糸　④組織分離法により分離された菌株（WA）　⑤分離菌株の菌糸
　⑥健全なリンゴ苗木の葉に，分離菌の培養菌叢貼り付け接種 4 日後の発病状況（現地での症状を再現）
　⑦同・接種 14 日後（罹病組織から接種菌を再分離；新病害「リンゴくもの巣病」として登録）
ナス葉の黄変・萎凋症状の解明（⑧-⑪）：⑧ナス罹病株の症状
　⑨組織分離法により罹病組織片から生じた分生子柄と分生子の集塊
　⑩単菌糸分離された培養菌株（PDA）
　⑪微小菌核懸濁液に，健全なナス子苗を浸根接種 14 日後の発病状況（現地での症状を再現；罹病組織から接種菌を再分離；ナス半身萎凋病と診断）
〔①-⑦竹内 純〕

樹木腐朽の診断法

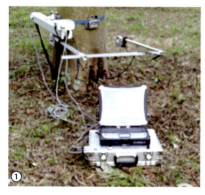

図2.74 ガンマ線樹木腐朽診断器（GTC-γ 0.7T-ABL）〔本文 p 438〕
①設置状況：設置されたアーム部分からγ線が放射される．アームが定速で移動し，その際樹木を透過したγ線の線量で腐朽や空洞の有無を推測する．交差する2方向で計測し，腐朽や空洞範囲を確定する
②③同時に計測される測定部位の樹木の断面形状と，各部位で推定される線量（グラフの黒色の折れ線で表示）よりも多く透過している部分が腐朽または空洞部．断面図では淡い色または白色となっている部分が腐朽部または空洞部．腐朽部や空洞部を面積％で表示する 〔①-③飯塚康雄〕

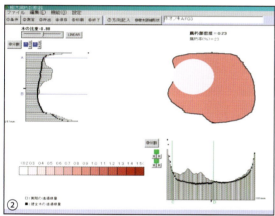
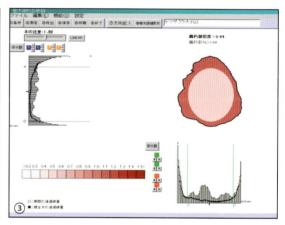

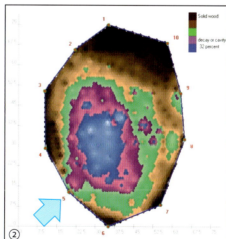

図2.75 ピカス（PICUS Sonic Tomograph） 〔本文 p 438〕
①設置状況：根元にニレサルノコシカケ（矢印）が発生したハルニレ．ピカスのセンサーを幹周囲の水平位置に10ポイント設置して測定する．測定はPCに接続された各センサーを専用のハンマーで軽く叩いて行う．打診波が各センサーに到達する時間を計測する．順次すべてのセンサーを叩き，最終的に断面図として結果が表記される
②データ：自動計算され，速度別に色分けされた図に示される．茶褐色が健全域を表し，緑・赤・青色の順で腐朽が進み，白色はほぼ空洞を意味する．腐朽や空洞規模は面積％で表示する．表示断面が多角形となっているのはセンサーを取り付けた位置を直線で繋げているためである．矢印は子実体の発生部位
③実際の断面の状況：白線で示した範囲内はスポンジ化した腐朽材を示し，②のピカス調査データとおおむね一致する．矢印は子実体の発生部位 〔①-③（有）テラテック〕

昆虫・線虫と菌類の関わり（1）

図2.76　すす病の症状と寄生昆虫　　　　　　　　　　　　　　　　　　　　　　〔本文 p439〕
①タバココナジラミが多発した施設栽培トマト（果実および茎葉）に，すす状の菌体が拡がる
②多数の微小害虫（キジラミ類）が棲息していた葉脈に沿って，すす症状が進展する（ヤブサンザシ）
③カイガラムシ類と共生してすす症状が茎葉に発生する．厚い菌叢は剥がれやすい（トベラ）

図2.78　こうやく病の症状と子実体　　　　　　　　　　　　　　　　　　　　　　〔本文 p440〕
①ウメ褐色こうやく病の症状　②フジ灰色こうやく病の症状　③シキミ褐色こうやく病の症状
④サクラ'ソメイヨシノ'黒色こうやく病の症状　⑤同・灰色こうやく病菌の子実体（縦断切片）

〔①牛山欽司　②-⑤周藤靖雄〕

図2.79　松枯れの被害とマツノザイセンチュウ
〔本文 p441〕
①針葉が淡褐変〜褐変する
②発病初期〜中期における被害状況（枝により褐変程度の差異がある）
③公園のシンボルツリー（アカマツ）の全体枯死
④マツノマダラカミキリの雌成虫（マツノザイセンチュウを媒介）
⑤-⑦マツノザイゼンチュウ（病原体）
⑧青変菌により変色したアカマツの材部

〔①⑤近岡一郎　④竹内浩二　⑥⑦牛山欽司　⑧周藤靖雄〕

昆虫・線虫と菌類の関わり (2)

図 2.80　ナラ類の急性萎凋とカシノナガキクイムシ　　　　　　　　　　　　　　　　　　　〔本文 p 442〕
① ミズナラの被害状況（樹全体の褐変枯死）　② スダジイの被害状況（葉の萎凋枯死）
③ スダジイの幹表面の多数の孔からフラスを排出　④ ミズナラ被害木の周囲に堆積したフラス
⑤ スダジイ孔道内のカシノナガキクイムシ幼虫
⑥ ミズナラ被害木の横断面（カシノナガキクイムシの孔道痕が縦横に見られる）
⑦ ナラ類 萎凋病の病原菌 *Raffaelea quercivora* の菌叢
⑧ 同・菌糸，分生子柄，分生子　⑨ カシノナガキクイムシの雌成虫（病原菌を媒介）
⑩ カシノナガキクイムシの菌嚢（マイカンギア；円い凹みがある）　　　〔①④⑥-⑩松下範久　②③⑤竹内 純〕

図 2.81　ナス半身萎凋病とネコブセンチュウ　　　　　　　　　　　　　　　　　　　　　　〔本文 p 443〕
① ナス半身萎凋病激発圃場：生育がきわめて悪い　② 根にはネコブセンチュウ類の寄生が見られる

虫えいの症例

図2.82 虫えいの各種症状 〔本文 p445〕
①②クリの被害：メコブズイフシ（クリタマバチ；②成虫と虫えい）
③④ブドウの被害：ブドウハケフシ（ブドウハモグリダニ；③葉表　④葉裏）；「毛せん病」の病名がある
⑤-⑦セイヨウバラの被害：バラハタマフシ（バラハタマバチ；⑤表面に刺がある　⑥幼虫室は複数　⑦幼虫と虫えい）
⑧⑨ヤブニッケイの被害：ニッケイハミャクイボフシ（ニッケイトガリキジラミ；⑧葉表　⑨葉裏）
⑩イヌシデの被害：イヌシデメクレフシ（フシダニの一種ソロメフクレダニ）
⑪エノキの被害：エノキハイボフシ（フシダニの一種）
⑫⑬エゴノキの被害：エゴノキハヒラタマルフシ（エゴタマバエ）　　〔①②近岡一郎　③牛山欽司　⑩⑪竹内浩二〕

イネ・ムギ類の病害

図 2.83　イネの病害　　　　　　　　　　　　　　　　　　　　〔本文 p 452〕
①②いもち病（①葉の病斑　②枝梗・穂の褐変）　③ごま葉枯病（楕円状の病斑）
④⑤ばか苗病（④苗箱での徒長・黄化　⑤本圃での罹病茎上の菌叢・分生子塊）　⑥紋枯病（茎の症状）
⑦白葉枯病（刃状の葉縁枯れ）　⑧もみ枯細菌病（籾の褐変）　⑨萎縮病（株の萎縮と葉の線状白点）
⑩縞葉枯病（奇形穂）
〔①⑧⑨-⑩近岡一郎　②星 秀男　⑤⑦青野信男〕

図 2.84　ムギ類の病害　　　　〔本文 p 453〕
①赤かび病（菌叢と桃色の分生子集塊）
②赤さび病（夏胞子堆）
③うどんこ病（白色菌叢と黒色の閉子嚢殻）
④立枯病（黄変枯死）
⑤なまぐさ黒穂病（籾内部に黒穂胞子が充満）
⑥縞萎縮病（オオムギ；黄化萎縮）
〔①⑥石川成寿　②-⑤近岡一郎〕

ジャガイモ・サツマイモ・ダイズの病害

図 2.85　ジャガイモの病害　　　　　　　　　　　　　　　　　　　　　　　　　〔本文　p 453〕
①②疫病（①葉裏の菌叢　②塊茎の腐敗）　③黒あざ病（"気中塊茎"を形成）　④夏疫病（輪紋斑を形成）
⑤粉状そうか病（塊茎の症状；表皮断片が残る）　⑥そうか病（塊茎の症状；かさぶた状病斑）
⑦葉巻病（株の萎縮と葉巻き症状）　⑧モザイク病（PVXによるモザイクと小壊疽斑点）

〔①②星　秀男　③⑤青野信男　⑥⑦近岡一郎　⑧牛山欽司〕

図 2.86　サツマイモの病害　　　　　　　　　　　　　　　　　　　　　　　　　〔本文　p 454〕
①黒斑病（塊根の病斑；内部に進展）　②立枯病（根の病斑）　③④つる割病（③茎葉の黄化萎凋
　④塊茎維管束の褐変）　⑤紫紋羽病（塊根表面の菌叢と腐敗）　　〔青野信男　③⑤牛山欽司　④近岡一郎〕

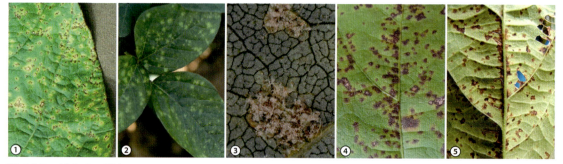

図 2.87　ダイズの病害　　　　　　　　　　　　　　　　　　　　　　　　　　　〔本文　p 454〕
①さび病（葉裏の夏胞子堆）　②③べと病（②葉表の症状　③葉裏の菌叢）
④⑤斑点細菌病（④黄色ハローのある暗褐色小斑；葉表　⑤水浸状の小角斑；葉裏）〔①青野信男　②③近岡一郎〕

ラッカセイ・トウモロコシ・チャの病害

図 2.88　ラッカセイの病害　　　　　　　　　　　　　　　　　　　　　　　　　〔本文 p 455〕
①汚斑病（葉の大型褐斑）　②褐斑病（周囲が黄色の円斑）　③白絹病（罹病茎の白色菌叢）
④⑤そうか病（かさぶた状斑と奇形）
〔①-⑤近岡一郎〕

図 2.89　トウモロコシの病害　　　　　　　　　　　　　　　　　　　　　　　　〔本文 p 455〕
①黒穂病（種実に黒穂胞子が充満）　②ごま葉枯病（楕円斑が多数生じる）
③さび病（赤褐色粉状の夏胞子堆を形成）　④倒伏細菌病（葉梢に褐色腐敗を生じて倒伏）
⑤モザイク病（条線と萎縮奇形）
〔①②④近岡一郎　⑤青野信男〕

図 2.90　チャの病害　　　　　　　　　　　　　　　　　　　　　　　　　　　　〔本文 p 456〕
①赤葉枯病（葉先や縁から葉枯れが拡大）　②網もち病（白色、網目状の子実層を形成）
③④褐色円星病（③褐色円星症状：褐斑上に分生子の集魂　④緑斑症状：かさぶた状の濃緑斑が多数発生）
⑤炭疽病（やや波打つ大型褐斑）　⑥もち病（白色、丸もち状の子実層を形成）
⑦輪斑病（負傷部から同心円状の褐斑が拡がる）　⑧赤焼病（周囲が暗紫色の褐色斑）
〔①⑧外側正之　②-⑦西島卓也〕

アブラナ科野菜・キュウリの病害

図2.91　アブラナ科野菜の病害　　　　　　　　　　　　　　　　　　　　　　　　　　〔本文 p 459〕
①キャベツ萎黄病（葉の黄化・枯死）　②ハクサイ菌核病（結球の腐敗と白色菌叢）
③チンゲンサイ白さび病（葉裏の白色嚢胞）　④コマツナ炭疽病（淡褐色小斑点）
⑤ブロッコリー根こぶ病（根部のこぶ）　⑥コマツナべと病（葉裏の菌叢）
⑦キャベツ黒腐病（葉縁の病斑）　⑧ブロッコリー黒斑細菌病（葉に多数の小斑点）
⑨ハクサイ軟腐病（地際部から水浸状の腐敗）　⑩コマツナモザイク病（モザイク・奇形症状）

〔②星 秀男　⑧近岡一郎　⑨青野信男〕

図2.92　キュウリの病害　　　　　　　　　　　　　　　　　　　　　　　　　　　　　〔本文 p 459〕
①褐斑病（大型病斑）　②菌核病（腐敗・白色菌叢と黒色菌核）　③炭疽病（多数の不整円斑）
④⑤つる枯病（④葉の病斑；大型病斑は破れる　⑤茎地際部が褐変枯死）
⑥⑦べと病（⑥多数の小角斑　⑦葉裏の菌叢）
⑧⑨斑点細菌病（⑧周辺ハロー状の小斑点を多数形成　⑨葉裏面）

〔①⑤⑨牛山欽司　②④⑧近岡一郎　③星 秀男　⑥竹内 純〕

ホウレンソウ・レタス・ニンジン・トマトの病害

図2.93　ホウレンソウの病害　　　　　　　　　　　　　　　　　　　　　　　〔本文 p 460〕
①萎凋病（葉の黄化枯死，株枯れ）　②株腐病（地際部の褐変，株枯れ）
③立枯病（根部〜地際部が褐変・腐敗，株枯れ）　④べと病（葉裏に灰紫色の菌叢）

〔①星　秀男　②牛山欽司　④青野信男〕

図2.94　レタスの病害　　〔本文 p 461〕
①菌核病（茎葉の腐敗と白色菌叢）
②灰色かび病（葉の腐敗と灰褐色の菌叢）

〔①青野信男〕

図2.95　　ニンジンの病害　　〔本文 p 461〕
①うどんこ病（葉茎を白粉が被う）
②黒葉枯病（葉の褐変枯死）

図2.96　トマトの病害　　　　　　　　　　　　　　　　　　　　　　　　　　〔本文 p 462〕
①②萎凋病（①下葉から枯れ上がる　②導管部は明瞭に褐変）　③うどんこ病（茎葉が白粉に被われる）
④疫病（茎の水浸状病斑）　⑤白絹病（茎地際部の菌叢と淡褐色の小菌核）
⑥灰色かび病（茎の腐敗・枯死）　⑦半身萎凋病（茎葉の半身が黄変枯死）　⑧青枯病（全身の急激な萎凋）
⑨黄化葉巻病（茎葉の黄化・萎縮・奇形）　　　　　〔①-③⑥⑨星　秀男　②牛山欽司　⑤青野信男　⑦近岡一郎〕

313

ナス・イチゴ・ネギの病害

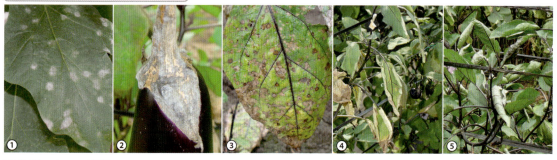

図2.97　ナスの病害　　　　　　　　　　　　　　　　　　　　　　　〔本文 p463〕
①②うどんこ病（①初期の円状菌叢　②へたの白色菌叢）　③褐色円星病（多数の小褐斑）
④半身萎凋病（葉の萎凋・黄褐変）　⑤青枯病（急激な萎凋症状）　〔①②④星 秀男　③青野信男　⑤牛山欽司〕

図2.98　イチゴの病害　〔本文 p463〕
①②萎黄病（①葉の黄変・奇形　②導管部の褐変）
③うどんこ病（果実の白色菌叢）
④⑤炭疽病（④クラウンとランナーの黒変　⑤クラウンの縦断面）
⑥灰色かび病（灰褐色の粉状物）
⑦輪斑病（葉の輪紋斑）
〔①②石川成寿　③-⑥星 秀男　⑦牛山欽司〕

図2.99　ネギの病害　〔本文 p464〕
①②黒腐菌核病（黒色の微小菌核が群生）
③黒斑病（暗褐色すす状の分生子が群生）
④さび病（黄色の夏胞子堆が群生）
⑤葉枯病（黒色すす状の分生子が群生）
⑥⑦べと病（⑥葉の黄変・葉折れ　⑦灰色の胞子嚢が群生）
⑧萎縮病（モザイク・奇形症状）
〔①②近岡一郎　③牛山欽司　④⑤星 秀男　⑧橋本光司〕

カンキツ類・リンゴの病害

図2.100　カンキツ類の病害　　　　　　　　　　　　　　　　　　　〔本文 p.466〕
①青かび病（果面の菌叢；灰色は分生子の集塊）
②③緑かび病（②樹上での被害症状　③緑色は分生子の集塊）
④黒点病（黒点状の症状）　⑤小黒点病（網目状病斑の進展）
⑥⑦そうか病（⑥葉の症状　⑦果皮の症状）　⑧⑨灰色かび病（灰色菌叢と粉状の分生子の集塊）

〔①-⑤⑦-⑨牛山欽司　⑥近岡一郎〕

図2.101　リンゴの病害　　　　　　　　　　　　　　　　　　　　　〔本文 p.466〕
①②赤星病（①黄斑上に精子器の群生　②葉裏の銹子腔の束生）　③うどんこ病（白粉に被われる）
④⑤疫病（④水浸状病斑　⑤地際の幹内部に進展）　⑥炭疽病（果実の腐敗斑）
⑦斑点落葉病（多数の斑点を形成）　⑧⑨腐らん病（⑧枝の病斑　⑨分生子殻と分生子塊の滲出）

〔①②近岡一郎　③-⑨飯島章彦〕

> ナシ・モモ・ウメ・ブドウの病害

図2.102　ナシの病害　　　　　　　　　　　　　　　　　　　　　　　　〔本文 p 467〕
①うどんこ病（葉裏に白色菌叢と黒色の閉子嚢殻）
②-④黒星病（②葉の斑点症状　③果叢基部の黒色病斑　④幼果と果柄の病斑）　〔①星 秀男　②-④青野信男〕

図2.103　モモの病害　　　　　　　　　　　　　　　　　　　　　　　　〔本文 p 468〕
①縮葉病（葉の肥大と縮れ）　②③灰星病（②結果枝の発病・枯死　③果実病斑上の分生子粘塊）
④せん孔細菌病（小斑点に亀裂が生じる）　　　　　　　　　　　　　〔①星 秀男　②-④飯島章彦〕

図2.104　ウメの病害　　　　　　　　　　　　　　　　　　　　　　　　〔本文 p 469〕
①環紋葉枯病（葉に円斑を生じ，黄変・落葉する）　②黒星病（果面に円状の病斑）
③変葉病（新葉の肥大・奇形と黄色のさび胞子堆，さび胞子の飛散）
④かいよう病（やや凹んだ小斑点を多数生じる）　　　　　　　　　〔②④飯島章彦　③星 秀男〕

図2.105　ブドウの病害　　　　　　　　　　　　　　　　　　　　　　　〔本文 p 469〕
①うどんこ病（果面に白粉を生じる）　②晩腐病（果粒の腐敗と橙色の分生子粘塊）
③褐斑病（褐色の小角斑が重なり，葉枯れ状となる）　④べと病（白色霜状の菌叢に被われる）
　　　　　　　　　　　　　　　　　　　　　　　　　　　　　　〔①④飯島章彦　②牛山欽司〕

カキ・キク・ガーベラの病害

図 2.106　カキの病害　　　　　　　　　　　　　　　　　　　　　　　　　　　　　　　　　　　　　〔本文 p 470〕
①②うどんこ病（①夏季の薄墨症状　②晩秋には白色菌叢上に黒色の閉子嚢殻を群生）
③角斑落葉病（角斑上に分生子の集塊をすすかび状に形成）　④炭疽病（果実病斑上の分生子粘塊）
⑤円星落葉病（不整円形の病斑を多数生じ，落葉が激しい）　　　　　　　　　　〔①近岡一郎　②星 秀男　④青野信男〕

図 2.107　キクの病害　　　　　　　　　　　　　　　　　　　　　　　　　　　　　　　　　　　　　〔本文 p 472〕
①萎凋病（株の萎凋枯死）　②褐さび病（葉表に淡褐色の夏胞子が溢出）
③黒さび病（葉裏に暗褐色の冬胞子堆が群生）　④白さび病（葉裏に白色〜ベージュ色の冬胞子堆が群生）
⑤半身萎凋病（株や葉の片側半分が黄変枯死）　　　　　　　　　　　　　　　　〔①牛山欽司　④星 秀男〕

図 2.108　ガーベラの病害　　　　　　　　　　　　　　　　　　　　　　　　　　　　　　　　　　　〔本文 p 472〕
①うどんこ病（葉上の灰白色菌叢）
②-④菌核病（②地際部に発生　③罹病花柄上の白色菌叢　④罹病花柄内の黒色菌核）
⑤根腐病（萎凋・株枯れ）　⑥⑦半身萎凋病（⑥萎凋症状　⑦葉の半身が黄化）
⑧モザイク病（葉のモザイクと奇形）

カーネーション・バラ類・ユリ類の病害

図2.109　カーネーションの病害　〔本文 p 473〕
①②菌核病（①地際部から枯れる　②罹病茎葉上の菌叢と菌核）　③茎腐病（地際茎の枯れ）
④さび病（ナデシコ類；褐色の夏胞子堆を形成）　⑤立枯病（地際茎葉の枯れ上がり）
⑥⑦萎凋細菌病（⑥萎凋枯死　⑦罹病茎水差しでの菌泥の流出）
⑧斑点細菌病（葉の水浸状の斑点と葉枯れ）　〔①②近岡一郎　③⑤⑥牛山欽司　⑦青野信男〕

図2.110　バラ類の病害　〔本文 p 473〕
①うどんこ病（白粉が被う）　②黒星病（黒斑を形成）　③さび病（黄色・粉状の夏胞子堆）
④灰色かび病（花弁に多数の小斑点）　⑤斑点病（小斑上に分生子の集塊を叢生）

図2.111　ユリ類の病害　〔本文 p 474〕
①②葉枯病（①葉の病斑　②蕾の症状）
③④モザイク病（③サクユリ；条線と奇形　④オニユリ；モザイクと葉・株枯れ）

チューリップ・トルコギキョウ・スミレ類の病害

図2.112 チューリップの病害 〔本文 p475〕
①②褐色斑点病（①花弁の小斑点 ②葉に小斑が重なり，進展する）
③④球根腐敗病（③矮化・枯死 ④球根内部の症状）
⑤⑥灰色かび病（⑤葉の症状 ⑥花器の症状） ⑦葉腐病（葉の腐れと欠損）
⑧⑨かいよう病（⑧葉の症状 ⑨球根の症状） ⑩モザイク病（花弁の色割れ症状） 〔③④⑧‐⑩牛山欽司〕

図2.113 トルコギキョウ（ユーストマ）の病害 〔本文 p475〕
①炭疽病（茎病斑上の分生子粘塊と茎割れ・萎凋） ②根腐病（株の萎凋・枯死）
③④灰色かび病（③茎地際部の発病による全身萎凋 ④茎病斑上の分生子の集塊）
⑤えそモザイク病（株の矮化，茎葉の壊疽・奇形）

図2.114 スミレ類（パンジー・ビオラ）の病害 〔本文 p476〕
①黒かび病（葉に黒斑を生じる） ②そうか病（葉・葉柄に凹んだ病斑を多数生じ，奇形となる）
③灰色かび病（淡褐色・粉状の分生子の集塊を生じる）
④モザイク病（花弁の色割れと葉のモザイク症状） 〔①②牛山欽司〕

シクラメン・シャクヤクの病害

図2.115　シクラメンの病害　　　　　　　　　　　　　　　　　　　　　　　〔本文 p 477〕
①②萎凋病（①葉の黄変　②球根の縦断面：維管束が褐変）
③④炭疽病（③葉の病斑　④病斑上の分生子粘塊の溢出）
⑤⑥灰色かび病（⑤花弁の染み状小斑　⑥花柄基部の軟化腐敗と分生子の集塊）
⑦⑧葉腐細菌病（地際部から萎凋・腐敗　⑧球根内部の腐敗）　　　　　　　　〔④牛山欽司〕

図2.116　シャクヤク・ボタンの病害　　　　　　　　　　　　　　　　　　　〔本文 p 477〕
①うどんこ病（白粉に被われる）　②褐斑病（葉に淡褐色の斑点を生じ，葉枯れを起こす）
③白紋羽病（ボタン；台木はシャクヤク；萎凋枯死症状）
④⑤根黒斑病（④黄化・萎凋枯死　⑤根には黒斑を形成）　⑥灰色かび病（花蕾の腐敗と灰色の菌叢）
⑦斑葉病（シャクヤク；茎の褐斑症状）　⑧葉枯線虫病（葉の褐変）　　〔②牛山欽司　⑤⑧近岡一郎〕

マツ類・ツツジ類の病害

図 2.117　マツの病害　　　　　　　　　　　　　　　　　　　　　　　　　　　　　　　　　〔本文 p 478〕
①-③褐斑葉枯病（①庭園のクロマツ被害　②病斑部より上部が枯れる　③病斑上の分生子堆）
④⑤こぶ病（④アカマツ枝に発生した瘤　⑤さび胞子の黄色集塊が表面に現れる）
⑥⑦葉枯病（⑥アカマツ苗畑の被害　⑦葉上に密生する分生子の集塊）
⑧葉さび病（葉上に黄色のさび胞子堆と形成）
⑨⑩葉ふるい病（⑨葉が黄化・落葉する　⑩葉上に黒色・縦長の胞子堆）　　　〔①-⑨周藤靖雄　⑩牛山欽司〕

図 2.118　ツツジ類の病害　　　　　　　　　　　　　　　　　　　　　　　　　　　　　　　〔本文 p 479〕
①うどんこ病（白粉が被う）　②褐斑病（多数の小角斑と黄変）
③④さび病（③葉表の黄斑　④葉裏に黄色・粉状の夏胞子堆を形成）
⑤花腐菌核病（花蕾の腐敗と黒色扁平な菌核）　⑥ペスタロチア病（葉の大型病斑）
⑦⑧もち病（⑦葉芽の肥大・奇形；白粉が被う　⑧葉の円状扁平な凹みと葉裏には白粉を生じる）

サクラ類・ハナミズキの病害

図2.119　サクラ類の病害　　　　　　　　　　　　　　　　　　　　　　　　　〔本文 p 480〕
①こふきたけ病（ヤマザクラの幹に発生）　②③さめ肌胴枯病（②枝幹が枯死する　③病患部の菌体）
④せん孔褐斑病（小円斑が脱落する）　⑤幼果菌核病（葉腐れと桃色の菌叢を生じる）
⑥⑦てんぐ巣病（'ソメイヨシノ'；⑥多発した状況　⑦冬期には小枝の叢生が目立つ）
⑧ならたけもどき病（'ソメイヨシノ'切株に叢生した状態）
⑨べっこうたけ病（'ソメイヨシノ'の幹地際部に発生）　　　　　　　　　　〔②③周藤靖雄　⑧竹内純　⑨牛山欽司〕

図2.120　ハナミズキの病害　　　　　　　　　　　　　　　　　　　　　　　　〔本文 p 480〕
①うどんこ病（白粉が被う）　②③白紋羽病（②全身が萎凋・生育不良　③根の腐敗，地際部に白色菌叢）
④とうそう病（サンシュユ；葉に小斑点，穿孔）
⑤⑥斑点病（⑤小角斑を多数生じ，しばしば融合拡大　⑥病斑上にすすかび状菌叢）
⑦⑧輪紋葉枯病（⑦激しい葉枯れ　⑧円斑が重なる）　　　　　　　　　　　　　　　　〔③牛山欽司〕

第Ⅱ編
植物の病気およびその診断
～とくに菌類病の見分け方～

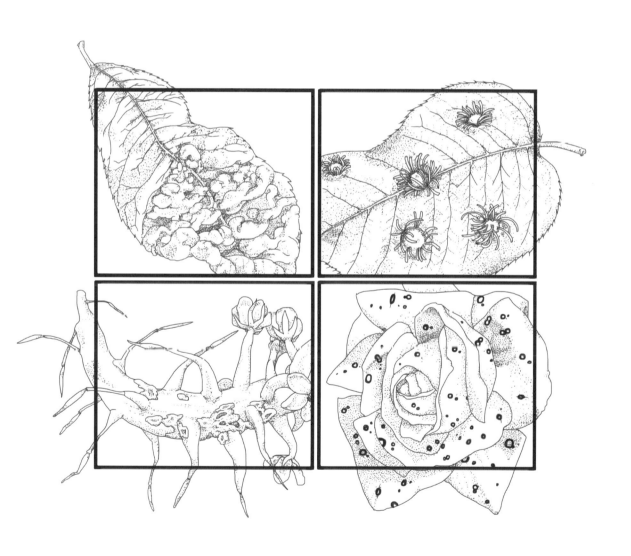

下巻 **目　次**

〔**第Ⅱ編**〕 **植物の病気およびその診断　～とくに菌類病の見分け方～**

口　絵 _____ 270

第Ⅰ章　診断の方法と病因別の診断ポイント
　　Ⅰ-1　診断の意義・手順および同定
　　　1 診断の意義・重要性 _____ 328
　　　2 診断の手順 _____ 329
　　　3 病原微生物の同定技術 _____ 339
　　Ⅰ-2　病因による特有の症状
　　　1 生育障害の種類およびその診断 _____ 351
　　　2 圃場・植栽地における土壌伝染性病害の発生実態 _____ 352
　　　3 植物の部位別の異常確認 _____ 354
　　　4 菌類病の診断ポイント _____ 354
　　　5 細菌病の診断ポイント _____ 355
　　　6 ウイルス病の診断ポイント _____ 356
　　　7 線虫病の診断ポイント _____ 357
　　　8 害虫による被害の診断ポイント _____ 358
　　　9 生理障害（生理病）の診断ポイント _____ 361
　　Ⅰ-3　生理障害の主な診断事例・症状および発生要因
　　　1 伝染性病害と生理障害の発生様相 _____ 363
　　　2 生理障害の現地事例と発生要因・主な症状 _____ 363
　　　3 薬害の症状と発生要因 _____ 365
　　　4 肥料要素の欠乏症・過剰症および塩類集積・ガス障害の発生要因 ___ 367

第Ⅱ章　菌類病の観察・診断の基礎と実際
　　Ⅱ-1　菌類病の発生生態ならびにその防除
　　　1 菌類病の発生要因と蔓延 _____ 375
　　　2 菌類の病原性と病原力 _____ 376
　　　3 菌類の寄生性と腐生性 _____ 376
　　　4 病原菌類の宿主植物と宿主範囲 _____ 377
　　　5 病原菌類の繁殖器官と耐久生存器官 _____ 378
　　　6 土壌伝染病および空気伝染病 _____ 378
　　　7 自然環境下における病原菌類の伝染源および伝染方法 ____ 379
　　　8 宿主変換　～さび病菌を例に～ _____ 380
　　　9 菌類病防除の概要 _____ 381
　　Ⅱ-2　症状による菌類病診断のポイント
　　　1 病徴の基本型とその観察 _____ 393
　　　2 地上部全体の症状 _____ 395

3 花器・果実の症状 _____ 397

4 葉の症状 _____ 397

5 茎・枝・幹の症状 _____ 399

Ⅱ-3 ルーペによる菌類病観察のポイント　～標徴を見る～

1 菌糸・菌糸束・菌糸膜 _____ 400

2 菌核 _____ 400

3 分生子殻・子嚢殻 _____ 401

4 分生子層 _____ 401

5 分生子柄・分生子 _____ 402

6 分生子角・菌泥 _____ 402

7 子実体 _____ 402

8 さび病菌の標徴 _____ 404

9 黒穂病菌の標徴 _____ 404

10 うどんこ病菌の標徴 _____ 405

Ⅱ-4 菌類病サンプルの採集と標本作製

1 採集方法 _____ 407

2 写真撮影とスケッチの重要性 _____ 407

3 標本の作製と保存・活用 _____ 408

Ⅱ-5 病原菌類の基礎的な観察方法

1 簡易プレパラートの作り方 _____ 410

2 徒手による検鏡用切片の作り方 _____ 411

3 うどんこ病菌アナモルフの観察方法 _____ 412

Ⅱ-6 主な植物病原菌類における観察試料の調製と観察ポイント

1 ネコブカビ類 _____ 418

2 卵菌類 _____ 418

3 接合菌類 _____ 421

4 うどんこ病菌 _____ 422

5 その他の子嚢菌類およびアナモルフ菌類（不完全菌類） _____ 423

6 さび病菌 _____ 426

7 黒穂病菌 _____ 428

8 その他の担子菌類 _____ 430

Ⅱ-7 菌類病診断のための分離と接種

1 罹病植物からの病原菌分離方法の例 _____ 432

2 分離菌株の簡易な接種方法の例 _____ 433

3 基本培地の種類 _____ 434

Ⅱ-8 機器による樹木の腐朽診断

1 材質腐朽の種類 _____ 436

2 材質腐朽の診断 _____ 436

Ⅱ-9 害虫の被害と菌類・菌類病との関わり　～事例を見る～

1 すす病と微小害虫の寄生 _____ 439

2 樹木の枝や幹に発生する「こうやく病」とカイガラムシの関係 _____ 440

3　松枯れを起こす線虫とカミキリムシ・菌類の関係　　441

　　4　カシノナガキクイムシとナラ・カシ類樹木の萎凋病　　442

　　5　寄生性線虫と土壌伝染性病害との相乗作用　　443

　II-10　病名目録と新病害の登録

　　1　植物病名目録　　446

　　2　病名採択基準　　447

　　3　病名の付け方　　447

　　4　新病害の公表時に必要な記載事項　　448

　II-11　主な農作物・植木類の主要病害と診断ポイントおよび対処法

　　1　診断ポイントと対策の概要（総括）　　449

　　2　食用作物・特用作物の病害　　450

　　3　野菜の病害　　456

　　4　果樹の病害　　465

　　5　花卉の病害　　470

　　6　樹木・花木の病害　　478

第II編【ノート】

　2. 1　診断と医療、そして期待される「総合診療」　　330

　2. 2　公設研究機関における「病害診断から防除まで」の流れ　　334

　2. 3　問診（聞き取り調査）の重要性と方法　　335

　2. 4　診断依頼の方法と留意点　　336

　2. 5　微生物病の診断・同定・対処法提示の作業モデル　　338

　2. 6　遺伝子診断　　346

　2. 7　植物病原菌類の形態による同定　　348

　2. 8　光化学オキシダントと植物被害　　372

　2. 9　花卉生産における薬害事例　　374

　2.10　菌類群と有効農薬　　391

　2.11　農薬登録制度の概要　　392

　2.12　野外観察の必需品とルーペによる観察　　405

　2.13　植物病理学におけるルーペの世界　　406

　2.14　封入液と菌体の染色　　416

　2.15　顕微鏡使用法の初歩　　417

　2.16　植物病害診断における「コッホの原則」　　435

　2.17　虫えい（虫こぶ）のあれこれ　　444

参考文献・参考図書一覧　　481

索　引（第I編・第II編共通）

　植物病名　　〔1〕

　病原体等　　〔2〕

編者、執筆者、図表・写真提供者一覧　　〔3〕

上巻目次　　〔第Ⅰ編〕　植物病原菌類の所属と形態的特徴

口　絵 _____ 005

第Ⅰ章　菌類の所属と分類群
　Ⅰ-1　菌類の所属
　　　1　原生動物界 _____ 084
　　　2　クロミスタ界 _____ 084
　　　3　菌　界 _____ 085
　Ⅰ-2　菌類の分類群
　　　1　分類群 _____ 093
　　　2　種内分類群 _____ 093
　　　3　その他の分け方 _____ 093

第Ⅱ章　植物病原菌類を中心とした菌類群の特徴
　Ⅱ-1　ネコブカビ類
　　　1　根こぶ病菌（*Plasmodiophora* 属）___ 098
　　　2　粉状そうか病菌（*Spongospora* 属）__ 100
　Ⅱ-2　卵菌類
　　　1　*Aphanomyces* 属 _____ 101
　　　2　疫病菌（*Phytophthora* 属）_____ 102
　　　3　*Pythium* 属 _____ 104
　　　4　白さび病菌（*Albugo* 属）_____ 107
　　　5　べと病菌 _____ 107
　Ⅱ-3　ツボカビ類
　　　1　*Physoderma* 属 _____ 111
　　　2　*Olpidium* 属 _____ 112
　　　3　*Synchytrium* 属 _____ 112
　Ⅱ-4　接合菌類
　　　1　*Rhizopus* 属 _____ 113
　　　2　*Choanephora* 属 _____ 114
　Ⅱ-5　子嚢菌類
　　　1　*Taphrina* 属 _____ 115
　　　2　うどんこ病菌 _____ 118
　　　3　*Ceratocystis* 属 _____ 134

　　　4　ボタンタケ目の菌類 _____ 135
　　　5　炭疽病菌（*Glomerella* 属）_____ 148
　　　6　胴枯病菌・腐らん病菌 _____ 149
　　　7　キンカクキン類 _____ 158
　　　8　白紋羽病菌（*Rosellinia* 属）_____ 162
　　　9　黒紋病菌（*Rhytisma* 属）_____ 164
　　　10　その他の子嚢菌類 _____ 165
　Ⅱ-6　担子菌類
　　　1　紫紋羽病菌（*Helicobasidium* 属）___ 176
　　　2　黒穂病菌 _____ 177
　　　3　もち病菌（*Exobasidium* 属）_____ 180
　　　4　さび病菌 _____ 181
　　　5　材質腐朽菌（木材腐朽菌）_____ 195
　　　6　*Thanatephorus* 属 _____ 198
　　　7　*Typhula* 属 _____ 199
　　　8　赤衣病菌（*Erythricium* 属）_____ 200
　Ⅱ-7　不完全菌類（アナモルフ菌類）
　　　1　分生子殻菌類 _____ 202
　　　2　分生子層菌類 _____ 213
　　　3　糸状不完全菌類 _____ 222
　　　4　*Cercospora* 属および関連属菌類 ___ 237
　　　5　無胞子菌類 _____ 245

第Ⅰ編【ノート】
　1.1　二重命名法の廃止と統一命名法の採用 __ 092
　1.2　菌類の主な分類群と接尾辞 _____ 094
　1.3　学名の意味を知る _____ 097
　1.4　日本人が学名になった事例 _____ 248
　1.5　分類検索表とその使い方 _____ 249

索　引：
　植物病名 _____ 〔1〕
　病原体等 _____ 〔2〕

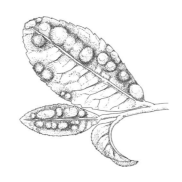

第Ⅰ章　診断の方法と病因別の診断ポイント

　穀物や野菜・果樹など食料の安定生産、切り花・鉢物・庭木など観賞植物の高品質生産、公園緑地の景観植物の保全、建造物の屋上や壁面の緑化による環境改善等を推進する上で、避けて通れない最大の問題点・課題は、これら植物における生育障害（生育異常：虫害や生理障害などを含めた「広義の病気」）の発生とその実用的対応策の確立ではないだろうか。そして診断作業はこの両者を繋ぐ架け橋の役割を担っていると考えられるのである。

　「診断に王道はない」といわれるが、本章では生産・植栽現場で期待される生育障害診断のあり方を模索するとともに、広範かつ多様な生育障害について、無数ともいえる諸病因をどのように見極めていくべきか、そのポイントを記述する。

Ⅰ-1　診断の意義・手順および同定

1　診断の意義・重要性

　「診断」とは、第1には対象とする植物の生育障害の原因を究明する作業であり、微生物病であれば、病原体の所属を明らかにし、病名を特定することにほかならない。この病因解明が不確実、不十分なため結論を間違えると、次に実施すべき対処法（防除対策）を誤ることに直結し、ときには取り返しのつかない大きな被害を招いて、クライアント（依頼者）に多大な損失を与えることとなる。

　すなわち、診断作業が生育障害を正面から見据えつつ、防除を目的に行われる場合には、障害の現状と背景を的確に把握することは無論であるが、その障害が今後進行するのか停滞するのか、あるいはこのまま終息するのかの科学的な根拠と見通し、それに伴って防除対策を実施すべきなのか、経過を観察し見守るのか、被害の進展状況によっては見切りをつけ、新たに植物を播種・植栽し直すのか、そして実用的・具体的な対処法は何かが求められよう。さらには対処法が適切であったか否かの検証も必要であり、不適切と判断されれば、直ちに次の改善策

を再提示しなければならない。

　このような、診断を巡っての経緯があってこそ、はじめて診断の意義が理解されるようになる。したがって、現場レベルにおける「広義の診断」とは、自らが診断した内容の結末を見届けるまでを指すのであって、生育障害の原因究明に加え、対処方策の構築とその検証を含むべきものと解釈される。

　通常の診断作業において実感するのは、相当に経験を重ねてきた特定の病気でない限り、ある時期の被害植物の、しかもその一部分（葉や枝、茎など）の外観的症状を観察するだけで結論が得られることはむしろ稀有に過ぎる、という厳しい現実である。すなわち、同一原因の障害であっても、その実相は栽培・植栽、気象、土壌などの環境条件によって異なり、症状の発生時期やその進行に伴っても大きく変化していく。加えて、微生物病であれば病原が病患部にいつまでも存在しているとは限らない。また、発病の初期には、植物体上に標徴（菌糸体、菌叢、胞子塊、小粒点、菌核、菌泥など）を形成していなかったり、逆に後期・末期には標徴が

消滅している場合もある。

このため、一時期の症状や一部分の症状に囚われ、拘泥し過ぎると診断を誤ることがしばしばある。したがって、診断にあたっては、病患部の症状の変化はもとより、対象となる植物全体（株全体）や圃場・植栽の全容、現場周辺の植物や環境の現況についても、実地で注意深く調査観察することが大切である。このような経験の積み重ねと、困難な現実に立ち向かう姿勢が、診断に携わるすべての人達を育ててくれるに違いない。

ところで、植物の生育障害を起こす要因は実に様々であって、微生物や害虫などの生物的要因、あるいは土壌養分の過不足や農薬の不適切施用、栽培・植栽条件の不適、気象災害などの非生物的要因が単独または複合して生じる種類が、無数といってよいほどにあり得ることを前提として判定しなければならない。

診断に際しては、自分の得意分野に固執してはならず、病害虫全般の理解を高める以外に、対象植物の栽培・植栽特性や、土壌・肥培管理などについての総合的な知識修得も必須要件となる。換言すれば、診断作業は植物分野における知見の総和として成立するものなのである。ノート2.1に植物の生育異常の診断と医療における診療との類似性を示した。

2　診断の手順

診断は生育異常を示した植物の種類を確認することから始まる。次いで、関連情報の収集、現地・現物の観察と問診、病因を推定・特定するための検定と調査、対処方法の構築および提示、その検証と流れていくが、これらの作業は一定の時間的制約のもとで進められることが多いから、必ずしも順序通りにいかない症例が相当にある。適宜、同時並行的に行ったり、病因が特定できない時点においても、緊急措置を施さないと手遅れになると予想されるときには、暫定的な対症療法を先行実施することが必要となるだろう。

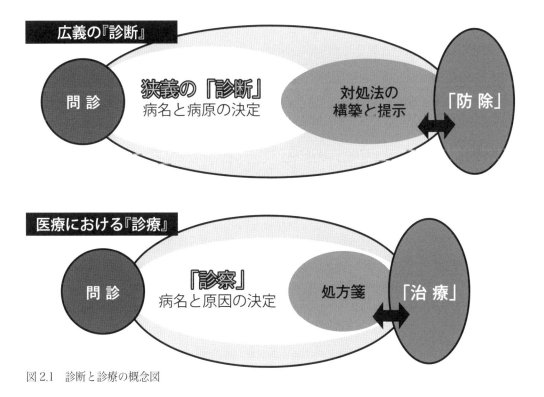

図2.1　診断と診療の概念図

ノート2.1

診断と医療、そして期待される「総合診療」

　診断の根幹はいうまでもないが、まず病名（障害名）と病原名（障害要因）を決定することである（「狭義の診断」）。そして診断の最終目的は生育障害の解決であり、そのための対処法（防除対策）の構築とクライアント（依頼者）への提示およびその検証までを「広義の診断」と定義して差し支えない。例を挙げよう。バラの葉にしみ状の黒色不整斑を生じる病気を診断依頼された。広く発生する病気であり、既刊の図鑑からバラ黒星病であることが判明した。そこでクライアントに「この病気はバラ黒星病（病原菌 *Diplocarpon rosae*）です」と告げたとする。しかし、これが十分に満足し得る診断結果であるとクライアントは納得するだろうか。当然のことながら、「では、どのように対処すれば、きれいなバラが見られるのですか」と問われる。極言すれば、クライアントは生育障害の種類・名称よりも解決策を望んでいるのであって、発生に至った理由、対処法の提示および問題点が改善されるまでの一連の過程を診断であると考えており、それを現実的な意味での「診断」と理解すべきであろう。

　一方、医療においては以下の用語が定義されている。そこで、植物の病気に関する広義の「診断」と医学における「診療」を比較すると、両者には手順を含めて共通項が多数あることが分かる。この関連を概念的に示すと図2.1のようになる。

「**診察**」：患者の病状を判断するために、質問（問診）や各種の検査を行うこと
「**治療**」：病態を改善するために施す医療行為を指す
「**診療**」：診察や治療などを行うこと

　医学部やその付属病院における「総合診療科」とは、あまりにも専門化・細分化しすぎ、医療の対象である人間をモノとして見てしまいがちな現代医療の中で、全人的に人間を捉え、既設の特定の科に限定せず、多角的に診療を行う部門である。総合診療科は1990年代から主要大学の医学部に設置されてきた。他方、植物の生育諸障害の発生実態をみると、診断場面においては、植物（栽培）・病原体・害虫・土壌肥料など各分野の専門知識が必要であり、関連障害も多岐にわたっていることから、やはり診断の端緒となる段階で病因が明確に仕分けされるとともに、複合的障害に対しては多角的に病因を解明し、総合的な対処法を提示できるような人材配置や組織のあり方を検討することが求められよう。とりわけ重要かつ困難な課題においては、分野の異なる専門家が協働して解決にあたることが必須要件である。

330　〔第Ⅱ編〕　第Ⅰ章　診断の方法と病因別の診断ポイント

すなわち、診断作業には生育障害の種類（特徴）やその度合い、進行状況などにより、臨機応変的な対応が常に求められるのである。以下に診断の標準的な基本手順を示す。図2.2およびノート2.2には公設研究機関における診断の流れを解説した。

(1) 生育異常の確認

植物の生育異常は、巡回調査中などにおいて診断者自らが発見する場合と、クライアントからの要請によって確認されるケースがある。一般的な経験則からいえば、後者は症状が進行して深刻な状況になってから持ち込まれることが多く、緊急対応に迫られながらの診断になりがちであるが、誤診を避けるために、決して省略してはいけない調査観察項目がいくつかあり、それらを以下に記述してみたい。

いずれにしても、的確な原因究明を行った上で、適切な対処法を提示するためには、問診等による該当障害関連情報の取得をすべてに先行して実施する必要がある。ノート2.4に診断依頼の方法と留意点を示した。

(2) 問　診

診断の要諦は発生現場および現物の調査観察と科学的な検証であるが、それを補完する意味で、クライアントや管理者に対する問診（聞き取り調査）はきわめて重要である。問診によって植物の名称や品種・系統の特定、栽培管理状況、生育異常の発生時期、その対策の状況、異常が常態化しているのか突発的か、直近の微気象的特徴など、診断に際しての貴重な傍証を得ることができる。

問診の場面は電話やメールでのやりとり、クライアント・管理者の来訪による対面、あるいは現地で対象植物を観察しながらの応答などが想定される。その精度が高い方法はいうまでもなく、現地で実物を目の前にして、相互に問答

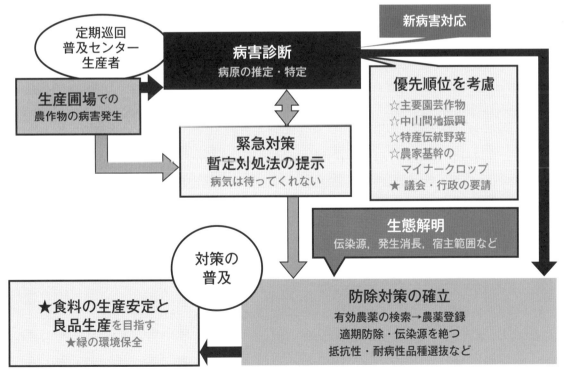

図2.2　公設研究機関における病害診断，生態解明および防除対策の流れ（例）

することであろう。問診を診断の出発点と捉えて、時間や労力を惜しまずに、できるだけ現地を観るようにしたい。問診の意義と内容・方法についての詳細はノート2.3を参照。

（3）現地診断・圃場診断

被害サンプルが持参または送付される場合には、被害の特徴を的確に現していないサンプルであったり、診断のポイントとなる症状、とくに標徴がサンプル上では観察できなかったり、あるいは診断の主対象とは異なる病気（生理障害などを含む）の症状を示しているサンプルが意外に多いものである。

これらはいずれも誤診の原因となりやすいので、先方にはあらかじめ、どのようなサンプルが診断に必要か、という内容を伝えなければならないが、専門家でもないクライアントにその意思を理解してもらうのは至難である。このため、前項の繰り返しになるが、自ら現地に出向いて圃場や植栽を調査観察するとともに、室内検査が必要と判断されたら、サンプル採集までを行うのが望ましい。

このような生育障害の発生現場における診断を圃場診断あるいは現地診断という（通常は農作物の病気の診断に重点が置かれてきたので、「圃場診断」が主に使用される）。とくに生育障害の原因が微生物病か生理障害（生理病）かを個体サンプルで見分けられないときには、圃場診断が決め手となって正しい結論に導かれることが多い。詳細は本編II章を参照。

（4）植物診断（個体診断）

生育障害を生じている圃場・植栽の全体状況や周辺環境を調査観察したのち、形態異常を起こしている植物個体の外面的な症状を精査し、症状に応じて被害植物の組織内を解剖学的に検査する。植物診断では、目視やルーペによる観察に加え、生物顕微鏡を用いた観察を余儀なく

される場面も少なくない。

問診やこれらの総合的な調査観察により、病原体に起因する病気か各種の生理障害か、あるいは害虫による被害かの大まかな振り分けが可能となるであろう。その後、伝染性病害については予測される対象病原体に適合した手順・手法に基づいて、同定のための検査を進めればよい。本章（I-2）に、病因による特有な症状と目視観察による診断ポイントを解説した。

（5）病因の解明のための診断

病因として生理障害が推定される症例は、科学的検証の難しいものが多いから、まず経験則に基づいて類似症状が起こる可能性のある要因をすべて列挙してみる。その際、管理者への問診内容が貴重な証言となるので、例えば、文章の行間を読み取るような、経験や知識に裏打ちされた感性をもって、慎重かつ誠実に対応しなければならない。しかし、当日に結論（推定）が見い出せるとは限らず、既往の資料と照合して、聞き取り調査の内容が不足しているようであれば、後日に再度問診を行うこともあり得ると考えておいた方がよい。

生理障害の診断に極端な迅速性はなじまないものであり、ときには「しばらく様子をみる」とか、「最大の労力を駆使して最小の結論を提示する」くらいの心構えが必要ではないだろうか。さらにいえば、技術者としてはタブーな概念かもしれないが、ときには「あたらずとも遠からず」の回答を提示せざるを得ない場面が少なからずあることを認識しておくべきである。そして的外れの回答を避けるには、知識の修得と経験を基本かつ根拠とする以外にない。

なお、要素欠乏症あるいは過剰症診断の場合には、植物体の分析を行う方法もあるが、植物体内の要素の多寡がそのまま障害の直接原因になっているとは限らず、土壌中の要素のアンバランス、あるいは土壌条件が特定の要素の吸収

や体内移動を妨げる場合もあるので、土壌分析などを含め総合的に判断する。農薬散布・処理に関係する障害（薬害）については、圃場観察（発生分布の把握）と問診（農薬の使用状況の確認）が決め手となる症例が多い。

伝染性の障害（微生物病、線虫病など）については、生物顕微鏡による診断を行い、病原体の類別を図る。菌類病では病患部にしばしば病原菌の菌体（胞子の集塊、子実層など）が観察され、また、植物の組織内にも病原菌の器官形成や菌糸の進展が、検鏡により確認でき、菌類の場合は形態の特徴から属種の同定が可能となる（遺伝子診断を併用する場合もある）。

細菌病における検鏡では、細菌が封入液中に溢れ出る状況が観察される。しかし、粒子の形態がきわめて小さいので、属種の同定には生理的・生化学的特徴の検定や遺伝子診断が不可欠である。ウイルス病では、細胞内に生物顕微鏡で観察できる封入体が形成される場合を除き、ほとんどの検体は生物検定や抗血清・遺伝子診断に委ねられる。

既知病害の診断においては、必ずしも病原体の同定を必要としない。例えば、菌類病の場合に病原菌の属が確定すれば、病名、病原菌の生態、有効薬剤などが推測でき、その後の同定に時間を費やすよりは、防除対策を速やかに講じたほうが現地にとって有益なためである。ただし、防除対策を立案する上で、種および種内分類であるレース・分化型・菌群などを特定しなければならないケースもあり、その病気における診断の慣行に準じる必要がある。

微生物病の診断・同定・対処法提示の作業モデルをノート2.5に示した。病原微生物の同定技術の詳細は本章（Ⅰ-1.3）を参照。

（6）対処法の提示

診断の最終目標は、依頼された病気（生育障害）を防除・回復・改善・抑止・回避すること

にある。そのため、上記の手順に準じて病原が推定または特定されしだい、どのように対応すべきかについてのメニュー案を提示する必要がある。この場合、もっとも配慮すべき点は、対策を実行するのは診断者自身でなく、診断を依頼した側の人なのであり、診断する者の意思を正しく伝え、そして正しく理解してもらうためには、書面だけでなく、現地の実情に即した具体的方法についての詳しい口頭説明が添えられなければならない。

対策の一環として農薬使用を推奨する場合には、法律を遵守する観点からも病名や害虫名を確定しないと、有効農薬を選択できないことになる。また、防除を実際に行う組織・診断依頼者の知識や、対処法（防除法）の希望、さらには防除作業の実行能力に見合った対策を講じておかなければ、いかに優れた対処法も実現性がなくなって被害を増大させるので留意したい。菌類病防除法の概要はⅡ-1.9を参照。

（7）診断の検証

医療の場合、病因が明らかになっても施薬や治療の効果が不十分であったり、逆に、原因が特定できないままに対症療法が実施されるケースも少なくない。これは植物の生育障害（広義の病気）の場合も同様であり、提示した対処法に実効が乏しい状況下では対策を再構築する必要がでてくる。

広義の診断に関わる諸作業の中で、現在もっとも欠如している項目が、対処法の提示によって得られた成果の追跡調査ではないかと推測される。この検証が確実に実行されて、はじめて診断上の問題点と課題が浮き彫りになり、次に繋がるのである。すなわち、このような総合的診断事例を積み重ねながらデータベース化し、そのノウハウを共有することによって、診断する個人および組織の力量を高めていく体制整備が強く求められる。

ノート2.2

公設研究機関における「病害診断から防除まで」の流れ
～病害診断に対する姿勢と優先順位～

　都道府県の農業・園芸系の研究機関における病害（虫）診断の目的は、該当地域の病害虫の発生状況を把握し、被害を未然に防ぎ、安定的な食料生産や緑地などの環境保全に寄与し、農業者（生産者）や消費者に不利益を与えないことにある。このため、病害虫防除所（通常は行政機関であり、主に食用作物の病害虫の発生動向や今後の発生予測を行い、予防のための情報を発信し、被害の軽減を図る）や農業改良普及センター（行政機関であり、生産者組織の育成、農家経営体の基盤整備、など経営面や技術面での助言指導を行う。病害虫防除関係の普及項目についても、農家経営に大きな影響を与えるので対応している）、本庁植物防疫担当（自治体における植物防疫事業の統括部署）などと連携しながら、各自治体や国の最新情報（病害虫発生予察情報）を入手し、生産者や関係機関からの病害診断依頼を受けている。また、病害虫防除所が管轄する地域の定点調査とは別個に、公設研究機関としての巡回調査を継続して行う場合もある。

　病害診断の過程で未記録病害と認められた場合には、分離菌接種による原病徴再現、病原菌の同定に基づき、新病害として学会などに報告する必要がある。これは広報や農薬登録を行うために、病名とその原因を明示しなければならないからである。

　毎年、各自治体の公設研究機関には数百件から千件を超える病害診断依頼があり、また、独自ルートの病害診断を進める上で、人的・労力的見地から診断内容の重要性に応じて軽重を設けざるを得ない。その際の判断基準となるよう、それぞれの自治体で優先順位を明確にしておくことが大切である。以下に事例を示す（図2.2，p 331）。

① 主要作物における未解決の病害を最優先する。

② 地域特産・伝統野菜、中山間・島しょ地域の振興を図る上で重要な品目の病害を①と並行して解決する。

③ マイナークロップであっても、地域重点作物に被害を与えている病害は優先する。

　この他に、議会や住民から緊急要請された病害対策等にも適宜対応する。

　防除対策を講じるには、該当する病気の発生様相や病原菌の生活環などの調査・研究の成果が基礎となるのはいうまでもない。しかしながら、それらの完結を病気は待ってはくれない。そこで、各種調査・研究と並行しながら緊急防除対策を推進するケースがほとんどである。逆に、緊急防除を進めている中から、真の原因が明らかになる事例もしばしば認められる。

> **ノート2.3**

問診（聞き取り調査）の重要性と方法

　「問診」が植物の伝染性病害・生理障害等の原因究明に果たす役割はきわめて大きいが、問診のみによって最終的な診断結果が得られる訳ではない。診断の基本はあくまでも症状の観察と技術的検査・検定の証拠によって科学的に進められるべきで、問診は補完手段であることを理解しておく必要がある。とはいえ、実際場面において、とくに生理障害の場合は科学的証明の難しい事例が多いこともあって、問診こそが診断の決め手となるものである。また、生理障害に関する問診を現地に出向いて、あるいは診察室で行うにしろ、問診の進め方しだいで、まったく違った結論が導かれがちである。すなわち、問診の意義と重要性は、その進め方と内容にかかっているといえるであろう。的確で効率的に問診するためには、診断者・クライアント双方に「この生育障害の原因を明らかにして、防除に繋げたい」という思いを共有する姿勢が基本になければならない。

〔**主な問診項目**〕
　あらかじめ、以下の問診項目を問診票として用意しておく。
a. 共通事項：受理日・整理番号、障害の分類、氏名・連絡先、植物名（品種・系統）、栽培（植栽）形態（栽培場所、施設・露地の別、鉢植え・地植えの別、栽培面積、連輪作、栽培時期・密度など）
b. 選択事項：発生時期と植物の生育ステージ、発生分布、植物の発生部位・症状の内容、症状の進行状況、発生前の気象条件、栽培管理状況（土壌条件、施肥・水管理、農薬の使用状況など）

〔**問診の進め方**〕
① 該当植物の生理・生態的特性や栽培・植栽条件、既知病害などについて、事前に知識を得てから問診を始める。
② 問診の結果から生育障害の原因を探るのではなく、まず症状の所見を観察してから、あるいは観察しながら問診を行う。
③ 問診は全項目を一律に行うのではなく、選択事項は関係のありそうな項目について重点的かつ詳細に行う。
④ 障害の推定類別状況に応じて、不要な項目やあり得ない現象に対する問診は省略してもよいが、できるだけ先入観はもたないで問診する（症状を診て強い先入観をもってしまうと、それに関連した項目しか聞き取らなくなるので、誤診を招きやすい）。
⑤ クライアントの回答内容に矛盾がないか、常に考えながら問診を行う（矛盾点を追求するのではなく、管理者にも思い込みや勘違いがあり得ることを理解し、異なる観点からの質問を試みる）。
⑥ 診断者は専門知識を基に、関連情報・知見を提供しながら平易な問診を心がけることにより相互の信頼感を醸成するとよい。

ノート2.4

診断依頼の方法と留意点

　診断はクライアントからの第一報で始まることが多い。その内容が診断する側に適切に伝わると診断がより的確に、そして時間のロスも少なく実施されよう。診断依頼する場合のクライアントと診断する者、相互の注意点を挙げてみる。

〔電話対応のみによる診断〕

　伝染性病害、虫害、生理障害いずれも電話応答のみによる診断はかなり難しい。クライアント・診断者双方が専門的知識を十分にもっている場合でも、電話のみでの依頼や診断は通常は行わない。双方が異なるイメージを膨らませる可能性が高いからであり、むしろ専門家であればこそ、誤診の危険性が理解できるといってよい。

〔インターネット等画像送信による診断〕

　クライアント側にも植物の病気や対象植物についての知識があり、適切な発生状況等に関する情報が添えられていれば、判定または推定可能な場合がある。この方法が有効となるかどうかは、画像の構図と、その精粗にかかっている。画像のみに基づいた診断法は、症状などに明瞭な特異点があり、他に類似した障害のないサンプルに限定すべきであるが、正確性より迅速性・簡便性を重視すれば活用場面は多い。植栽地・圃場の中での発生状況、株全体の症状、特徴点・標徴などの拡大症状をセットにして構成する。ただし、クライアントの思い込みで画像提供すると、目標以外の所見が強調されて誤診を招きかねないので、要注意である。画像の構成例を図2.3に示した。

　　診断に必要な送信画像

　　　① 発生状況：被害の生じている植栽地・圃場のスポット・株の全体像等

　　　② 特徴的な症状と発生部位の部分像

　　　③ 病因が確認できるような部位の拡大像・標徴（病原体が表面に現れたもの：菌叢・
　　　　菌核・子実果等）や虫体等の接写像

〔現物サンプルの提供に基づく診断〕

　新鮮な全体サンプルで、症状の特徴を示しているものであれば、既知の伝染性病害（微生物病）の多くは判定可能となる。生理障害の場合も、栽培・植栽管理や発生状況等に関

する正確な情報が聞き取れれば、診断の精度は格段に向上する。検体提供時の注意点として、とくに高温期に郵便・宅配便で送付するときには、蒸れによる変質などサンプルが傷みやすいので、低温送付の配慮を行う。根付きの場合は根を洗わず送付する（病原菌の標徴が洗い流される恐れがあるため）。

〔現場観察と現物サンプルに基づく診断〕

　診断する者が現場の植栽地や圃場を直接観察し、様々な進度のサンプルを精査できるため、伝染性病害における診断の確実性がより一層高まる。また、現場の状況に見合った適切な検査用サンプルの採取もできよう。さらには、クライアントへの問診によって、応急的な対処法をその場で講じることが可能となるかもしれない。他方、生理障害の場合も現場観察が診断の決め手になることが多く、全体の発生状況の把握、周辺環境の確認、当事者への聞き取りが的確に行われれば、さらに高い確率で推定可能となる。労力的・時間的制約があるので、すべての事例において現場を観る必要はもちろんないが、少なくとも診断者が未経験の症例については、直接足を運んで実情を見聞することが望ましい。現場対応によって得られた知見は、のちに貴重な技術の糧となって活かされる場面が必ずある。

図2.3　インターネットによる診断依頼の添付画像例　　　　　　　　　　　〔口絵 p 270〕
マリーゴールド灰色かび病
　①鉢植え栽培の被害症状　②③症状の拡大（病患部に菌体が見られる）
バラ黒星病
　④株全体の被害症状　⑤枝の着生葉の症状　⑥病葉の拡大（病徴の色調や形状などがよく分かる）
ヒペリカム（セイヨウキンシバイ）さび病
　⑦植栽の被害症状　⑧同（著しい落葉を起こしている）　⑨病葉表面の症状（病斑の相違がある）
　⑩葉裏の症状（病患部に菌体が見られる）

ノート2.5

微生物病の診断・同定・対処法提示の作業モデル

　植物の微生物病における診断依頼の対象は、病状が進行過程にあることがほとんどであり、きわめて緊急性を有する症例が多い。そのため、あらかじめ各種作業の準備を行い、診断手順を明確化しておく必要がある。依頼時の初見の際、あるいは簡便な調査後に速やかに「暫定対処法」を提案し、その後、診断・同定作業と並行しての新知見を基にした対症療法的な「改訂対処法」の提示、そして最終的な防除対策の構築と「具体的対処法」の提示を行う。診断作業終了後は対処法の有効性について検証し、さらなる対処法の更新・追加が必要か否かを判断する。その間、病原微生物の同定が必要な場合には、並行してコッホの原則に基づいた実験を行う。これら一連の流れを「作業モデル」として図2.4に示したが、この内容は診断対象や依頼内容、緊急性の度合いなどに応じて適宜の変更が積極的に行われるべきであろう。以下、既述項目もあるが、原因解明に向けた諸作業とその留意点を記す。

① 診断植物に発生する既知病害虫や生理障害の種類、特徴をあらかじめ調査・把握したのちに問診（聞き取り調査）、現地・圃場診断、植物（個体）診断にあたる。

② 被害を受けている直接の原因部位を確認する。わかりにくい症例でいえば、地上部全身の変色・萎凋症状などは、茎・幹の基部や根部に異常があって起こる場合が多い。

③ 症状の観察を十分に行った上で、伝染性病害および生理障害のうち、それぞれに少しでも可能性のある要因をすべて挙げてみる。診断開始の時点では、要因をあまり限定しないように配意したい。

④ 微生物病（伝染性病害）の疑いがあるときは、推定病害種（複数の場合もある）に関し、必要事項の問診を重点的に行うとともに、目視・検鏡観察による標徴や菌体の確認、湿室処理、組織分離、接種、各種検定など、病原が確認できるまでの必要な検査を実施する。

⑤ 伝染性病害の可能性がないか、あるいは可能性がきわめて低い症例は、とくにクライアントへの問診を十分に行い、③で挙げた項目から、消去法により発生要因を絞っていく。

⑥ 問診の内容は、可能性のある障害要因を絞り込み、それと関係のある項目について詳細に実施するのがよい。また、例外はあるものの、生理障害では緊急的・即効的な対策が少なく、あるいは当面する作付け・植栽時には対処法が見出せないケースが多いので、事情が許せば即断を避け、経過観察を行い、原因を絞り込むことが望ましい。

⑦ 土壌・肥料に関与した障害が疑われるときには、土壌の物理性・化学性分析や作物の栄養診断を行う。その他の生理障害では、既往の知見（要因が複数で、推測の域を出ないものも多い）および症状とその推移、それに問診結果を重ねて総合判定（推定）する。

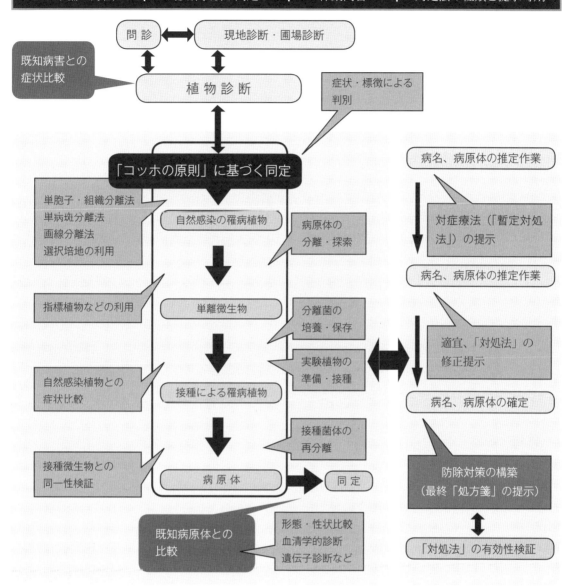

図2.4 微生物病診断および病原体同定の作業モデル

3 病原微生物の同定技術
(1) 菌類

　菌類の同定手法・手順は、罹病植物上の標徴および菌体の観察、菌類の分離、植物体への接種、適切な培地上における各器官の形態観察、生育特性の調査、遺伝子解析などを段階的に実行することであり、必要に応じ、適宜これらの手法を組み合わせて、病原となる菌類を同定する。菌類は有性世代や無性世代の各器官の形態的特徴により分類されるため、最終的な種の判別には、その菌類の同定法に準拠した、適切な方法を用いて各形態・器官を観察、計測する必要がある（ノート2.7）。

　最初の作業として、罹病植物の病患部に生息する菌体を観察する。つまり、病患部の症状とともに、各種胞子、菌糸、胞子堆、分生子層、

分生子殻、子嚢殻など、標徴となる形態・器官を観察、計測する。植物体上でないと特定の器官を形成しなかったり、培地上で生育させたものと大きさなどに違いが見られる菌種があるため、罹病植物上における菌体の形態観察はきわめて重要である。また、うどんこ病菌やさび病菌などの絶対寄生菌は、植物体上でしか菌体を観察できない。

一般的な菌体観察の手順は、はじめに目視を行って、症状および標徴等の写真を撮影してから、実体顕微鏡を用いて病患部表面の様子を観察する（図2.5①）。その後、ピンセットや柄付き針を用いて菌体を掻き取り、プレパラートを作製して生物顕微鏡により観察する（図2.5②、ノート2.15）。プレパラートを作製する際の液体には、蒸留水やシェアー液などが用いられる。うどんこ病菌のように組織表面に菌体を形成するものについては、セロハンテープを用いた剥ぎ取り法により、プレパラートを作製することもできる（本編Ⅱ-5.3（2））。

病患部に菌体が形成されていなかったり、分生子層などの器官が未成熟の場合は、罹病サンプルをビニル袋や密閉できるプラスチック容器などの湿室に数日間置いて菌体形成を促し、あるいは器官を成熟させてから観察する。罹病植物上においては病原菌のほか、二次的に繁殖した腐生菌や病原菌に寄生する菌類などが発生しているケースも多くあるため、それらの存在も考慮に入れて観察する。そのような雑菌の混入を避ける上でも、罹病組織は発病後時間が経って古くなったものではなく、新鮮な材料を用いるのがよい（本編Ⅱ-4、Ⅱ-5）。

次に、コッホの原則（ノート2.16）を充足させ、病患部に存在する菌類が病原体であることを確認するために、菌類を純粋分離し、分離源植物と同種の健全株（原植物）に対する接種試験を行う。分離の方法には単胞子分離、組織分離などがある。単胞子分離は、病患部上に形成されている胞子を0.1%硫酸銅水溶液などを添加した滅菌水で懸濁し、素寒天培地（WA）に塗布して1〜数日間程度、15〜20℃で培養後に、発芽している単一の胞子を生物顕微鏡下で釣菌し、斜面培地に移植して培養する方法である。斜面培地としてはジャガイモ煎汁寒天培地（PDA・PSA）、コーンミール寒天培地（CMA）などが一般に用いられる。

病患部に胞子が形成されていない場合は、組織分離（単菌糸分離）を行う。病気が進展中の健病境界部をカミソリで約5mm角に切り出し、0.25%次亜塩素酸ナトリウム水溶液等で表面殺菌後、WAに置床し、数日間培養して菌糸が伸長してきたら、顕微鏡下で単独の菌糸を白金耳などで培地ごと切り取って、斜面（PDA等）培地に移植する（本編Ⅱ-7.1）。

その後、原宿主と同一種の健全株に接種し、病原性の有無を確認する。一般的な接種法としては、地上部に対しては噴霧接種や貼り付け接種、地下部へは土壌灌注接種や浸根接種、土壌混和接種などが用いられる。噴霧接種は、供試菌株を液体・固形培地により培養し、形成された胞子等を植物体に噴霧する方法であり、貼り付け接種は、固形培地に培養した菌体を培地ご

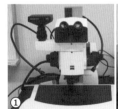 

図2.5 菌類観察・同定に用いる機器（1） 〔口絵 p271〕
①実体顕微鏡
②生物顕微鏡（①②カールツァイス社製）

〔①②鍵和田 聡〕

と植物体に貼り付けて行う。接種の際は、接種部位にあらかじめ針で傷を付けて行う（有傷接種）と病原性の弱い菌でも感染が容易になる。通常、地上部へ接種したときは乾燥しないように、霧吹きで湿らせたビニル袋に入れるなどして、一定期間、高湿度条件を保ち、病原菌の感染を促す（本編 II - 7.2（1））。

土壌伝染性病害が疑われる場合には地下部に接種するが、液体培地で培養した菌体をそのまま、あるいは希釈して土壌に灌注するか、各種栄養寒天培地・ふすま培地などで培養して土壌に混和する方法がある。この場合も、ナイフなどであらかじめ根に傷を付けたり、根の一部を切断しておくと感染効率が上がる。また、移植可能な植物では、小苗などの根部を菌の培養液に浸漬して植え直す方法もある（浸根接種）。以上の方法などにより接種を行って原病徴を再現させ、同じ菌が再分離されることを確認してコッホの原則を満たす（本編 II - 7.2（2））。

病原性を確認したのちに、接種菌株の形態観察により種を同定する。コーンミール培地、V8ジュース培地、オートミール培地など、菌種ごとの形態形成に適切な培地を用いて培養し、分生子、分生子柄、菌糸などの諸器官を顕微鏡により観察、計測して、既知の文献の記載と比較する。さび病菌の一部など、ある種の菌では胞子表面の微細な構造を確認するための手法として、走査型電子顕微鏡（SEM）による観察が大変参考になる（図 2.6 ①）。

胞子や有性器官を形成させるには、適切な培地を用いるほか、ブラックライト照射（図 2.6 ②）を行うなど、その菌種に合った方法が必要となる。また、菌種によっては、異株性で有性器官を形成させるために、さらには系統判別の手段として、菌糸融合の有無を確認する場合には、農業生物資源ジーンバンクなどから標準菌株を取り寄せて、対峙培養検定を実施しなければならない。

その他、菌の生育特性（温度反応など）を調べて、既知文献の情報と比較する。例えば、供試菌株を 5～40℃まで 5℃刻み程度の恒温器（図 2.6 ③）でそれぞれ培養して菌糸の伸長速度を測定し、生育温度範囲や生育適温を明らかにすることも、同定の傍証となる。

同時に、分離菌株についての遺伝子解析を行い、遺伝子配列のデータベースと比較する（ノート 2.6）。菌類同定の際に用いられる遺伝子としては、リボソーム DNA（rDNA）や rDNA のスペーサー領域（internal transcribed spacer；ITS 領域）、β チューブリン遺伝子、DNA ジャイレース、翻訳伸長因子などがある。手順としては、培養菌株について各社から販売されている DNA 抽出キットなどを用いて DNA を抽出し、解析したい遺伝子に応じて、適切なユニバーサルプライマーを用いて PCR（polymerase chain reaction）を行う。例えば、rDNA-ITS 領域の配列を解析したい場合には、ITS1 と ITS4 などのプライマーセットが知られている。その後、アガロースゲル電気泳動により遺伝子の増幅を確認し、適宜精製してシークエンス反応を行い、シークエンサーにかけてその遺伝子配列を解析する。結果は、必要に応じてシークエン

図 2.6　菌類観察・同定に用いる機器（2）
〔口絵 p 271〕
①走査型電子顕微鏡（卓上型：日本電子社製）
②恒温器（パナソニック社製）にブラックライトを備え付ける
③多段式恒温器（日本医化器械製作所製）
〔①-③鍵和田 聡〕

ス解析ソフトを使用して編集し、得られた配列について、データベースに対して相同性検索を行うことによって、どの菌株の配列と一致するかを確認する。相同性検索にはNCBI (National Center for Biotechnology Information)、あるいはDDBJ (DNA Data Bank of Japan) のBLASTサーチが用いられるが、これはwebブラウザにより利用が可能である。

(2) 細 菌

植物病原性の細菌の同定手法には、罹病植物体の観察、細菌の分離と接種、分離菌株の細菌学的な性状の解析、遺伝子解析などがある。細菌は菌類とは異なり、形態的な特徴に乏しいため、各種培地での培養性や生化学的性質、ならびに遺伝子配列などにより種が同定される。

まず、罹病植物の病状の様子を肉眼観察し、写真撮影して記録を取る。サンプルによっては罹病部位に細菌の菌泥の痕跡が観察されるものがある。あるいは茎を切断して水に差すと、導管部分から白色に濁った筋状の流出菌が肉眼的に認められる場合がある（図2.22⑧）。また、罹病部付近の組織をカミソリなどで切り出し、プレパラートを作製して生物顕微鏡で観察すると、葉肉細胞や葉脈部分から多数の細菌が塊状となって噴出してくることもある（図2.7①）。いずれも罹病組織が新鮮な場合に観察され、古い組織では認められなかったり、二次寄生の腐生細菌であったりするので注意が必要である。

細菌の分離方法には、画線法や希釈平板法などがある。画線法は、新鮮な罹病組織を滅菌水中で磨砕し、同液を白金耳によりNA (nutrient agar) 培地などに画線する（図2.7②）。これを1～2日間20℃程度の恒温器で培養後、単コロニーを得てNA斜面培地に移植する。希釈平板法は、罹病植物を切り出して、0.25%次亜塩素酸溶液などで表面殺菌し、滅菌水中で磨砕後、その磨砕液を段階的に希釈して、それぞれ平板培地に塗抹し培養する。のちに、適した希釈倍率のステージから単コロニーのものを斜面培地に移植する。

得られた菌株は液体培地で培養し、ハサミや針などに菌液をつけて付傷接種するか、噴霧接種、あるいは土壌灌注により接種する。接種後は菌類の検定と同様、20℃程度で数日間多湿状態に置き、感染を促す。接種試験により病徴が再現されたのちに属種を同定する。

簡易的な同定手法としては、API20NEなどの生化学テストのキットを用いる方法、あるいは遺伝子診断を行う方法などがある。生化学テストの場合、キット付属のピペットを用いて新鮮なコロニーを釣菌し、生理食塩水に懸濁して適切な濃度に調整する。その菌液をキットの手順に従い、異なる成分の培地を含んだ20種のチューブに移植、24時間培養する（図2.8①）。培養後にそれぞれのチューブについて、色や濁度などにより陽性・陰性の別を判定し、そのプロファイルを記録して、農業環境技術研究所の簡易同定96-API（図2.8②）など、植物病原細菌のデータベースと照合して同定を行う。

遺伝子診断の場合、菌類と同様に、培養菌についてDNAを抽出し、細菌解析用のrDNA遺伝

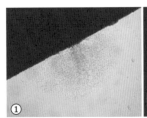
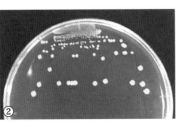

図2.7 植物病原細菌の観察 〔口絵 p 271〕
①生物顕微鏡下で観察される導管部からの噴出菌塊（イネ白葉枯病菌）
②平板培地に画線させて得られたコロニー
〔①②鍵和田 聡〕

子などのユニバーサルプライマーを用いてPCRを行ったのち、DNA増幅産物をシークエンサーにかける。得られた遺伝子配列をBLASTなどにより相同性検索し、属種を同定する。また、検査したい対象が既知、かつ特定の細菌である場合には、その抗体を用いることで、後述するELISA法などの免疫学的診断法により同定できる。この手法では、細菌の分離・培養を経ずに、罹病植物から直接目的とする細菌を検出することも可能である。

新病害などで病原細菌が未知の場合は、細菌学的な諸性質を解析するとともに、菌種によっては他植物に対する病原性（病原型）を明らかにして、確実に同定を行う必要がある。すなわち、光学顕微鏡・電子顕微鏡を用いた形態の観察、培地上の生育温度、コロニーの色・形・大きさ、色素産生の有無、炭素化合物や窒素化合物の利用、染色性の有無、成分分析、各種植物への接種試験などの検定結果に基づいて総合判定しなければならない。

(3) ウイルス

ウイルスを同定するためには、大きく分けて接種試験、電子顕微鏡観察、免疫学的試験、遺伝子解析の各種技術が用いられる。病原ウイルスと宿主の組み合わせに応じて必要な検査を行い、文献における情報と性状を照合してウイルスの同定を行う。

接種試験でもっとも重要でかつ基本となる手法は、検定植物や原植物への汁液接種（機械的接種）である。モザイクや黄化など、ウイルス病特有の症状を呈する、新鮮な葉などの植物組織にリン酸緩衝液等を加えてすりつぶし、その粗汁液を、カーボランダムをふりかけた検定植物の葉に、綿棒等を用いて摩擦接種し、病徴の観察を行う（図2.9）。ウイルスの検定植物としては表2.1に挙げたものがよく用いられる。検定植物に汁液接種後、接種葉または上位葉に何らかの病徴が現れれば、供試粗汁液の病原性が確認された証拠になり、粗汁液にウイルスが含まれている可能性が高いと判断される。病原既知種については、検定植物での病徴や宿主範囲から被検ウイルスの種類を推定することが可能である。

なお、局部病斑を生じる検定植物が存在する場合には、病徴の現れた検定植物を用いて単病斑分離を行い、純粋なウイルス株を得る必要がある（図2.9）。それは、ウイルスは単独の被検

図2.8　API20NEを用いた植物病原細菌の
　　　　簡易同定　　　　　　　　〔口絵 p272〕
①API20NEによる生化学テスト
②農業環境技術研究所の簡易同定96・APIのデータ
　ベース　　　　　　　　　　　〔①②鍵和田聡〕

343

図 2.9　ウイルスの汁液接種　〔口絵 p 272〕
①接種する検定植物の葉にカーボランダムをふりかける
②綿棒を用いて粗汁液を摩擦接種する
③接種葉に現れた局部病斑

〔①-③鍵和田 聡〕

図 2.10　媒介昆虫アブラムシを用いたウイルスの接種　〔口絵 p 272〕
①アブラムシを飼育しておく（ナス）
②アブラムシをシャーレ内に置き，1 時間程度絶食させる
③罹病植物に移し，数分間で獲得吸汁させる
④接種植物に移し，数時間〜1 日吸汁させる

〔①-④鍵和田 聡〕

図 2.11　接ぎ木によるウイルスの接種　〔口絵 p 273〕
①-③芽接ぎ：（①樹皮にナイフで切り込みを入れて形成層を露出させる　②接ぎ穂を形成層が密着するように差し込む　③接ぎ木テープで接ぎ木部を保護する）
④寄せ接ぎ：ウイルスに感染したウメの小枝(右)をニシキギ（左）に接ぎ木する　〔①-③鍵和田 聡　④川合 昭〕

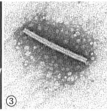

図 2.12　透過型電子顕微鏡を用いたウイルス粒子の観察（DN 法）　〔口絵 p 273〕
①透過型電子顕微鏡（日立ハイテクノロジーズ社製）
②染色剤で磨砕した感染組織汁液をグリッドに載せる
③棒状のウイルス粒子が明るい部分として観察される

〔①-③鍵和田 聡〕

図 2.13　ELISA によるウイルスの診断　〔口絵 p 273〕
①酵素反応により発色として検出されたサンプル
②プレートリーダー（コロナ電気社製）を用いて数値化する

〔①②鍵和田 聡〕

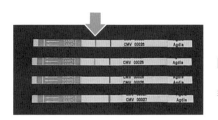

図 2.14　イムノクロマト法（Agdia 社製）によるウイルスの診断　〔口絵 p 273〕
判定ライン（上 2 サンプルの矢印位置）が認められたものが陽性反応

〔鍵和田 聡〕

個体に多くの変異体の集合として感染していたり、複数種のウイルスが重複感染している場合が現実には少なくないからである。この同定リスクを避けるために、単病斑分離したウイルス株を供試し、原植物へ汁液接種して病徴が再現されれば、そのウイルスが病原であることの証明（同定）になる。

植物ウイルスの中には、汁液接種により他の個体へ感染させることができないものや、宿主範囲が狭く、原宿主にしか感染しない種なども存在する。その場合には、感染が疑われるウイルスの性状に適合した接種方法を検討する必要がある。例えば、昆虫媒介性のウイルスの場合には、該当昆虫を飼育し、罹病植物上で獲得吸汁させて接種する（図2.10）。菌類伝搬性および線虫伝搬性のウイルスは土壌伝染するので、罹病植物の生育する汚染土壌を用いて接種してもよいが、予備実験として扱うべきである。

また、接ぎ木接種は、上記のいずれの接種法によっても感染し得ないウイルスの接種方法として有効であり、罹病植物と健全植物とを用いて芽接ぎ、腹接ぎ、寄せ接ぎなどを行い、篩部組織を通じてウイルスが移行することにより原病徴が再現される（図2.11）。ただし、これらの方法によってウイルスの接種、継代等は可能になるが、単病斑分離したウイルス株のように純化されている訳ではないので、複合感染している場合には、病原ウイルスを同定したとはいえない。

ウイルスの感染に伴って植物細胞内で変化が起こり、特徴的な構造物が認められることがある。これを「封入体」と呼び、ウイルスの種類により結晶状、顆粒状、あるいはX体と称する構造体をつくる。封入体は光学顕微鏡を用いて植物細胞を直接あるいは染色剤を用いることにより観察されるが、これのみでウイルス感染を断定することはできないものの、簡易的な診断として利用される場合がある。

表2.1　ウイルス検定に用いられる主な検定植物

科　名	植　物　名
アカザ科	*Chenopodium amaranticolor* *C. quinoa*
アブラナ科	カブ
ウ　リ　科	キュウリ
ナ　ス　科	*Datura stramonium* *Nicotiana benthamiana* *N. glutinosa* タバコ
ツルナ科	ツルナ
ヒ　ユ　科	センニチコウ
マ　メ　科	ササゲ

ウイルス粒子はきわめて微小であり、光学顕微鏡では観察することができないので、透過型電子顕微鏡（TEM）により観察する。植物ウイルスの電子顕微鏡診断でよく用いられる手法はダイレクトネガティブ染色法（DN法）である。感染の疑われる植物組織を切り取り、リンタングステン酸溶液など適した染色剤を滴下してカミソリでみじん切りにし、それを電子顕微鏡用のグリッドに載せて観察するという簡単なものである（図2.12）。棒状粒子やひも状粒子はこれで判別することができる。本法では球状粒子の観察が難しいので、推定されるウイルス種によってはSDN（Serological Direct Negative staining）法なども用いる。また、必要に応じてウイルスの部分純化（精製）を行って電子顕微鏡観察に供する。これらの電顕観察からウイルス粒子の形状や長さ、幅、直径などを計測して既知文献等と比較することにより、ある程度のウイルスグループの類別が可能となる。

ウイルスの同定技術の中でも、免疫学的診断法は非常に重要である。宿主範囲や上記の診断

法により、ある程度ウイルスの種類が絞られて
きたら、想定されるウイルス種に特異的な抗体
を用いて診断を行う。ELISA（Enzyme - Linked
Immunosorbent Assay）法は、ウイルスの免疫診
断法で高頻度に用いられ、いくつかの変法があ
るが、DAS（Double Antibody Sandwich）- ELISA
の手順は次の通りである。

　まず、マイクロタイタープレートに1次抗体
を結合させ、そこに抗原（ウイルス粒子）を含
むと想定されるサンプルを加える。ウイルス粒
子は1次抗体に捕捉され、プレート上に残る。

ここに酵素と結合した2次抗体（コンジュゲー
ト）を加えると、抗原に2次抗体が結合する。
さらに基質を加えると酵素によってその基質が
分解され、発色などの反応が起こり、肉眼的に
陽性反応が観察される（図2.13）。もしサンプ
ルにウイルスが含まれない場合は、2次抗体が
プレートに残らず、基質を加えても反応は起こ
らない。

　その他の免疫診断法としては、イムノクロマ
ト法がある。これはキット化されたきわめて簡
便な手法であり、サンプルを緩衝液中で磨砕し

ノート2.6

遺伝子診断

　微生物の同定方法として、遺伝子診断技術は今日では汎用の手法となっている。
基本的な遺伝子診断のステップは、核酸抽出、PCRと電気泳動、シークエンス解析
およびデータベースに対する相同性検索である。

〔**核酸抽出**〕
　核酸抽出については、各試薬メーカーから多数のキットが販売されており、対象生物に応じて
使用すればよい（図2.15）。菌類や細菌のDNA抽出キットの中には、微生物と試薬を混ぜて数分
間ボイルし、その上清をPCRのテンプレートとして使用するなど、非常に簡便なものがある。

〔**PCRと電気泳動**〕
　PCRを行うためには、目的の遺伝子を増幅するためのプライマー（図2.16）、耐熱性DNAポ
リメラーゼを含むPCR用試薬、ならびに反応機器のサーマルサイクラーが必要になる（図2.17）。
プライマーは論文等で配列を調べるか、あるいはGenBankなどで公開されている、塩基配列の
データを基に自作して、受託合成サービスを行っているメーカーに、その配列を送信して作成す
る。PCR反応後はDNAが増幅されていることを、アガロースゲル電気泳動により確認する（図
2.18）。アガロースゲルのウェルに、泳動バッファーと混合したPCR産物およびマーカーを加え
て泳動し、ゲルをエチジウムブロマイド溶液などの染色剤に浸してDNAを染色する。これをUV
ランプが備わったゲル撮影装置に載せて、蛍光を見ることによってDNAを検出する。また、マー
カーの泳動度と比較して、非特異増幅ではなく、目的の大きさのDNAであることを確認する。

て、スティック状のイムノクロマトの一方を浸すと、液体が表面張力によって吸い上げられ、判定部位にバンドが現れれば、ウイルスが存在すると診断されるものである（図2.14）。

　現在、遺伝子解析はウイルスの同定に必須の作業となっている。しかし、ウイルスは菌類や細菌と異なり、すべてのウイルスに共通するユニバーサルプライマーが開発されていないことから、特異的なプライマーを用いて検出、同定する必要がある。想定されるウイルスがDNAウイルスの場合は、DNAを抽出してPCRを、

　また、RNAウイルスの場合は、RNAを抽出したのちRT（reverse-transcription）-PCRを行いウイルス遺伝子を増幅する。その結果、得られたDNAをシークエンサーにかけて塩基配列を解析し、BLSATなどにより相同性検索を行ってウイルス種を同定する。

　他方、ウイルス種が未知の場合はウイルス粒子の精製を行い、その精製物から核酸を抽出してcDNA合成したのち、これを大腸菌ベクターにクローニングして塩基配列を決定するという方法が用いられる。

〔シークエンス〕

　目的とするDNAが得られたら、未反応のdNTPやプライマーを除くために、適切なDNA精製キットを使用して精製したのち、シークエンス反応を行ってシークエンサーにかける（図2.19）。現在、塩基配列決定の際の反応としては、A, T, G, Cの4種の塩基に対応する蛍光色素を用いた、サンガー法（ダイデオキシ法）によるものが一般的である。シークエンサーによって得られる情報は波形データであるが、適宜、シークエンス解析ソフトを用いて、いくつかの波形データを結合し、また、1塩基ごと確認して確度の高い塩基配列データを得る。

〔相同性検索〕

　得られたデータは、A, T, G, Cからなるテキストデータとしても扱えるが、これをNCBIなどの機関がwebブラウザ上で提供するBLASTに導入し、相同性検索を行う（口絵 図2.20）。BLASTにはいくつかの種類があるが、基本的には塩基配列を塩基配列のデータベースに当てるnucleotide BLASTを用いる。検索結果は長い範囲で相同性の高いものがヒットした順に表示される。Identity（相同性）やCoverage（カバー率）の値を確認しつつ、結果を考察する。相同性が99～100%の場合は、ヒットした対象と同一種である可能性が高いと考えてよいが、複数の種が同一の塩基配列をもつ場合があるので、他のヒットしてきた対象全体を見ることが重要である。既往の文献を参考にし、種によっては他の遺伝子を解析することも考慮に入れておきたい。また、データベースに登録されているものの中には、病原体（微生物種）の同定が不確実なものや旧の学名が付けられているものも含まれていることがあるので、ヒットした菌株に対応する文献を参照して、菌株の由来や同定の経緯と根拠、菌株の系統などを確かめておく必要がある。

ノート2.7

植物病原菌類の形態による同定

　植物病原菌類の種の所属（種名）は、基本的には各器官の形態的特徴を既知種と比較検討することによって決定される。これを「同定」というが、同定作業における精度の水準は、本邦未記載で新病害の可能性がある場合と、既知病害として確認するために行うケースでは大きく異なる。現場レベルの同定作業は、後者の目的で行うことが圧倒的に多いので、できるだけ簡易で的確な観察方法を身に付けておくべきである。

　診断の際、病徴・標徴の目視観察だけで病名が特定できる症例もあるが、過半のものは菌類の検鏡観察が不可避であろう。新鮮な罹病サンプルに菌体が確認されれば、病原菌の形態から菌名や病名にアプローチすればよい。また、菌体が見つからないときは、対象植物の既知病害リストから症状の類似している病害を推測し、その病原菌を宿主から検出するための最適の手法を用いて形態観察に供する。当然ながら、新病害が疑われ、あるいは既知病害に該当するものが見当たらないサンプルについては、検出菌の詳しい検鏡観察と並行して、コッホの原則（ノート2.16）を満たすべく諸実験を進める。

〔属と種の検索〕

　同定にあたっては、まず所属する属を決定する。属の特徴を文献・書物に記載された形態と比較検討し、調査対象の菌がそれに合致するか否かを明らかにする。属の形態の図や特徴の記述は本書の第1編および巻末の文献・図書のうち、とくにイラスト図が多く掲載されている、小林ら（1992）、Barnet & Hunter（1998）、Hanlin（1989, 1998）などが参考になる。

　次いで種の特定を行う。器官形態の分別において着目すべき特異点は属種により異なるので、該当の属に含まれる菌種が文献にどのように記載されているかを確認し、必要な形態的特徴を観察・記録し、大きさを測定する（第1編の菌種の形態記載の項が参考となる；本ノートの末尾に例示）。病原菌の属が判明した時点で、国内の微生物病の症状写真、ならびに菌類の形状等についての簡潔な記載がある、岸ら（1998）、堀江ら（2001）、岸・我孫子（2002）、米山ら（2006）などの事典・図鑑類と比較検討する。さらに日本植物病名目録（以下、「病名目録」；日本植物病理学会のホームページから閲覧可能）あるいは日本植物病名データベース（農業生物資源研究所農業生物資源ジーンバンクのホームページから閲覧可能）で原著文献を検索し、その記載と比較して種の同定を行う。

　病名目録に該当菌種がなければ、新発生病害あるいは新宿主の可能性が高い。ただし、病名目録には宿主が網羅されていないので、それぞれのモノグラフや文献を当たる必要がある。国内に該当の記録がない場合は外国文献を検索する。モノグラフ等は Rossman *et al.*（1987）、Dugan（2006）などが参考となる。最近の文献の多くはインターネット検索が可能であり、また、現在

世界的に使用されている学名やその異名は「Index Fungorum」のモニター画面に属種名を入力することにより検索できる。

〔種の同定方法と事例〕

　各器官の形態の記述や大きさの測定値を既往文献の記載と比較し、形態と大きさの最大値、最小値の範囲がおおむね一致すれば同一種と同定する。測定数はとくに定めはないが、胞子の場合は 30・50 個あれば、最小～最大の値の変異幅がほぼ確定できる。新宿主の記録や新種記載の場合は 100・300 個ほどを計測する。なお、分生子果や子嚢果など、サンプルによっては容易に多数を計測できない器官では 10 個程度を計測する。また、炭疽病菌・べと病菌・うどんこ病菌などの付着器や吸器の形態も分類上重要な形質となる。必要に応じて、培養上の形質や温度反応、農薬に対する感受性検定などを行い、その結果が種を同定する傍証となることがある。

　最近は、菌類を原因とする新病害を報告するにあたり、病原菌の形態的特徴およびその数値から種を確定し、さらに、rDNA-ITS 領域など、登録された該当種の塩基配列との相同性解析結果を併記し、形態による同定結果を支持することを明記する論文が多い。とくに卵菌類など形態的形質がやや不安定な属種、あるいは胞子などの形態に特異性が乏しい場合には遺伝子解析の結果を積極的に併記するようにしたい。ただし、遺伝子解析のみによって属種を同定することは、現在の技術水準では問題点が認められるので、形態的観察結果を踏まえて総合的に判断する。

〔形態観察と記載のポイント（例示）〕

① 疫病菌（*Phytophthora* 属）：遊走子嚢（胞子嚢）＝形態は卵形、レモン形など、乳頭突起が顕著か否か、脱落しやすいか、柄は真直か結節状か。大きさの範囲。有性器官＝同株性（単独菌株の培養菌叢上に有性器官を形成）か異株性か、造精器は底着性か側着性か、造卵器は無色、淡黄色ないし黄褐色、大きさの範囲。卵胞子は造卵器に充満するか、非充満性か、大きさの範囲、温度反応（種によりかなり異なる）。5℃間隔で培養し、生育が認められる温度範囲と生育最適温度を記録。必要であれば、中間の温度を設定する。

② 炭疽病菌（アナモルフ *Colletotrichum* 属）：分生子層の形態＝皿状～盃状、断面の幅の範囲、剛毛の有無（存在すれば形状と大きさ）など。分生子＝無色、単胞（単細胞）、長紡錘形～長米粒形、三日月形など。真直か湾曲か、大きさの範囲、付着器は亜球形、長棍棒形、拳状など。大きさの範囲。温度反応。

＊本ノートに記載した参考文献・参考書籍は巻末に示した
＊ノート 2.16 "植物病害診断における「コッホの原則」" を参照

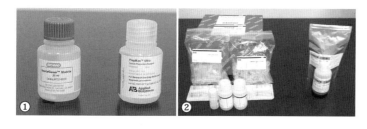

図 2.15 核酸抽出キット〔口絵 p 274〕
①DNA 抽出のキット（左：バイオラッド社製，右：ライフテクノロジーズ社製）
②RNA 抽出のキット（左：QIAGEN 社製，右：ニッポンジーン社製）

〔①②鍵和田 聡〕

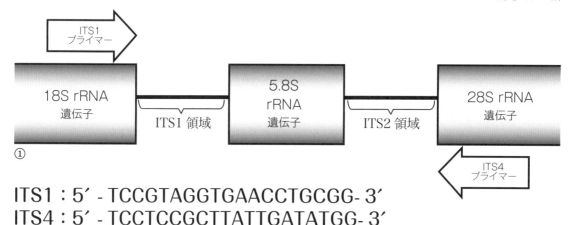

図 2.16 リボソーム遺伝子とプライマー 〔口絵 p 274〕
①真核生物のリボソーム遺伝子の構造とプライマーの位置　②ITS1 と ITS4 のプライマーの塩基配列　〔①②鍵和田 聡〕

図 2.17　サーマルサイクラー
〔口絵 p 274〕
（ライフテクノロジーズ社製）
〔鍵和田 聡〕

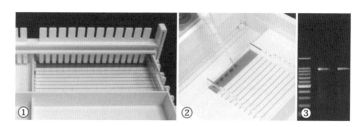

図 2.18　アガロースゲル電気泳動による DNA の確認
〔口絵 p 274〕
①アガロースゲルを作製するためのゲルメーカー
②電気泳動槽に入れたアガロースゲルにサンプルをローディングする
③電気泳動後の検出結果：特定の泳動度（DNA の長さ）のところにバンドが現れれば，遺伝子増幅されたと考えられる．左のレーンはマーカー
〔①‐③鍵和田 聡〕

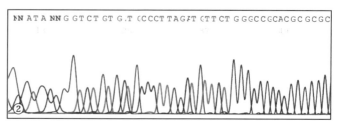

図 2.19　DNA シークエンサーによる塩基配列の決定
〔口絵 p 275〕
①DNA シークエンサーの外観（ライフテクノロジーズ社製）
②得られた波形データと読み取られた塩基配列
〔①②鍵和田 聡〕

Ⅰ-2　病因による特有の症状

　植物の生育障害を起こす原因は実に様々であり、その直接の被害部位は地下部（根・根茎・塊茎・塊根・球根・鱗茎など）、または地上部（茎葉・枝幹・花器・果実・子実など）であったりするが、その生育障害が伝染性、あるいは非伝染性のものであれ、発生原因が異なって類似症状を示す場合が少なくないことに注意しながら観察する必要がある。

　その一方で、伝染性病害の中でも病原菌の種類（菌群；近似のグループ）によっては特有の病状を現すことが多く、診断の有力な手がかりとなる。また、圃場や植栽全体における発症株の割合や分布の偏りの有無、栽培した品種の特性・作型などの栽培条件、土壌・立地環境、さらには発生時期や発生消長などから、病原の種類を絞り込むこともできる。当然ながら、これらの調査観察は虫害や生理障害の事例においても同様に重要である。

　いずれにしても、ある植物に発生する主要な既知の病害虫や生理障害は、症状の所見が明らかにされているので、当初はそれを参考に診断を進めるのが効率的であろう。以下、圃場・植栽場所における観察の仕方と病因別の症状の特徴を詳述する。

1　生育障害の種類およびその診断

　植物もまた、その全生育期間を何の障害も受けずに経過することは稀有であり、多種多様な要因によって生育に異常を起こし、ときには品質・収量の低下を招いたり、観賞価値を失うことになる。上述のように、その生育障害を起こす原因は、軽度のものを含めれば無数にあるといっても過言ではない。

　そして、当面する生育障害を防除し、あるいは回復させたり、次の機会で発生を未然に防止するための処方箋を提示するには、その発生原因を明らかにすることが不可欠である。換言すれば、植物に現れたいろいろな生育障害に対処する前提として、その種類と内容を判別することから作業を始めなければならない。

表2.2　植物の病気（生育障害）に関与する要因の事例

区　分		要因・障害の代表例
生物的要因	伝染性病害	菌類，細菌・ファイトプラズマ・放線菌，ウイルス・ウイロイド
	虫害	昆虫，ダニ，線虫
	鳥獣害	ハト，ムクドリ，カラス，スズメ，野鼠，モグラ，ハクビシン，サル，イノシシ
	雑草害	水田雑草，畑地雑草，寄生植物（雑草）
	遺伝的障害	栄養繁殖植物・F_1種子における突然変異，栄養繁殖植物の培養変異
非生物的要因	物理的要因	気象災害（障害），温度障害（施設栽培），土壌の物理性不適条件による障害 水管理・人為的損傷による障害，光障害，種子の保存不適条件による障害
	化学的要因	土壌の化学性不適条件による障害，肥料・農薬の不適切使用による障害 煙害・ガス障害，光化学オキシダント障害，酸性雨障害

ここで、とくに心得ておくべきことは、現場における診断の果たす役割とは、生育障害の種類を特定するだけでなく、その障害が発生するに至った背景・要因と対処法をも同時に示す必要があり、それが為されてはじめて防除に繋がり、依頼者の要請に対応できるのである。

一般に、植物の生育障害は「伝染病」と「非伝染病」に分けられるが、それらを原因別に分類する際には、生物的要因と非生物的要因に大別される（表2.2）。

非伝染性で、かつ非生物的要因に関わる生育障害は、一般に「生理障害」（生理病）と総称されている。ただし、遺伝的障害（突然変異、培養変異など）のような例外もあるので、厳格に定義付けすることはできないし、また、その必要もないと考えられる。

各種生理障害は表記（表2.2）のように、生物的・物理的および化学的要因に分類されるのが合理的であるとも判断されるが、実際場面においては、その障害の元凶となる要因を栽培・植生を取り巻く環境条件や管理方法と関連付けてまとめたほうが、現実問題として理解しやすいという側面があって、便宜上の視点からは表2.3のように区分される。

2　圃場・植栽地における土壌伝染性病害の発生実態

土壌伝染性病害は通常の地上部観察だけでは病名を特定しづらく、地下部の所見を観ても病因を特定できない症例が多いものである。また地上部病害の慣行的な診断手法とはやや異なるところがあり、発生条件・環境等の実態を十分に理解して診断に臨まないと、正しい結論を得るのに苦慮する場面がある。

土壌伝染性病害の一般的特徴としては、①地上部に現れる症状が類似して、しかも目視診断が比較的難しい種類が多い、②根が侵されるため、致命的被害を受ける、③気象条件・栽培条件のほか、土壌条件（地温、土壌水分、土性・土質、土壌pH、排水性、微生物相、耕作深度、腐植、有機物の質・量、肥料成分など）の影響を強く受けるため、発生様相がきわめて複雑である、④土壌中の病原菌密度がそれほど高くないとき、外観的な病徴が発現するのは、感染後の相当期間を経てからであり、発見時には病原菌がすでに周囲に拡散している事例が多い、⑤病原菌は耐久生存器官を形成し、あるいは腐生生活を営み、土壌中できわめて長期間生存が可能である、⑥一旦発生すると、その伝染環を完

表2.3　実際場面における植物の生理障害（生理病）の発生事例

区　分	発 生 要 因 ・ 生 理 障 害 の 代 表 例
気象要因	温度（低温・高温）障害，日照不足，日焼け，干ばつ，凍霜害，降雹害，落雷による損傷，大雨による冠水害・過湿障害
土壌要因	土性・土質の不適，土壌pHの不適，土壌の単粒化，圧密層（耕盤）の形成，排水不良，微量要素の欠乏・過剰，鉢物培土の不適等に起因する諸障害
栽培要因	肥料の過剰症（塩類集積）・欠乏症，未分解粗大有機物・未熟家畜糞堆肥施用による窒素飢餓，アンモニアガス・亜硝酸ガス障害，灌水過多・不足，施設の温度管理の不適による障害，薬害（地上散布，土壌処理，ドリフト・雨水による流入）
その他	遺伝的障害，煙害，排気ガス障害，光化学オキシダント障害，酸性雨障害，光障害

全に遮断することは至難である、⑦発生後の対策はほとんどなく、作付け前の予防的措置に頼らざるを得ない、といった項目が挙げられる。そして罹病株の多くは最終的に枯死に至るか、または経済的価値を失って、甚大な被害を蒙りがちである。したがって、とくに土壌伝染性病害の診断に関しては、当年作・次作への影響も大きいので、このような実情を考慮し、総合的かつ慎重に行われなければならない。以下にいくつかの事例を紹介してみよう（図2.21）。

菌類など微生物による土壌伝染性病害が圃場や植栽地で発生する際、短期間で全株一斉に症状が現れることはまれであり、前作の激発圃場に連作したり、あるいは苗の多くが植付け時にすでに罹病、感染していたケースなどに限定される。通常は、圃場内の一部の株から発病が始まって周辺に徐々に拡大するため、発生初期の段階では、スポット的にまとまって発病する症例が多い。

その後は伝染経路や伝染方法などの違いにより、発生の初年度に圃場全体で発病をみるような土壌病害種もあれば、全土汚染に数年かかるものもある。いずれにしても、病原菌密度が高まったあとの圃場では、発病時期に早晩の差異はあるものの、やがて全体の株が発病するようになる。

一般に*Fusarium*属菌による土壌病害（フザリウム病）では、はじめ圃場で部分的に発病が起こり、徐々に拡大する。キャベツ萎黄病の事例では、高温期に作付けする実用品種のほとんどに抵抗性が導入されているので、発生が見られた際は品種名を調べ、感受性品種であるか否かを確認することが診断の決め手となる。同様にダイコン・コマツナ萎黄病（図2.21①-③、⑦-⑨）、トマト萎凋病・根腐萎凋病、レタス根腐病、イチゴ萎黄病なども品種確認が病原の特定に大きな意味をもつ。

土壌伝染と同時に水媒伝染する卵菌類は、離脱した胞子嚢や遊出した遊走子が雨水や灌漑水とともに伝搬されるため、その汚染水が地表面を畦に沿って水平移動して急速に蔓延し、さらには冠水、停滞水の起こりやすい低湿な場所から発病が始まることが多い（図2.21④）。アブラナ科野菜 根こぶ病菌も水媒伝染する（図2.21⑤⑥）。休耕田に転作されたアブラナ科野菜に水口からの雨水の流入に沿って根こぶ病が蔓延した事例がある。

生垣や庭木・果樹に被害が大きい白紋羽病の発生様相も、植栽樹が一斉に発病する現象は、一様の保菌・罹病苗を栽植した場合などに限られる。通常は最初に少数の保菌苗木（感染しているが症状が現れていない苗木）が発病し、その後、隣接樹への伝染が起こる。本病菌は多犯性であり、きわめて多くの木本類に病原性を有するので、現地診断する際には異樹種にも発病し得ることを知っておく必要がある。

図2.21 土壌伝染性病害の診断ポイントとなる症状と発生状況の事例　　　　〔口絵 p276〕
①-③ダイコン萎黄病：①発生圃場の状況　②罹病株の症状　③肥大根の断面
④キヌサヤエンドウ アファノミセス根腐病：発生圃場の状況
⑤⑥ハクサイ根こぶ病：⑤発生圃場の状況　⑥罹病根の症状
⑦-⑨コマツナ萎黄病：⑦発生圃場の状況　⑧⑨罹病株の症状

〔①酒井宏　②⑤牛山欽司　③漆原寿彦　⑥近岡一郎　⑨阿部善三郎〕

Rhizoctonia 属菌や白絹病菌など、主に茎の地際部に発生する病害では、株元の導管部が破壊され、水分の上昇を妨げるため、急激な萎れ症状を起こし、やがて枯死するが、地上部の変色や萎れに意識が集中して、直接の侵害部位を見落としがちである。また、根群などの地下部や茎・枝幹内部・導管部が侵される病害についても同様の懸念がある。このことは土壌伝染性病害の診断にあたって、もっとも気を付けなければならない観察上の留意点である。

3　植物の部位別の異常確認

　圃場や植栽地において全体の発生状況を把握しつつ、以下の植物個体の症状を確認する。圃場・植栽地と植物個体の観察は適宜並行して実施するのがよい。

　異常個体を調査観察するに際しては、前記のように、直接の被害部位がどこにあるのかを常に考えていないと、決定的な誤診を招きやすいこと、古い病斑上には、二次寄生菌（いわゆる「雑菌」）が繁殖して病原菌の存在を見逃しがちなこと、さらには、植物・病気の組み合わせによっては、根の観察が被害株を処分することになってしまうので、現実には地上部に現れた間接的な症状と、発生実態の把握と問診のみによって診断せざるを得ない場面があること、などを念頭に置く。また、調査観察の最初の段階で、対象となる障害が伝染性病害・虫害・生理障害のいずれに該当するのかを識別することにも配慮したい。

a. 異常が生じる植物の部位：株の先端部、上位部、中間部、下位部、地際部、ないし株全体か、あるいは不規則か。
b. 葉（葉柄・葉鞘）：新葉か、中位葉、古葉か、または株全体の葉位か、不規則か。１葉のうち葉脈上、葉脈間、葉身の周縁、先端、葉柄近く、あるいは全体か、不規則か。異常部の

色調は、黄色、褐色、紫色、赤色、黒色、灰色、白色ないしそれらの中間色など、あるいは特定の傾向はないか。異常部の形態は、斑点、斑紋、腐敗、モザイク、斑入り、壊死、縮れ、矮小化、カップリング（内側または外側に巻く）、かすり斑、さび斑、ひきつれ、光沢、穿孔などで、それらの形状は均一か不規則か。異常部に菌叢や胞子堆、分生子果子嚢果の小粒点などの菌体があるか。害虫による食害や吸汁などの痕跡があるか、その異常部位の周辺に害虫がいるか。

c. 花器・果実・子実：異常部の色調や形状は均一性があるか。奇形や腐敗が見られるか。異常部に胞子堆などの菌体があるか。異常部周辺に害虫がいるか。

d. 茎・枝幹：異常部表面の色調や太さに変化があるか。部分的に肥大やこぶ、あるいは亀裂があるか。導管部・髄部・材部に変色や腐敗があるか。異常部に小粒点などの菌体があるか。害虫の食入痕があるか。

e. 根（主根・支根・細根）：根の全体量や細根の発生は正常か、根の色調や生気はどうか。腐敗や脱落・消失を起こしていないか。部分的に肥大・こぶ・亀裂があるか。異常部に菌糸体や小粒点、菌核などの菌体があるか。導管部・中心柱に変色があるか。被害根の周辺に害虫がいるか。

f. その他：経過観察および聞き取り調査を随時行い、初発時期、ならびに症状が進行性か一過性かを把握する。また、症状に応じて立地条件を確認しつつ、発生前から行われていた栽培・植栽管理状況を問診する。

4　菌類病の診断ポイント

　被害植物に現れている症状が、局所障害か全身障害かを見極め、その進展状況を観察するとともに、異常を生じている部位について以下の点を精査する。とくに標徴の認められない試料

では、細菌病・線虫病・生理障害などの症状と類似することがあるので注意したい。なお、菌類病の病徴・標徴の識別や顕微鏡観察の具体的手法などについては、II-2に詳述する。

a. 葉：斑点の大きさ・形状と色調、葉脈・葉身の黄化、腐敗、萎れ、肥大、萎縮、奇形、健病の境界、病斑部の破れや脱落、病斑の形成状況、落葉の程度、病斑上の標徴（小粒点、菌叢・胞子の集塊）など。
b. 茎：病斑の大きさ・形状と色調、内部組織または導管部の褐変、腐敗、亀裂、陥没、病患部の標徴（小粒点、菌叢、菌核）など。
c. 枝幹：枝枯れ・胴枯れ、病患部の大きさ、形状と色調、病患部の亀裂・陥没、材部の変色と腐朽・空洞化、表面が粗造なこぶ状組織の形状、病患部の標徴（小粒点、菌叢・胞子の集塊、子実体）など。
d. 花：花弁の小斑点や染み斑、腐敗、奇形、変色、病斑上の標徴（小粒点、菌叢・胞子の集塊、菌核）、着蕾・開花不良など。
e. 果実：病斑の大きさ・形状と色調、果面のかさぶた状・染み状斑点、変色・陥没斑、果肉部の腐敗、奇形、病患部の標徴（小粒点、菌叢・胞子の集塊、菌核）など。
f. 根：根部の褐変・黒変、軟化腐敗と細根の消失、導管部の褐変、病患部の亀裂、中心柱と皮層の剥離、肥大・こぶの有無、病患部の標徴（小粒点、菌叢、子実体）など。
g. その他：栽培・土壌・気象条件と発生状況との関係解明も診断上の重要項目である。

5 細菌病の診断ポイント

細菌に起因する病害では、まず菌類病と同様に、被害植物が局所障害か全身障害かを判別する。標徴（菌泥が病斑上で乾いたのち、染み状に残ったもの）を現す検体は比較的少ない。一般的な確認手段としては、新鮮な病患部を水中に入れて菌泥の溢出を見定めるか、または光学顕微鏡（生物顕微鏡）で細菌粒子の流出を確認する。ただし、光顕観察では細菌の存在を確認するだけであって、属種の判定は生理的・生化学的特性検査や血清・遺伝子診断に拠らなければならない。

罹病サンプルの湿度処理を行うと、二次寄生の細菌と見紛う場合が多い。また、病徴のみによる診断、あるいは古くなった試料を用いての検鏡観察は誤診を招くので、避けたほうが無難である。なお、現地でよく見かける細菌病の症状所見を図2.22に示す。

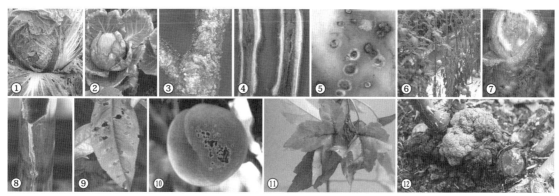

図2.22 細菌病の診断ポイントとなる症状 〔口絵 p 277〕
①ハクサイ軟腐病 ②キャベツ黒腐病 ③-⑤トマトかいよう病 ⑥-⑧トマト青枯病 ⑨⑩モモせん孔細菌病
⑪トウカエデ首垂細菌病 ⑫バラ根頭がんしゅ病 〔①⑩⑫牛山欽司 ③-⑤⑦-⑨近岡一郎〕

ファイトプラズマ病の病状は、ウイルス病や生理障害と似ることがあり、やや特異的な病徴としては、葉の全体黄化、叢生症状および花弁の葉化・奇形を起こす種類がある（図2.23）。しかし、光顕観察もできないので、その判定には遺伝子診断が必須条件となる。

　放線菌による土壌伝染性病害は、イモ類や根菜類などに少数ながら存在し、外観病徴だけでは菌類病と識別し難い場合があるので、とくに土壌条件（高温・乾燥・高pHが一般的な発病好適条件とされる）の把握と病原菌の確認作業を行う。

a. 葉：水浸状の斑点の有無と拡大の様相、葉脈に沿った褐変やその周囲から油が滲むように拡大、萎れ、かさぶた様の盛り上がり斑、変色、白色〜黄色の染み（標徴）、病斑部の破れや脱落、腐敗、異臭など。
b. 茎：皮層部の腐敗、変色条斑・陥没斑、髄部の褐変腐敗・空洞化、導管部の褐変、茎からの菌泥の溢出など。
c. 枝：かさぶた様の盛り上がり、変色、やに、表面が粗造なこぶや癌腫、新梢の萎凋、首折れ、腐敗など。
d. 花：花弁の小斑点や染み斑、腐敗、着蕾・開花不良など。
e. 果実：果面にかさぶた様の盛り上がり斑、変色・陥没斑、やに、軟化腐敗など。
f. 根：皮層部の褐変・黒変、維管束の褐変、軟化腐敗、異臭など。
g. その他：病原細菌は雨滴・水滴や灌水などの飛沫や水系によって伝播し、傷痕から侵入する種類が多いので、とくに土壌の排水条件や灌水方法、結露の出来具合、あるいは台風や強風を伴った降雨など、気象経過と発病状況との関連を考慮すること、また、罹病葉との接触を介し、さらには収穫・摘葉・摘芯・芽かき・移植・株分けなどの管理作業の際、手指や刃物類に付着した病原細菌によっても周辺株に高率伝染する症例を知っておくと、診断の参考になる。

6　ウイルス病の診断ポイント

　ウイルス病の被害植物のほとんどは全身感染しているが、茎葉・花器・果実などにおける病徴が必ずしも全身に発現するとは限らない。病徴は新しい組織で顕著に現れ、古くなった組織には発現しないか、時日の経過とともに消える場合が多い。病徴はしばしば高温などの条件下では不明瞭になり、ウイルス種によっては隠蔽（マスキング）される。また、保毒栄養繁殖作物で、萌芽直後の数葉のみに病徴を現し、その後の展開葉が無病徴となったり、ウイルス感染していても、生育全期間を通してほとんど無病徴であるにもかかわらず、生育不良や品質低下を招いている事例が少なくない。

　診断上とくに注意すべき事項としては、ウイルス病には共通した、特有の病徴が認められる一方で、病原ウイルスの種類を病徴観察のみによって判別することは難しい。さらには、植物ホルモン系薬剤（除草剤・植物成長調整剤などの一部）の誤使用や突然変異などによる遺伝的障害によって、萎縮・糸葉・斑入り・ひだ葉などの類似症状が発現し、診断に迷うこともしば

図2.23　ファイトプラズマ病の診断ポイントとなる症状　〔口絵 p278〕
①シュンギクてんぐ巣病（叢生）
②リンドウてんぐ巣病（矮化，叢生）
③アジサイ葉化病（萼が葉のような奇形を呈し，正常に着色しない）　〔②藤永真史　③鍵和田聡〕

しばある。このため遺伝子診断や抗血清診断、生物検定などの採用が不可欠である。ウイルス病の代表的な症状を図2.24に示した。

a. 葉：葉色に濃緑部分と褪緑部分が入りまじったモザイク斑（双子葉植物ではパッチ状の濃淡、単子葉植物では葉脈に挟まれた条斑・条線状の濃淡）・モットル（斑紋）、輪紋（同心円状にモザイクや壊疽を生じる）、褪緑性斑点、葉脈透化（葉脈に沿って褪緑する）・葉脈緑帯（葉脈に沿って濃緑色を呈する）、糸葉（葉が細くなってよじれる）、ひだ葉（局部的に増生した葉の組織が突起してひだ状を呈する）、火ぶくれ・波打ち（葉の表面に変色を伴った凹凸を生じる）、壊疽、黄化・白化、萎縮、葉の小型化など。
b. 茎：縦方向の黄化、壊疽条斑、凹凸など。
c. 花：花弁のモザイク・斑入り・色抜け（白化、脱色など）、萎縮、萎凋、凹凸、生育の不均衡などの奇形、着蕾・開花不良など。
d. 果実：果面の凹凸、モザイク、輪紋斑、奇形果、生育不均衡、果色や光沢の不良など。
e. その他：ウイルスを伝搬する害虫（アブラムシ類、コナジラミ類、アザミウマ類など）の発生状況を確認する。例えば、アザミウマ類が伝搬するトマト黄化えそ病では、果実にアザミウマ類による産卵痕が白く脱色して、やや膨らんだ斑点（白ぶくれ症）として残っているので、白ぶくれ症の発生状況により媒介虫としてのアザミウマ類の発生の多少や病名の推定ができる。また、タバココナジラミ媒介のトマト黄化葉巻病の場合も、同虫の吸汁によってウイルス害とは関係なく、果実に着色不良を引き起こすことがある。これらとは逆に、アブラムシ類が殺虫剤散布などで殺滅され、その植物での繁殖や生息痕跡がなくても、アブラムシ伝搬性ウイルス病に罹患していることは珍しくないので、注意したい。ウイルスが植物の生育途中に感染した場合は、通常感染部位より上方の新しい組織にのみ病徴を現すので、症状を発現している葉位（部位）も診断の目安になる。

7　線虫病の診断ポイント

線虫病は病原となる線虫の種類によって寄生部位や症状が異なる。症状が特異的で判別の容易な種もあるが、他の障害とまぎらわしいものも少なくない。このため、寄生性線虫の加害組

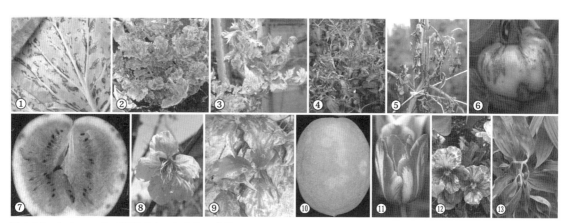

図2.24　ウイルス病の診断ポイントとなる症状　　　　　　　　　　　　　　　　　　　　〔口絵 p 278〕
①キャベツえそモザイク病　②ダイコンモザイク病　③トマト黄化葉巻病　④-⑥トマトモザイク病
⑦スイカ緑斑モザイク病　⑧-⑩ウメ輪斑病　⑪チューリップモザイク病　⑫パンジーモザイク病　⑬ユリモザイク病
〔①②⑪近岡一郎　③⑧-⑩星秀男　⑤⑥栄森弘己　⑦牛山欽司〕

織や加害様式を念頭に置いて観察する（図2.25）。線虫の観察は倒立・正立光学顕微鏡を用いて行うが、雑線虫（土壌中の腐植のみを餌として生息する種）との識別には、線状の形態をもつ世代（幼虫・成虫）の虫体における明瞭な口針の有無が目安となる。なお、線虫の中には植物を直接加害しないものの、土壌伝染性ウイルスを媒介する種がある。

a. 根に寄生して症状を現すもの；根の褐変腐敗（根腐線虫病）、根の表面に平滑なこぶを形成（根こぶ線虫病）、根にシストを形成（シスト線虫病）
b. 葉に寄生して症状を現すもの；葉脈に囲まれた褐斑の形成（葉枯線虫病）
c. 芯部などに寄生して症状を現すもの；新葉の萎縮、奇形、変色、葉先枯れ、芽枯れ、黒点米（イネシンガレセンチュウ、イチゴメセンチュウなどによる被害）
d. とくにマツの枝や幹に寄生して症状を現すもの；枝・幹および樹全体の萎凋、枯死（マツノザイセンチュウによるマツ類 材線虫病、II-9.3参照）

＊根腐線虫病や葉枯線虫病・心枯線虫病などは、とくに他の伝染性病害や生理障害と類似した症状を発現することが多いので、目視のみによる診断は避けるべきである。
＊線虫寄生痕から土壌病原菌が感染しやすくなり、その結果、フザリウム病やバーティシリウム病などが多発することがある。診断にあたっては、このような複合的な原因（相乗作用）の可能性も考慮する必要がある（II-9.5参照）。

8　害虫による被害の診断ポイント

害虫の被害を診断する際に、主要害虫の摂食する植物の範囲、加害様式、発生時期、卵・蛹や成虫・幼虫の形態および生態などの特徴をあらかじめ把握しておく。

被害部位周辺において害虫の虫体が確認できれば、種の同定は専門家に委ねなければならな

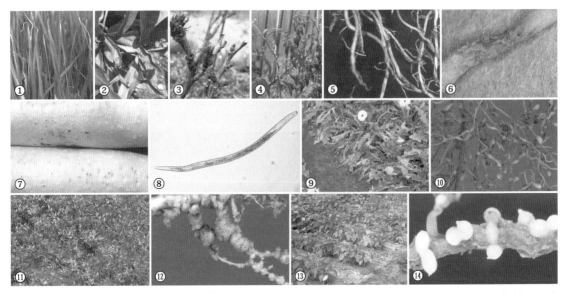

図2.25　線虫病の診断ポイントとなる症状　　　　　　　　　　　　　　　　　　　　〔口絵 p 279〕
①イネシンガレセンチュウによるイネの被害
②イチゴセンチュウによるシャクヤク葉枯線虫病　③同・ボタンの被害　④トマト根腐線虫病（地上部の萎凋）
⑤同・ネグサレセンチュウ類による被害根の褐変　⑥同（拡大）
⑦キタネグサレセンチュウによるダイコン肥大根の被害　⑧キタネグサレセンチュウ雌成虫　⑨⑩ガーベラ根こぶ線虫病
⑪⑫サツマイモネコブセンチュウによるコクチナシの被害　⑬⑭ダイズシストセンチュウによるダイズの被害
〔①⑦⑧⑬⑭近岡一郎　③牛山欽司　④-⑥竹内 純〕

いとしても、「目」または「科」レベルの大括りのグループ分けは可能であり、診断と防除に困惑するケースは比較的少ないものと推察される。しかし、飛翔性・移動性の大きい害虫種では、明瞭な食害痕があっても、その付近に虫体が見つからないことがしばしばある。また、同一植物で食害痕の類似した害虫種が複数存在する場合も多いから、食害痕のみによって決定的な診断をしないほうがよい。

(1) 害虫の加害様式とその診断

人間に不利益をもたらす昆虫、ダニ類や線虫類などの有害小動物は「害虫」と総称される。植物関連でいえば、加害対象によって「農業害虫」「森林害虫」「貯穀害虫」などとも呼ばれ、その被害形態は様々である。害虫の多くの種類は多食性（寄生範囲が広いこと）であり、植物に現れる被害様相および症状は、加害部位と加害様式に支配される。

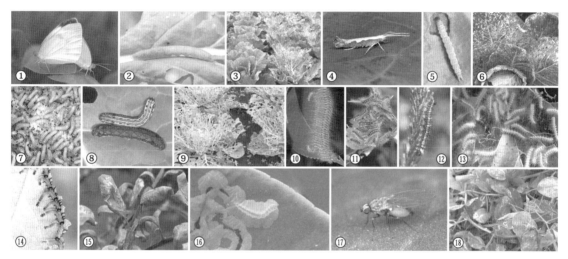

図2.26　害虫の加害様式と被害 (1)　　　　　　　　　　　　　　　　　　　　　　　　　　　　　　　　〔口絵 p 280〕
①モンシロチョウ成虫　②同・幼虫　③同・キャベツの被害　④コナガ雄成虫　⑤同・幼虫　⑥同・キャベツの被害
⑦⑧ハスモンヨトウ幼虫　⑨同・キャベツの被害　⑩⑪チャドクガ　⑫マツカレハ幼虫とマツ葉の食害
⑬アメリカシロヒトリ幼虫　⑭チュウレンジハバチ幼虫　⑮ミカンハモグリガ：カンキツ類の被害
⑯同・潜行幼虫　⑰ナモグリバエ（成虫）　⑱同・サヤエンドウの被害（幼虫による）
〔①③④⑥⑦⑨⑫⑮⑯近岡一郎　②⑤⑧⑩⑪⑭⑰⑱竹内浩二〕

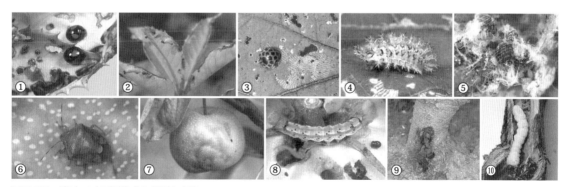

図2.27　害虫の加害様式と被害 (2)　　　　　　　　　　　　　　　　　　　　　　　　　　　　　　　　〔口絵 p 281〕
①ヘリグロテントウノミハムシ成虫とヒイラギモクセイの被害　②同・幼虫による被害
③④ニジュウヤホシテントウと棚田様被害痕（ナス；③成虫　④幼虫）　⑤マツカサアブラムシ（成虫と卵；アカマツ）
⑥ナシ果実を吸汁中のチャバネアオカメムシ　⑦同・カメムシ類による被害　⑧オオタバコガ：幼虫とトマト果実の被害
⑨ゴマダラカミキリ：⑨リンゴ樹の被害　⑩同・被害部の幼虫　　　〔①-④⑧竹内浩二　⑤-⑦⑨近岡一郎　⑩牛山欽司〕

359

害虫の口器の形態は、咀嚼性口器（噛み砕く口器）と吸汁性口器に大別され、害虫種によって特徴的な被害症状を示す場合もあるが、通常は虫体を確認しないと、診断できないものが多い。とくに微小害虫のなかには、フシダニ（サビダニ）類やホコリダニ類のように、肉眼では見ることができず、伝染性病害や生理障害とまぎらわしい症状を植物に現す場合もあるので、診断には注意が必要である。また、茎枝や幹に穿孔性害虫が食入して萎凋を起こす症状と、萎凋性病害との識別判断に迷う事例も多数ある。いずれにしても、害虫種の診断・同定には加害様式のあり方を理解しておくことが重要なポイントとなる。以下にその類別と害虫の代表例を示す（線虫を除く；図 2.26 - 2.29）。

a. 葉をそのまま食害：モンシロチョウ（アオムシ）、ヨトウガ類、コナガ、アメリカシロヒトリ、シャクトリムシ類、ミノガ類、イラガ類、ハバチ類、オビカレハ、チャドクガ、ス

図 2.28　害虫の加害様式と被害（3）　　　　　　　　　　　　　　　　　　　　　　〔口絵 p 282〕
①‐③カキクダアザミウマ（①成虫　②幼虫　③カキ葉の被害）
④‐⑦ミカンキイロアザミウマ（④成虫と幼虫　⑤トマト葉の食痕　⑥果実の被害　⑦　同・ガーベラ花弁の被害）
⑧アザミウマ類によるトルコギキョウ花弁の被害　⑨⑩カワリコアブラムシ（⑨成虫と幼虫　⑩同・ハナモモの被害）
⑪⑫オンシツコナジラミ（⑪成虫　⑫蛹）　⑬タバココナジラミ成虫と蛹　⑭同・トマト果実の被害
⑮プラタナスグンバイ成虫と幼虫　⑯同・プラタナスの被害　　　　　〔①‐③⑥⑭近岡一郎　④⑤⑦‐⑬⑮⑯竹内浩二〕

図 2.29　害虫の加害様式と被害（4）　　　　　　　　　　　　　　　　　　　　　　〔口絵 p 283〕
①②トマトサビダニ（①成虫・幼虫・卵　②トマト茎葉の被害）
③‐⑥チャノホコリダニ（③成虫と幼虫　④ナス葉の被害　⑤ナス果実の被害　⑥ガーベラ花弁の被害）
⑦⑧カンザワハダニ（⑦成虫と卵　⑧チャ新葉の被害）
⑨ロビンネダニ；チューリップの球根に寄生し，生育不良と枯死を起こす
⑩シクラメンホコリダニによるシクラメン花弁の被害　⑪マツカキカイガラムシによるマツ針葉の被害
⑫ヤノネカイガラムシによるカンキツ類の果実被害　　　　　　　　　〔①‐③⑦⑧⑩竹内浩二　④⑤⑪⑫近岡一郎〕

ズメガ類、ケンモン類、コガネムシ類、ハム
シ類など

b. 葉を巻いたり、つづり合わせて食害：メイガ
類、キバガ類、イチモンジセセリ、ハマキム
シ類など

c. 葉肉内に潜入して食害：ハモグリバエ類、ミ
カンハモグリガなど

d. 茎葉部・花器・果実・子実などを吸汁：ウン
カ・ヨコバイ類、アブラムシ類、コナジラミ
類、キジラミ類、アザミウマ類、ハダニ類、コ
ナダニ類、ホコリダニ類、フシダニ類、カイガ
ラムシ類、カメムシ類など

e. 葉の芯部・茎・枝幹・果実などに食入：メイ
ガ類、キバガ類、オオタバコガ、カミキリム
シ類、キクイムシ類、ゾウムシ類、コウモリ
ガ、スカシバガ類、シンクイムシ類など

f. 播種後の種子に食入：タネバエ

g. 地際・根部を食害：タマネギバエ、ネキリム
シ類、コガネムシ類、キスジノミハムシ、ハ
リガネムシ類、ゾウムシ類など

h. 根部を吸汁：ネダニ類など

i. 産卵による傷害：ネギハモグリバエ、マメハ
モグリバエ、モモチョッキリゾウムシなど

j. 虫えいの形成（図2.82、ノート2.17）：クリ
タマバチ、ブドウネアブラムシなど

k. その他：間接害として、アブラムシ類、ウン
カ・ヨコバイ類、アザミウマ類、コナジラミ
類などのある種は、特定のウイルス・ファイ
トプラズマを媒介する。また、飛翔性害虫の
体表に病原菌の胞子などが付着し、伝染性病
害を蔓延させる事例が多数知られている。

（2）微小害虫による被害の診断

ダニ類、アザミウマ類などの微小な吸汁性害
虫の被害と伝染性病害・生理障害の症状は似る
ところがあり、目視診断だけでは誤診を招きや
すい。そこで、これらの害虫については、ルー
ペまたは実体顕微鏡を用いて葉裏を中心に観察

を行い、成虫・幼虫・脱皮殻・卵などの有無を
確認すると診断の参考になる。

ハダニ類やアザミウマ類の吸汁害を受けた各
種植物の葉では、一般に点状・白色かすり斑を
全面に生じ、多発すると葉枯れを起こすことが
ある。また、アザミウマ類が花蕾時期に摂食し
た場合には、開花時の花弁・果実に染みや引き
つれ、さび果症状などが現れる。タバココナジ
ラミが茎葉や果実を吸汁すると、植物の種類に
よっては局所的に組織が白化する。

前述のとおり、ホコリダニ類やフシダニ（サ
ビサニ）類は、肉眼で確認できないほど小さい
が、芯止まりを起こし、あるいは葉や果実が硬
化するとともに、萎縮・さび・引きつれ・斑紋
などの症状を発現したり、葉枯れを生じる。

近年、微小害虫の被害は増加傾向にあり、発
見が遅れ、対策が後手になりがちなこと、薬剤
選択等防除上の理由から、種レベルの判断が必
要になるケースも考慮しておきたい。

9 生理障害（生理病）の診断ポイント

生理障害の発生は、栽培・植栽環境や管理方
法、土壌条件、気象条件などが該当植物の生育
適応範囲を超えて、著しく不適となった場合に
起こり、その原因も様々である。原因の種類に
よっては、例えば、土壌や植物体の分析により
養分欠乏症・過剰症を科学的に証明できるよう
なケースもあるが、ほとんどは実証や再現の手
段がなく、症状の観察と発生状況の把握、それ
に的確な聞き取り調査（問診）を行って原因を
推察する以外にない。しかし、当然のことなが
ら、原因を証明できないからといって、等閑視
してよいという訳では決してない。

生理障害の疑いが認められた際には、真の原
因を探るべく、問診（ノート2.3参照）を徹底
するとともに、圃場・植栽地の土壌、立地、気
象などの環境条件、ならびに栽培管理の概要な
ど、広範囲に圃場調査を行って、総合的に判断

する能力を養う努力が大切である。そのためには、生理障害に関する諸知識の修得に加え、現場で実地経験を重ねることを推奨したい。問題意識をもって現場を視れば、机上ではわからない障害の実態が顕れて、診断の精度が格段に向上することは間違いないからである。

現地対応に慣れてきたら、該当障害の発生に関与している可能性のある要因を、症状の所見および発生状況などによってあらかじめ絞り込み、その項目を中心として詳細に聞き取り調査を行い、効率的に診断を進めるような訓練を心がけたいものである。

(1) 生産圃場・植栽地の概要把握

a. 圃場・植栽地の類別：水田、畑、樹園地、施設（ガラス室、ビニルハウスなど）。

b. 地面の傾斜：平坦か斜面（傾斜の程度）か。

c. 土壌の硬度・水分条件：圧密層（耕盤）の確認、地下水位の高低、水の流れ、停滞水の状態など。

d. 周辺の状況：土地利用状況（畑、住宅、工場など）の俯瞰。

e. 土壌養分の欠乏・過剰の可能性はあるか（次項 (3) 参照）。

f. 薬害、気象障害などが起こり得る状況にあるか（次項 (4)・(5) 参照）。

g. 生育障害の発生地点は圃場・植栽地全体か局所か。集団発生か散発か。

h. 異常症状は株全体に見られるか、株の先端部または中・下位に限られるか。該当症状が発生したのは今回が初めてか（その場合、前年あるいは前回までと施肥や農薬の使用など管理に異なる点はなかったか）、過去にも発生したか（毎年発生か、不定期か、出現の季節は決まっているか）、播種後または定植後日数や植物の生育ステージはどうか。

i. 異常症状の進展状況はどうか（進行性か、あるいは一過性か）。

(2) 栽培・植栽状況についての情報把握

a. 連輪作とその植物種・年限（栽培体系）、植付け時期・年次および障害発生時期・年次などを聞き取り調査する。

b. 種苗の来歴、植物の品種・系統、単植か混植か、栽植密度、水・温度管理（とくに施設栽培）などの情報を把握する。

(3) 化学肥料や堆肥などの施用記録の確認

a. 化学肥料：種類、商品名、施用時期と回数、施用量、施用方法などを作業記録に基づいて把握する。

b. 堆肥・土壌改良資材：種類、商品名、施用時期と回数、施用量、施用方法などを調べる。自家製堆肥では熟度調査も重要である。

(4) 農薬の散布・処理記録の確認

a. 農薬の種類と使用状況：商品名、散布（処理）時期と回数、散布濃度・使用量、散布（処理）方法、混用の有無、散布機械の使用・管理状況などを、作業記録を基に聞き取る。

b. 近接の植物や近隣での使用状況：上記 a と同様。除草剤のドリフトや圃場・植栽地流入の可能性についても調査する。

c. 植物の生育状況：農薬施用時の植物の生育ステージ、生育状態を把握する。

d. 気象：農薬施用時の天候、気温等を調べる。

(5) 気象情報の把握

a. 気温・地温：施設・露地栽培での低温障害・高温障害、主に露地栽培での降霜害・冷害・凍寒害など。

b. 降水量：乾燥害（干ばつ）、土壌の過湿害、冠水害など。

c. 日照：好光性植物における日照不足、弱光性植物における日焼けなど。

d. 大気汚染：SO_2、O_3、PAN などの発生の有無。

e. その他：雹害、強風害、落雷による枯損など。

I-3 生理障害の主な診断事例・症状および発生要因

植物の生理障害の中には、露地栽培における気象要因の事例のように、ある程度不可抗力的な自然災害もあるが、実際には施設・露地栽培を問わず、肥培・土壌・灌水・農薬処理・温度等に関わる栽培管理条件が当該作物（植物）の適応範囲を超えたために生じる、いわゆる人為的障害がその主要因になっていることに気付くはずである。ここでは、生産現場における生理障害の発生実態とその要因に言及してみよう。

1 伝染性病害と生理障害の発生様相

伝染性病害および生理障害は、それぞれの発生原因は異なっていても、植物の代謝機能の不全・低下もしくは停止に起因して、局所・全身に多様な症状を発現する、という現象そのものは何ら変わらない。したがって、障害の発生部位や作用機作が同じであれば、症状が似るのは当然ともいえる。

実際に被害株を個体観察した場合には、伝染性病害と生理障害との間で、識別の難しい類似症状が多数存在する事実も否定できないが、両者の発生パターンには一定の規則性をもった相違点があり、圃場診断によって全体の発生状況を俯瞰してみると、有力な手がかりが得られる事例が相当にある。実際圃場や緑地などにおいて、伝染性病害か生理障害かを判断する一般的所見を以下に例示する。

① 伝染性病害は圃場の一部から不均一に発生するのに対し、生理障害は圃場全体に均一に発生することが多い（畦畔に処理された除草剤の流入時などは局所的なこともある）。

② 伝染性病害は初発後、畦に沿って、あるいは放射状に周辺株に徐々に拡がっていくので、発病状況に時間的なずれがある。生理障害はある時期に一斉に発生する症例が多く、発生程度や発生部位に相似性が認められる。

③ 伝染性病害は毎年同じ時期に同一症状を発現する傾向があるが、生理障害はある年に、突然発生するパターンが見られる。

④ 空気伝染病や気象要因による生理障害は、近隣圃場・植栽地の同一植物にも同じ症状が発生しやすいが、土壌伝染病や人為的要因による生理障害（肥料や農薬などの不適切使用、水管理の不適、温度管理の不適など、個人の栽培管理による場合）は特定の圃場・植栽地だけに発生する事例が多い。

⑤ 伝染性病害のほとんどは、症状が上位葉に進行するが、一過性の生理障害の場合、同一葉位に発生し、上位葉には進行しない症例が中心的である（薬害、気象災害の一部など）。

⑥ 突発的な生理障害は、発見時の数日前に、追肥や農薬散布などの栽培管理、あるいは気象条件などで、思い当たる特定の要因に帰着するケースがある。

⑦ 土壌伝染病は、定植後しばらくは正常に生育し、のちに症状が現れるが、土壌が原因で起こる生理障害（肥料の高濃度、過湿・過乾、pHの不適など）の多くは定植・発芽直後から症状が見られる。

2 生理障害の現地事例と発生要因・主な症状

植物の病気（すべての生育障害を含む）に関する診断依頼は、現状では野菜・花卉・果樹・観賞植物・樹木・植木類などの生産者が中心となっていて、公設研究機関・普及機関・病害虫防除所などに問題解決への期待が寄せられる。

その内容は様々であるが、生理障害と推定される依頼件数が全体のおよそ40％（伝染性病害とほぼ同率）に達したという実績データもある。それらの中で比較的多かったものを以下の原因別に分けてみたが、とくに薬害と土壌養分

の過不足に起因する障害が目立った。なお、強風害や潮風害（図2.30 ③）、晩霜害および降雹害（図2.30 ④‐⑥参照）のように、容易に原因が判定できる障害は、その対応策に関する事項は別として、診断そのものを依頼されることはないことから、依頼件数が必ずしも生理障害の発生実態を反映している訳ではない。

生理障害は科学的方法による証明手段が乏しい背景もあって、現地調査や問診等を十分に実施しても、なお原因不明のまま終わる事例が少なくなかった。これを決して徒労と考える必要はないが、このような現実もあるということを診断する者は認識しておくべきであろう。

本調査における依頼事例にはなかったが、光化学オキシダントによる植物被害は1960年代から70年代にかけて多発しており、問い合わせが相次いでいた。現在は国内における原因物質発生源の規制等で、被害は減少してきたものの、一部地域では依然として問題になる場面がある（ノート2.8参照）。また、その他の珍しい生理障害としては、街路灯・高速道路の夜間照明灯・電照栽培施設の近くで栽培されている野菜・花卉類に不時出蕾（抽苔）、開花異常、軟弱徒長などの光障害を起こす事例があった。

以下の項目は、生産現場において実際に診断作業を行った事例をとりまとめ、そのなかで生理障害に該当すると推定された代表的な種目について「生理障害の種類：主な発生要因；主な症状」の順に略記したものである。

a. 薬害（散布用殺菌剤・殺虫剤）：幼苗・軟弱苗への散布、高温期の散布、薬剤選択、散布濃度（散布量）、多品目への一律散布（花卉類）；斑点、葉先枯れ、変色、萎縮、染み斑

b. 薬害（除草剤）：ドリフト、畦畔・施設の周囲・隣接圃場・床土置場周辺等からの雨水による流入；葉枯れ、斑点、黄化、萎縮、奇形、株の枯死

c. 薬害（土壌くん蒸剤）：土壌の過湿時・乾燥時処理、ガス抜き期間の不足（作付け作物）、処理後の地表無被覆（周辺作物）；生育不良、葉の黄化、根腐れ、株の枯死、ガス被曝部位の壊死

d. 薬害（植物成長調整剤）：花卉類（成長抑制剤）、施設栽培におけるトマト・ナス（果実肥大促進剤）の高濃度・高温時・過剰処理；生育遅延、葉の黄化、萎縮、糸葉、空洞果・萼（がく）割れ果・奇形果

e. 肥料の高濃度障害（肥料やけ）：窒素・カリの過剰施用、化成肥料等の作付け直前施用・不均一施用、ハウス栽培の肥料成分の残留・蓄積、鉢物花卉の追肥時における過剰施用；発芽不良、根腐れ、葉の濃緑化、下葉の葉縁枯れ、生育不良、株の枯死

f. 肥切れ障害：元肥・追肥不足、有機物不足、長期栽培作物；葉の退緑・黄化、生育不良、着果不良

g. 特殊養分・微量養分欠乏障害：Ca・B・Mg・Fe（作物全般）、他の肥料成分との拮抗作用、土壌水分・pHの影響・絶対量の不足；新葉の葉先枯れ・芯止まり・黄白化、葉の脈間黄化、茎葉の壊死、果実・根部（肥大根）の奇形や壊死、芯腐れ

h. アンモニアガス・亜硝酸ガス障害：未熟家畜ふん堆肥・生わらの作付け直前多量施用、ハウス・トンネル栽培におけるアンモニア態窒素肥料・液肥等の過剰施用；茎葉のガス被曝部位の急激な壊死、葉の脱水症状、根腐れ、生育遅延、株の枯死

i. 土性・土質、投入資材の不適による障害：客土に供した土壌、育苗・鉢物用土の不適、土壌pHの不適；根量不足、根腐れ、発芽・生育不良（作付け直後から発現）

j. 土壌の過湿障害：施設栽培・鉢物花卉の多灌水、一律灌水、露地畑の大雨・長雨（排水不良地、低湿地）；根腐れ、葉の黄化、葉縁枯

れ、生育不良

k. 土壌の乾燥および急変（乾燥後の多湿）による障害：果菜類（施設・露地）・根菜類、灌水方法の不適、干ばつ；果実障害（つやなし果、尻腐れ果、裂果）、葉焼け、萎れ、肥大根の奇形・裂根、植栽の枯れ（図 2.30 ②）

l. 低温障害（気温・地温・水温）：施設果菜類の生育期、露地果菜類の育苗期～定植直後；芯止まり、葉枯れ、アントシアニン発色、生育遅延、根部障害、花蕾・果実への影響（不受精、受精・肥大不良、着色不良、奇形果・乱形果）、イネの登熟不良（図 2.30 ①）

m. 高温障害（気温・地温・水温）：ハウス・トンネル栽培、露地マルチ栽培；葉焼け、根傷み、花蕾・果実への影響（受精不良、果実肥大停止、果実の硬化、着色不良、乳白米）

n. 日照不足による障害：作物全般（とくに果菜類）；生育遅延、葉の黄化、落蕾、着果・肥大不良、異常果（奇形・空洞・着色不良果）

o. 日焼け障害：好弱光の植物、果実（果菜類・果樹類）、土壌水分不足による脱水症状・根部障害を受けた植物への直射光；葉焼け（図 2.31）、脱色、果実のただれ斑

p. 遺伝的障害：F₁種子（品種・ロット間の差異がきわめて大きい）・栄養繁殖作物の突然変異、花卉類の培養変異；葉の斑入り・萎縮・奇形葉、花弁の水浸斑、異常果・異常結球

3 薬害の症状と発生要因

農薬の地上散布や土壌処理（使用）によって農作物など、雑草を除く有用植物が被害を受けることがあり、これを一般に「薬害」と呼んでいる。薬害は非食用作物において登録適用外使用を行ったり、あるいは使用した製剤が作物登録されたものであっても、新品種に施用した場合や不適切使用によって、ときにはいろいろな異常症状を現すことがある（前項、ノート2.9参照；図 2.32 - 34）。

薬害の中には、伝染性病害や他の生理障害と症状のまぎらわしいものが多くあって、その見極めには十分注意する必要がある。また、薬害か否かの判定は圃場・植栽地における発生分布が決め手になるので、圃場診断を原則とし、農薬の使用状況を詳細に聞き取る作業が欠かせな

図 2.30 気象要因等による植物被害 〔口絵 p 284〕
①冷水害によるイネの登熟不良（矢印は水口付近） ②乾燥によるレイランドヒノキ生垣の枯れ
③潮風によるヒュウガミズキの被害 ④⑤降雹によるナシの被害 ⑥降雹によるサトイモ葉の破損 〔①近岡一郎〕

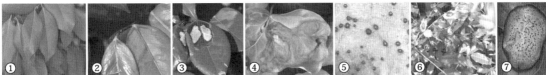

図 2.31 日焼け痕から病気への進行（炭疽病の例） 〔口絵 p 284〕
ツバキ：①②日焼け障害を起こす ③日焼け痕から炭疽病の病斑が拡がり、分生子層を多数生じる
セイヨウキヅタ：④日焼け痕に輪紋状の病斑が拡がる ⑤病斑上に分生子層を多数形成する
ヒイラギナンテン：⑥日焼けによる斑点を生じる ⑦輪郭の明瞭な病斑上に分生子層を多数形成する

い。実際の栽培・植栽場面において、薬害が発生する要因を次に示す。

a. 作物の農薬感受性
① 品種間差異：同一作物の中でとくに感受性が高い品種
② 生育ステージ：幼苗期、若葉の展開期、作物の軟弱・徒長株
③ 気象環境条件：高温多湿、日照不足、温度変化（散布後の高温、低温）、高温時散布

b. 農薬の相互作用
① 混用：2種類以上の農薬を混ぜて使用した場合、農薬の組み合わせによっては、沈殿や分離などの物理性の変化を生じ、あるいはいずれかの成分が化学変化を起こして薬害が発生するケースがある。
② 近接散布：2種類以上の農薬を短い（およそ10日以内）間隔で別々に散布した場合、農薬の組み合わせによっては、薬害を生じることがある。

図 2.32　薬害の症状（1）薬害の事例　　　〔口絵 p 285〕
①アブラナ科野菜：銅剤散布　②ポインセチア：「チオシクラム＋ブプロフェジン」混合剤散布
③ペチュニア：TPN剤散布　④バラ（品種ピース）：キノキサリン系剤散布　⑤プリムラ・オブコニカ：DMTP剤散布
⑥シクラメン：プロシミドン剤散布　⑦ハボタン：「ピレスロイド＋有機リン」混合剤散布
⑧キク：オキシカルボキシン剤散布　⑨スカシユリ：メタラキシル粒剤の土壌施用　⑩トウカエデ：有機銅剤散布
⑪除草剤のガス害（鉢植えアサガオ）：施設内で地表面に施用した除草剤のガス化
〔⑥阿部善三郎〕

図 2.33　薬害の症状（2）圃場での薬害事例　　〔口絵 p 285〕
①硫黄フロアブル剤散布によるキュウリの薬害（左側；右は無処理）
②同・被害葉の拡大

図 2.34　薬害の症状（3）除草剤ドリフトによる薬害と類似症状（菌類病）との比較　　〔口絵 p 286〕
①薬害：ユリ栽培圃場の周囲に散布した除草剤が飛散し、薬害を起こした
②類似の症状を示すユリ葉枯病

c. 環境中での農薬の動態

① ドリフト（漂流飛散）：ドリフトにより目的以外の近隣作物に農薬がかかり、その作物が該当農薬に対して感受性が高い場合（とくに除草剤）

② ベーパー・ドリフト（揮散）：蒸気圧の高い農薬を散布（処理）後、作物体上・水面または土壌表面から蒸発、揮散して周辺の感受性作物に到達した場合（除草剤、土壌くん蒸剤など）

③ 流出：水に溶けやすい農薬が降雨などにより流出して、周辺の感受性作物に到達した場合（とくに除草剤）

④ 土壌残留（後作への影響）：農薬が土壌中に比較的長く残留して、後作に感受性作物を植えた場合（とくに土壌処理剤）

d. その他の要因

① 製剤の品質、貯蔵中の変化物：製剤の製造過程、もしくは貯蔵中の経時変化により薬害の原因物質が生成される。

② 誤使用：登録適用外作物への使用、処理時期や処理方法・希釈濃度の誤り、過剰散布、不均一散布、混用の間違い、容器や剤型の類似による誤散布、散布機具類の除草剤および殺菌・殺虫剤の共用など。さらには、使用者の判断ミス、あるいは農薬ラベルを熟読せず、記載事項を遵守しなかったことなどの不注意によって起こるもので、現実にはこのケースがもっとも多いとみられる。

4 肥料要素の欠乏症・過剰症および塩類集積・ガス障害の発生要因

有用植物を栽培・植栽する場合、自然状態にある樹林などの一部を除いては、化学肥料・土壌改良剤や有機質肥料・厩肥(きゅうひ)・堆肥などを施用して人為的に養分を補給しなければ、健全で持続的な生育、あるいは収量・品質を維持できな

い。一方、とくに化学肥料の偏重、多施用は土壌を酸性化したり、作物に必要な養分を流亡させ、あるいは、逆に塩類を集積するなど、様々な障害を引き起こす。また、化学肥料・有機質肥料の種類や施用量によっては、土壌中における分解の過程で、植物にとって有害なガスを発生させることがある。

それらの土壌肥料に関係した諸障害は、生理障害全体の中でも重要な位置を占めている現状にあり、しかも、複数の肥料要素と植物種との相互関係において、複雑で多様な症状を現し、伝染性病害や他の生理障害との識別に困惑する場面も少なくない。

(1) 要素欠乏症・過剰症の診断と欠乏症対策

特定の土壌養分が欠乏状態、あるいは過剰状態となる限界（絶対）量は、植物種や土壌条件などによって大きく異なるが、その上限・下限値を超えて植物に現れる異常症状や発生部位には、一定の共通項が認められる。

一般に、植生に必須もしくは有用で、かつ植物が吸収する主な養分には17種類以上の元素があるといわれている。それらの中で、炭素(C)、水素(H)、酸素(O)の3元素は、水・炭酸ガスによって天然供給される。人為的に施用される養分元素のうちで、窒素(N)、リン(P)、カリウム(K)はとくに多量を必要として、肥料の3要素と呼ばれ、これにカルシウム(Ca：石灰)、マグネシウム(Mg：苦土)を加えて肥料の5要素とも称される。

その他、植物の吸収量は少ないが、成長や代謝の維持に欠くことのできない要素として、鉄(Fe)、マンガン(Mn)、硫黄(S)、亜鉛(Zn)、ホウ素(B)、モリブデン(Mo)、銅(Cu)、塩素(Cl)、ケイ素(Si)などの元素が挙げられ、これらを特殊要素または微量要素という(Ca・Mgを含める場合もある)。他方、植生に好影響を与えることがなく、過剰障害を起こす要素として、

表 2.4　要素欠乏および過剰の主な症状

要　素	発 生 部 位 （ 欠 乏 症 ）	欠 乏 症 状	過剰に伴う症状・誘発要因
窒　素 （N）	全葉位 （とくに古葉）	葉身の先端からの黄化，小型化 草丈が伸びず，生育不良	葉が暗緑色，下葉の葉縁枯死 Ca・K・B などの欠乏症を誘発
リン酸 （P）	古葉の葉柄・葉身 葉脈・茎	葉が暗緑色，古葉が紫色を帯びる 生育不良（症状無発現も多い）	（症状発現はまれ） Fe・Zn・Cu などの欠乏症を誘発
カ　リ （K）	古葉の先端・葉縁 （A） 古葉の葉身（B）	黄化，褐変 褐色の斑点（A）・白斑（B） 茎葉の伸長抑制，生育不良	葉が硬化，果実表面が粗剛・着色 不良，茎の伸長が劣り，わい化気味 Mg・Ca などの欠乏症を誘発
カルシウム （Ca）	新葉の先端・芯部 果実	葉の先端部が黄白色に変色し，の ちに黒褐変・枯死，芯止まり 果実部の組織が壊死	（好酸性作物では土壌 pH の不適（ア ルカリ化）による生育不良） Mn・Fe・B・Zn などの欠乏症を誘発
マグネシウム （Mg）	古葉・中位葉の葉 脈間（とくに果実付 近の葉）	葉脈間の黄化 褐変・落葉	（症状発現はまれ） アルカリ性の Mg 資材投与により B・Mn・Zn などの欠乏症を誘発
ホウ素 （B）	茎成長点・新梢先 端・葉柄 茎根の中心部 果実芯部	葉の黄化，芯葉のしわ・萎縮・黒 変，茎の裂開・亀裂，肥大根の心 黒・さめ肌症状，果実の部分的壊 死・コルク化，枝枯れ	生育不良，発芽障害 葉の黄化（古葉，全身） 古葉の葉縁から褐変・褐点，わん 曲など
マンガン （Mn）	新葉・中位葉の 葉脈間	（Mg・Fe・Zn 欠乏と類似） 葉脈間の黄化	（強酸性，多湿条件で発生しやす い）葉先・葉縁のチョコレート色 の斑点，古葉先端の小斑点 Fe などの欠乏症を誘発
亜　鉛 （Zn）	新葉～（古葉）	葉脈間の黄白化，黄色の斑入り 枝・節間がつまる 葉が密生し，小型化	（強酸性，多湿条件で発生しやす い）葉の黄化．先端葉または全身 葉に褐色の斑点・枯死．根の先端 が太く，短くなり，曲がる
鉄 （Fe）	新葉・芽	葉脈間の黄白化 生育不良 萎縮	（過剰吸収は少ないが，湿害を受 けたときには起こることがある） P・Mn などの欠乏症を誘発
モリブデン （Mo）	古葉～中位葉	黄緑色～淡橙色の斑点，のちに褐 変．内側にわん曲し，コップ状 葉縁の枯死，鞭状葉	葉に灰白色，不規則な斑点 萎凋・落葉 （過剰害は比較的少ない）
銅 （Cu）	新葉，枝葉先端部 （欠乏症は比較的ま れ）	葉が折れ曲がる．奇形．葉身の先 端から黄白化・下垂．枝葉先端の 枯死	根の先端が太く，短くなり，伸長 が停止する Fe などの欠乏症を誘発
硫　黄 （S）	全葉位（とくに古 葉：欠乏症は比較 的まれ）	（全体の症状は N 欠乏と類似） 葉身全体の黄化・小型化．茎枝が 細く，短く，コルク化．生育不良	（硫酸根肥料の多施用により誘発） 畑地では酸性化，水田では硫化水素 の発生による根腐れ・下葉の赤枯れ

表2.5 要素間の相互関係および欠乏症の発生しやすい土壌条件と欠乏症対策

要 素	吸収・体内移動を助ける要素	吸収・体内移動を妨げる要素	欠乏症の発生しやすい土壌 pH	欠乏症の発生しやすい土壌水分	欠 乏 症 対 策
窒 素	Mn・P	K・Ca・B・Zn・Cu	酸性	－	葉面散布．N 肥の適量施用
リン酸	Mg・(Si・Ca・N)	K・Fe・Zn・Cu	酸性	－	酸性土壌の改善．堆厩肥の施用 施肥法の改善（ある程度濃度を高くして腐植と混ぜる）
カ リ	(B・Fe・Mn)	NH$_4$-N・Ca・Mg	酸性	乾燥・過湿	計画的に分施する．Mg・Ca を豊富にしておく．堆厩肥の施用（腐植を加える）
カルシウム	P	NH$_4$-N・K・Mg	酸性	乾燥・過湿	土壌の乾燥を防ぐ．石灰質肥料の施用．N・K の過剰施用を避け，土壌の塩類濃度を高めない水分管理．堆厩肥の施用
マグネシウム	P・(Si)	K・Ca	酸性	－	葉面散布（硫酸 Mg）．苦土資材の施用（土壌が強酸性の場合：苦土石灰・水酸化 Mg, 土壌 pH6.0 以上の場合：肥料用硫酸 Mg）
ホウ素	Ca（体内移動のみ，吸収は拮抗）	N・K・Ca	中性～アルカリ性	乾燥・過湿	堆厩肥・生わらの施用．干ばつ・湿害を起こさないようにする N・K・石灰質肥料を過剰施用しない．ホウ素の適量施用
マンガン	K・N	Ca・Cu・Fe・Zn	6.5 以上	乾燥	葉面散布（硫酸 Mn＋生石灰など）酸性肥料・Mn 含有資材の施用 堆厩肥の施用．土壌の乾燥を防ぐ
亜 鉛	なし	Ca・P（N・K・Mn）	アルカリ性	乾燥	葉面散布（硫酸 Zn＋生石灰など）酸性肥料の施用．堆厩肥の施用 土壌の乾燥を防ぐ
鉄	K	Ca・P・Mn・Zn・Cu	中性～アルカリ性	乾燥	葉面散布（硫酸第一鉄，塩化鉄など）．酸性肥料の施用．堆厩肥の施用．土壌の乾燥を防ぐ．石灰質肥料を過剰施用しない
モリブデン	P・K	Ca・Mg・Mn・Fe・Ni	酸性	－	葉面散布（モリブデン酸アンモニウム・モリブデン酸ソーダ）酸性土壌の改善，堆厩肥の施用 モリブデン含有土壌改良剤の施用
銅	K・Mn・Zn	Fe・Ca・N・P	－	－	硫酸銅などの土壌散布・混和．無機土壌改良剤（鉱滓，微粉炭末）・腐植を含んだ土壌改良剤の施用
硫 黄	－	－	－	－	硫酸根肥料を施す

クロム（Cr）などがある。

植生に必要な要素（養分）の絶対量が土壌中で不足していたり、あるいは土壌中に存在しても吸収できない状態にあると、植物のいろいろな組織に異常が生じる。また、適量であれば有効に作用する要素であっても、許容限界を超えて多量に存在すると、その要素特有の過剰障害を起こしたり、他の要素の欠乏症を誘発することがある。それら肥料要素の欠乏・過剰によって植物に現れる症状の代表的な所見を表2.4に示した。

ある植物にとって、特定要素の欠乏症状が発現する原因としては、①土壌中における絶対量が、その植物の利用し得る必要最低限界値以下となって、不足を生じた際にはもちろんであるが、土壌中に十分量が存在していても、②他の要素との拮抗作用によって、吸収や体内移動が妨げられた場合、③土性・土壌pH・土壌水分含量などの土壌要因によって不可給態に変化したり、あるいは吸収されにくくなった場合、④根の伸長が衰えたり、吸収力が低下した場合、などに欠乏症状を現すことも多い。このうち、②③の要因と要素欠乏症発生の関係およびその対策の要点を表2.5にまとめた。また、要素欠乏の症例を図2.35に示す。

(2) 塩類高濃度障害の発生要因と症状

土壌施用される肥料や土壌改良剤の中で「塩類」をつくるものは、アンモニア・硝酸・カルシウム・カリ・硫酸・塩素・マグネシウムなどで、これらが土壌中で結合し、塩化マグネシウム・硫酸カルシウム・塩化カルシウム・硝酸カルシウム・硝酸カリなどの塩類化合物となって蓄積する。これらの塩類のうち、実際に「高濃度障害」（単に「濃度障害」ともいう）を起こす主要な塩類は、硝酸カルシウムおよび硝酸カリであると考えられている。

土壌中の塩類濃度が高まると土壌の浸透圧が高くなり、根の細胞液の浸透圧よりも土壌の浸透圧が高ければ、根から土壌中に水分が浸出するため、植物は枯死することになる。この土壌浸透圧は「電気伝導度（EC）」と比例関係にあるので、ECを測定して塩類濃度を調べる方法が一般的である。塩類濃度の主体は窒素であるから、施肥後間もない場合は、アンモニア態窒素（NH_4-N）と硝酸態窒素（NO_3-N）を、また施肥後30日以上経過しているときは、硝酸態窒素を測定しておくと、高濃度障害の実態をより正確に把握できる。

露地栽培では施用した肥料が降雨によって流されるので、標準的な施肥量の範囲を著しく超えない限り塩類集積は起こりにくいが、実際には施肥基準を無視した栽培が行われている事例もある。他方、施設栽培では通常、多施肥が慣行的に行われ、その余剰養分の流亡が少ないうえに、土壌からの水分蒸散が激しいので、土中

図2.35　生理障害（要素の欠乏症）　　　　　　　　　　　　　　　　　　　　　　　　　　〔口絵 p286〕
①トマト：尻腐れ症状（カルシウム欠乏症状）　②シュンギク：カルシウム欠乏症状　③ナス：マグネシウム欠乏症状
④カンキツ類：マグネシウム欠乏症状　⑤カンキツ類：マンガン欠乏症状　⑥ツツジ類：マンガン欠乏症状
〔①近岡一郎　④⑤牛山欽司〕

の水が下層から上層に移動し、下層土に含まれているカルシウムやマグネシウムなどが耕土の表面に集まってくる。さらに、ほとんどの場合は連作なので、作ごとに塩類が蓄積されて高濃度障害がしばしば問題となる。

塩類高濃度障害を生じるECの下限値は作物によって異なり、①塩類に対する抵抗性が強い作物（キャベツ・ダイコン・ホウレンソウ・ハクサイ・カブなど）は1.0〜1.5ミリジーメンス（mS；NO_3-Nが、乾土100g中30〜45mg存在する場合に相当）前後まで耐えられ、②中程度の作物（ナス・ネギ・ピーマン・トマト・ニンジン・キュウリなど）は0.5〜1.0mS（同15〜30mg）であるのに対し、③抵抗性が弱い作物（ミツバ・イチゴ・レタス・インゲン・タマネギ・ソラマメなど）は0.3〜0.5mS（同9〜15mg）位ですでに障害が発生しはじめることもある。また、作物の種類だけでなく、土性によっても障害が発生するECの下限値は異なり、砂質土壌では発生しやすく、腐植や粘土の多い土壌での発生は少なくなる。

塩類が高濃度になると、作物の根を傷めるので、水分や養分の吸収が悪くなり、地上部にも複合的な症状を発現する。この場合、前記した要素の過剰症状だけでなく、同時に要素間の拮抗作用によって欠乏症状も併発する。一般的には葉が濃緑色となり、古い葉の葉縁や葉先から褐変し、しだいに中央部に枯れ込むとともに、上位葉にも被害が進む。一方で、新葉は黄化したり、巻くことが多く、生育が遅延または停止し、あるいは全体が枯死に至る。また、萼片が褐変し、果実が奇形になったり、変色や尻腐れ症状を起こす。さらには、根部損傷が土壌伝染性病害の発生を助長する事例も多い。

(3) アンモニアガス障害・亜硝酸ガス障害の発生要因と症状

土壌に施用された有機質肥料は、土壌中の微生物（主に細菌）によって分解される過程でアンモニア（NH_3）に変わり、この無機化したアンモニアは、亜硝酸菌によって亜硝酸（NO_2）に変わるが、亜硝酸は硝酸菌によって直ちに硝酸（NO_3）となる。また、化学肥料を施用したときも、無機態のアンモニアが同様の分解過程をたどる。この場合にも、有機物が十分に腐熟しており、有機物・アンモニア態窒素肥料の施用量が適正な範囲であれば問題はないが、不適切な多施用が行われた際、とくに施設栽培においては養分の流亡が少ないことに加えて、閉鎖系管理のために風通しが少なく、しかも温度が高くなりがちなので、アンモニアガス・亜硝酸ガスが発生しやすく、そのガスが作物周辺に停滞、被曝して症状を発現する。

a. アンモニアガス障害：有機質肥料を著しく多量に施用すると、有機物の分解によって生じたアンモニアが土壌中に蓄積し、そのアンモニアによって土壌がアルカリ性となって、アンモニアがガス化する。また、アンモニア態窒素肥料を多量施用したあと、または同時に石灰質・苦土質のアルカリ性資材を施すと、やはりアンモニアがガス化する。アンモニアガスは作物の気孔から体内に入って細胞の酸素をうばうため、被害が急激で、曝露した葉は赤褐色〜暗褐色あるいは黒ずんで萎凋・枯死する（図2.36）。

図2.36　アンモニアガスの被害　〔口絵 p 286〕
レザーリーフファンの被害状況：未熟な鶏糞堆肥の施用により，アンモニアガスが発生し，葉が赤褐変した

b. 亜硝酸ガス障害：有機質肥料やアンモニア態窒素肥料を極端に多量施用したとき、亜硝酸を硝酸に変化させる硝酸菌の作用が間に合わず、一時的に亜硝酸が土壌中に蓄積する。この場合も土壌が中性であればガス化することはないが、変換された硝酸が土壌を酸性化してpH5以下になり、かつ温度が上昇すると、亜硝酸は急速にガス化して曝露被害を受けるようになる。症状は中位葉から現れ、その後下位・上位の葉に進行するが、新葉には出にくい。軽度の場合には葉縁部と葉脈間に水浸状の斑点を生じ、そこが黄褐色〜白色に脱色する。被害部と健全部の境界は明瞭であり、要素欠乏症の所見とは容易に区別できる。なお、激発時には斑点にならず、熱湯でゆでたように枯れるのも本障害の特徴である。

ノート2.8

光化学オキシダントと植物被害

　自動車の排気ガスや工場等から排出される窒素酸化物等が、紫外線により光化学反応を起こし、生成された酸化性物質を光化学オキシダントと総称する。1960年代から70年代にかけて校庭で運動中の高校生に健康被害を生じたり、また、初夏にケヤキの「異常落葉」が起こってマスメディアに取り上げられ、大きな社会問題となった。その後、該当物質の排出抑制技術の開発や排出規制の強化によって、被害が大幅に減少してきたものの、気象変動や大気汚染物質の国外からの飛来問題もあって、「光化学スモッグ注意報」が発令されたり、植物には依然として被害発生が見られることがある。光化学オキシダントの約90%がオゾンで、残りがPAN等である。両者の被害様相の違いを以下に示す（図2.37, 2.38）。

〔オゾン型被害〕
　葉の葉肉部の柵状組織が阻害されるため、葉の表側に可視的な被害を生じる。被害は主に成熟葉に認められる。ケヤキ・ポプラなどの早期落葉、アサガオの葉の褐斑症状などが有名である。なおポプラ類 マルゾニナ落葉病、サイフリボクごま色斑点病のように、著しい早期落葉を起こす伝染性病害の症状が、光化学オキシダント（オゾン）による被害と誤認された例もある。

〔PAN型被害〕
　葉の海綿状組織が選択的に阻害されるため、葉の裏側に可視被害が認められる。主に未熟葉の裏が光沢化した後、シルバリング（銀白色）やブロンジング（青銅色）となる。ペチュニアは感受性が高く、また、野菜ではホウレンソウの被害が著名である。オキシダント中のPANの量は10%以下で、被害頻度は低い。

正常葉

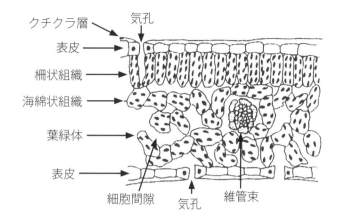

クチクラ層
気孔
表皮
柵状組織
海綿状組織
葉緑体
表皮
細胞間隙
気孔
維管束

オゾン型被害葉

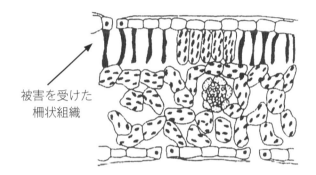

被害を受けた柵状組織

PAN型被害葉

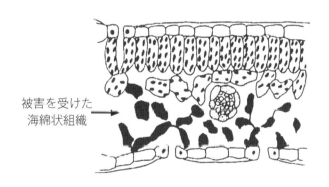

被害を受けた海綿状組織

図2.37 光化学オキシダントの被害を受けた植物葉の横断面模式図
〔千葉県農林部,農林公害ハンドブック（改訂版）〕

図2.38 光化学オキシダントの被害 〔口絵 p286〕
①ホウレンソウ：PAN型被害症状（葉裏に照りが出る）
②アサガオ：オゾン型被害症状（葉表の葉脈間が黄褐変する）
〔①飯嶋 勉〕

ノート2.9

花卉生産における薬害事例

　農薬の登録要件の中には、登録対象の植物には薬害が発生しないことを実証した試験データ（農薬の作物に対する安全性）の付与が義務化されているので、適用植物に対して適正な使用が実施されている限りにおいては、生育に支障をきたすような薬害が生じることはほとんどない。一方、花卉類または樹木類のすべてを対象とした登録農薬（グループ登録の農薬）では、防除効果については登録対象の病害虫が同一であれば有効性が確認されているものの、これらの農薬は花卉類あるいは樹木類すべてに薬害を生じないことが担保されている訳ではなく、使用者の責任において処理することになる。薬害事例は公表されることが少ないが、関東東山病害虫専門技術員協議会が共同実施した、以下の広範な調査データ（表2.6）があるので参考になる。

　調査年：1997～1999年；地域／場所：関東東山地域10都県／農業試験場圃場、生産者圃場等；花卉（植木を含む）の種類：116品目；農薬数（商品数）：228品目；農薬の内訳：殺虫剤（殺ダニ剤を含む）116、殺菌剤92、展着剤20；調査件数：延べ5,823件（農薬と植物・品種等との組み合わせの延べ数）

　この調査結果から、花卉類では薬害が高率に発生していることが分かる。被害が「微・軽」の場合は生育にも影響はなく、すぐに回復を示し、出荷直前の被害でなければ大きな問題とはならない程度である。一方、「強・甚」の場合は出荷不能あるいは品質等級が下がるケースが多い。

　調査票から、薬害の原因は、①農薬と花卉類品目の組み合わせによって薬害発生頻度が高くなると推測されるケース、②薬害の発生が植物の生育ステージや生育状況、例えば、開花期や幼苗期など特定の生育ステージに限定される場合、③農薬の使用に不適切な環境条件、例えば、高温時や多湿時の使用による場合などに分けられる。なお、実際圃場における薬害事例を総覧すると、複数の要因が重なり合って発生する場面も多いのではないかと推察される。

　汚れ（薬斑）は農薬の増量剤などが植物の表面に残るもので、その後の灌水や降雨で洗い流されることもある。しかし、施設栽培では水和剤やフロアブル剤のように汚れが残りやすい剤は使用しないほうが無難である。

〈参考〉関東東山病害虫研究会報47：173 - 178.

表2.6　花卉類の薬害発生事例

区　分	発生頻度		薬害・汚れ程度の内訳 %[a]				
	発生数／調査数	発生率 %	±	+	++	+++	++++
薬　害	476／5,823	8.2	23.1	51.5	15.3	7.4	2.7
汚れ（薬斑）	681／5,823	11.7	37.4	53.3	9.0	0.3	0.0

a）±：微、＋：軽、++：中、+++：強、++++：甚；内訳（%）＝程度別発生数×100／総発生数

第Ⅱ章　菌類病の観察・診断の基礎と実際

　これまで述べてきたように、植物の生育障害を引き起こす原因は多岐にわたっているが、それらの中でも菌類病は圧倒的な重要度で植生に影響を与えている。この菌類病問題の解決には的確な診断を措いては考えられない。診断と防除は表裏一体をなすものであり、診断の正否が防除効果を支配するほど重要であることは、疑う余地のないところであろう。

　各種有用植物を侵す菌類病の種類は、植物の種類数の数十倍にもなるが、それほど多数の病気（菌類病）も病原菌の生活様式や伝染法などによって、ある程度少数の類型にまとめることができる。そしてこのような類型の特性についての基礎知識があれば、未知の病害に接した場合、上記した類推によって病原、病名から発生生態の特徴が理解され、防除法も自然に収斂されてくるものである。本章はこのような意図をもって記述した。

Ⅱ-1　菌類病の発生生態ならびにその防除

　菌類による病害はその数がきわめて多く、また、農業上重要な種類も多い。種々の病原菌によって引き起こされる菌類病は、病原菌の攻撃力と作物（宿主植物）の抵抗力との関係によって被害程度を異にする。そして病原菌の繁殖力や作物の抵抗力は、気象や土壌などの環境条件に相当左右され、発生様相も著しく変化する。また、病原菌にはそれぞれの種類に特有な宿主（作物）を侵す（「単犯性」）ものや一種の病原菌が多数の植物を侵す（「多犯性」）ものがあり、その生活様式、伝染環、発病条件および防除対策などが共通し、あるいは相違したりする。すなわち、菌類病の診断（防除）には、病原菌の形態や病状の調査観察だけでなく、発生生態の実相を知ることも大切な要素となる。

1　菌類病の発生要因と蔓延

　ある植物体に特定の病原菌が侵入して体内で繁殖し、その個体が病気にかかる状態になることを「感染」という。病気が広面積の植物集団の内で蔓延するには、植物が感染することが前提条件であるが、たとえ感染が起こった場合でも、必ず蔓延・流行するとは限らない。

　特定の菌類病が流行するためには、①病原菌が異常に増殖し、広域にわたって密度が高まること、または病原力の強い菌の系統が出現すること、②感受性の高い品種等、または軟弱に生育した（病気に罹患しやすい）個体が広域に存在すること、③病原菌の繁殖に適する気象条件などが持続すること、あるいは宿主の抵抗性を減ずるような環境条件下で栽培・植栽されていること、の条件が揃わなければならないが、実際の発生消長は宿主集団と病原菌集団との競り合いの結果であり、両者の勢いの優劣によって季節的・年次的な盛衰が変動するのである。

　ある植物病害が発生し、または流行するか否かは、「主因」（病原体）、「素因」（植物）ならびに「誘因」（環境）の様々な要因の相互作用によって決定され、さらに時間軸が被害量の大きさとなる。したがって、植物と病原菌の組み合わせにおいて、それらを取り巻く発病好適条件が分かっていれば、病原菌の観察時期や診断の

手がかりになるとともに、適切な防除対策を講じることができる。

しかし、菌類病の発生に及ぼす3要因の影響とその程度は、極言すれば、ひとつの病害を取り上げても、栽培・植栽の場所や事例ごとにすべて異なる訳で、下記の発病諸要因が複合的に関与した結果として現れた「発病」現象を的確に把握し、防除するためには、これら要因に関する総合的判断が欠かせない。

(1) 病原菌

伝搬様式、伝染環（第一次伝染源・耐久生存器官・繁殖器官）、伝染源の密度、環境適応能力、遺伝的性質（病原性、寄生性または腐生性、宿主範囲、レース・菌群）など

(2) 植 物

作型（施設・露地条件）、連作または輪作、生育ステージ、繁殖方法、栽植面積・密度、肥培・灌水・温度（主に施設栽培）・湿度（主に施設栽培）等の管理条件、環境適応能力、遺伝的性質（感受性・抵抗性品種）など

(3) 環 境

a. 気象条件：日照、温度、湿度、降雨、風など（地域気象および作物周辺の微気象）

b. 土壌条件：地温、土壌水分（地下水位）、土性・土質、土壌 pH、腐植（有機物）、土壌の微生物相、土壌の排水性など

2 菌類の病原性と病原力

特定の病原菌が特定の宿主に寄生し、栄養を摂取して様々な生育障害、いわゆる「病気」の諸症状を発現するが、その病原菌が植物病害を引き起こすために必要な、一連の性質を「病原性」と呼ぶ。また、この場合、感染から発病に至る過程において、発病という現象が成立するためには、植物（種類・系統・品種など）および病原菌（属種・レース・菌群など）双方のきわめて特異的な組み合わせに依存する場合が少

なくない。そして、そのような宿主と病原菌との相互関係は「親和性」の有無として表現されることがある。

「病原性」および「病原力」は必ずしも同義語ではない。一般に「病原性」を発揮する、すなわち、病原菌（病原体）が植物に病気をもたらすために必須な性質は、次の3項目を兼備していなければならない。

a. 宿主に侵入する性質

b. 宿主の抵抗反応に打ち勝つ性質

c. 宿主を加害して発病させる性質

aとbを合わせて「侵略力」、cを「病原力」と別称することがある。したがって、「病原力」は「病原性」の中のひとつの性質を特化したものである、という解釈が一般的である。また、「病原性」「病原力」は一定不変の特性ではなく、実際の圃場・植栽地では、宿主と病原菌それぞれに品種・系統や個体間差異があり、両者を取り巻く環境条件によっても驚くほど大きく変化するものである。そのため、特定の病気が①散発、あるいは②局地発生にとどまったり、広域に蔓延して③流行、さらには④猖獗（大規模な流行）に至る場合もあり得ることを理解しておく必要がある。

3 菌類の寄生性と腐生性

植物に寄生して病気を起こす菌類には様々な形態と性状のものがあるが、すべての病原菌は自身で栄養をつくらず、生きた植物から栄養を摂取して寄生生活を営んでおり、そのために寄生植物に病気という現象が起こる。

病原が同一の菌群（分類上の属や科などのグループ）の場合には、栄養の摂取法や生活環・伝染方法など、生理的および生態的に共通する部分が多く、したがって防除対策にも共通点が多い。菌類の性状のうち、とくにその生活様式

を知ることは、発生動向の観察や防除対策を講じる上での重要なポイントとなる。

　一般の菌類には、生きた植物体に栄養源を依存する能力（「寄生性」）および動植物の遺体や有機物を利用する能力（「腐生性」）とを異にする様々な種類がある。その組み合わせ能力の違いにより、以下の4群に分けられる。

(1) 絶対寄生菌

　生きている宿主植物からのみ栄養を摂取して増殖できる菌を指し、「純寄生菌」とも呼ばれる。枯れた植物から栄養を摂る能力がほぼ完全に欠如し、人工培養はできないか、あるいは非常に難しい。植物病原菌での例としては、根こぶ病菌（*Plasmodiophora brassicae*）、白さび病菌（*Albugo* 属菌）、べと病菌、うどんこ病菌、さび病菌などが該当する。

(2) 条件腐生菌

　通常は生きた宿主植物上において寄生生活を営んでいるが、条件によっては腐生生活もできる菌の総称である。植物病原菌の例としては、疫病菌（*Phytophthora* 属菌）、*Pythium* 属菌、黒穂病菌、*Taphrina* 属菌、*Fusarium* 属菌、炭疽病菌など多数の病原菌が含まれる。ただし、次項の条件寄生菌との分類基準は必ずしも明確でなく、いずれにも該当するような種類がある。

(3) 条件寄生菌

　通常は腐生生活をしているが、条件によっては寄生生活を行う菌である。植物病原菌類の例としては多犯性のものが多く、*Rhizopus* 属菌、*Alternaria* 属菌、*Penicillium* 属菌、白紋羽病菌、紫紋羽病菌、灰色かび病菌、*Rhizoctonia* 属菌、材質腐朽病菌、白絹病菌などがある。この場合も、活性の低下した収穫後の果実や貯蔵中の塊根・塊茎・種子、あるいは草勢・樹勢の衰弱した個体に限って寄生し、健全な個体をほとんど侵害し得ない、いわゆる「不定性病害」と呼ばれている種類は、次項の腐生菌との分別境界が

不明確である。

　なお、条件寄生菌や条件腐生菌の中には、病害診断に際して、しばしば被検体から雑菌として検出される種類も存在するので注意しなければならない。

(4) 腐生菌

　枯れた植物または有機物からのみ養分を摂取する菌で、自然界の物質循環に貢献している。これらの菌は通常、生きた植物を侵すことができないので、植物病原菌にはなり得ない。ただし、変形病菌、すす病菌、こうやく病菌などの一部には、外部寄生のみを行って、生きた植物体の内部にほとんど侵入せず、体表面で昆虫の分泌物・排泄物、その他の有機物を餌にして繁殖し、被害をもたらす種類もある（すす病菌、こうやく病菌；属種により植物寄生菌類が含まれる。本編II-9参照）。

4　病原菌類の宿主植物と宿主範囲

　特定の病原体は特定の植物種、あるいは植物品種に感染を起こし、かつ発病させることができるが、それぞれの病原体が感染できる植物を「宿主」または「宿主植物」といい、侵し得る植物の範囲を「宿主範囲」と呼ぶ。一般の病原菌は宿主範囲の制約を受けながら生活環を全うするが、特殊な例として、さび病菌には、その生活環の中で宿主変換を行う種が多数存在する（本編II-1.8参照）。

　ところで、病原菌によっては同一種に属する菌で、形態的にはほとんど差異が認められないにもかかわらず、植物に対する寄生性だけが異なっている菌種が存在する。すなわち、宿主の種類あるいは品種の異なるものに寄生したり、種々の生理的性質の違う菌の集団を広義に「系統」といい、その中で寄生性が明瞭に分化している場合は、狭義に「生態種」と呼ばれる。また、両者を併せて「レース」とも呼称される。前者の代表例としては、イネいもち病菌、野菜

や花卉類の土壌伝染性病原菌である *Verticillium dahliae* などがあり、後者には、ジャガイモ疫病菌、オオムギうどんこ病菌、ムギ類さび病菌類、ホウレンソウべと病菌、トマト葉かび病菌、各種植物の土壌伝染性病原菌 *Fusarium oxysporum* などが挙げられる。

病原菌の種類によって、宿主範囲が非常に広いものと、逆に狭いものがあり、これを知ることはそれぞれの病原菌における生活環の全体を把握し、また、実際場面では診断や防除を実施する上で重要なポイントとなる。

a. 宿主範囲の広い菌：灰色かび病菌、白紋羽病菌、紫紋羽病菌、炭疽病菌、胴枯病菌、材質腐朽病菌、白絹病菌、*Rhizoctonia* 属菌、菌核病菌など
b. 宿主範囲のやや広い菌：疫病菌、うどんこ病菌、*Pythium* 属菌、*Verticillium* 属菌など（属種や系統により異なる）
c. 宿主範囲の狭い菌：根こぶ病菌、べと病菌、さび病菌、黒穂病菌、*Cercospora* 属および関連属菌、*Fusarium* 属菌など

5　病原菌類の繁殖器官と耐久生存器官

病原菌はその生活環の中で、永続的な生存を計るためにいろいろな器官をつくる。それらの器官は病原菌の種類によって異なるが、機能面からみると、「活動的生存」と「休眠的生存」とに大別される。ただし、ひとつの器官が両方の役割を果たしている場面も少なくない。

活動的生存とは、第一次伝染源に、あるいは宿主植物上で感染・発病後、病患部にそれぞれ形成される「繁殖器官（繁殖体）」によって周囲の宿主個体に伝播し、再び感染と発病を繰り返しながら生存し続ける状態を指す。また、宿主となる作物が存在しない場合は雑草に寄生したり、ときには根圏や有機物を利用し、栄養・繁殖器官である菌糸・胞子などの形態で寄生生

活、もしくは腐生生活を続ける状態も活動的生存に含まれる。

一方、これらの病原菌も活動的生存に不適な環境条件になると活動を停止し、その種類に特有な「耐久生存器官」をつくり、休眠的生存に移る。土壌伝染性病原菌の中には、生存期間が数年から十数年に及ぶものもある。

a. 繁殖器官：各種胞子（分生子、子嚢胞子、担子胞子ほか）、遊走子、菌糸など
b. 耐久生存器官：菌核、卵胞子、厚壁胞子、休眠胞子、分生子果（分生子殻、分生子層）、子嚢果、子座、菌糸束、菌糸、分生子など

6　土壌伝染病および空気伝染病

土壌中に恒常的に生息する病原（土壌伝染性植物病原）によって作物の地下部・地際部（根、塊茎、塊根、地下茎、地際茎・幹など）が侵される病害を「土壌伝染病（土壌伝染性病害）」と総称する。土壌伝染病は「地下部病害」「根部病害・地際病害」などとも呼ばれるが、通常は便宜的に「土壌病害」と略称されることが多い。また、土壌伝染病はその被害形状から「柔組織病」「導管病」「肥大病」に分けられる。

土壌伝染病の定義は、上記したとおりであるが、病原の種類によっては、地下部と同時に地上部の茎葉・果実まで侵される病害や、土壌伝染はするものの、発病部位のほとんどが地上部に限られる（地下部はあまり侵されない）病害があり、菌類病の例として、前者の疫病（一部の種類）や後者の菌核病などは広義の土壌伝染病に含まれる場合もある。現地対応の観点からは、土壌伝染病の定義をあまり厳格にとらえないほうが実際的であろう。

他方、植物の地上部に症状を現す病害は、いわゆる空気伝染する種類が多く、それらは広義に「空気伝染病」と総称する。「地上部病害（地上病害）」はこれと同義語ではなく、正式名称

でもないが、土壌病害に対応する形でそのように呼ばれる。また、被害部位によって「茎・葉病害」「枝・幹病害」「花器病害」「果実・子実病害」などと個別に表現される。

広義の空気伝染病は、ふつう病原菌が風媒伝染（空気伝染）、水滴・雨滴伝染、動物媒介伝染などにより地上部を移動して拡散し、病気が蔓延する。ところが、空気伝染病に属する病原菌も、多くの種類は伝染経路のひとつに、見かけ上の土壌伝染をもっている。すなわち、罹病茎葉・果実などに付着・内在する病原菌が、圃場・植栽地の地表面または土壌の浅層部で植物遺体残渣とともに生き残り、当年作における第二次伝染源、あるいは次作の第一次伝染源としての役割を担っている現実があり、その伝染様式に土壌が介在するのである。土壌伝染は土壌病害の専用伝搬様式ではないことにも留意しておきたい。

7 自然環境下における病原菌類の伝染源および伝染方法

植物病原菌類は、宿主となり得る植物が存在し、活動に好適な条件が整えばその生息域を拡大し、逆に不適環境に遭遇すると、活動を停止して生き残りを計る。その活動・越年形態は、①菌糸、②無性胞子（分生子など）、③有性生殖器官（子嚢胞子、担子胞子、卵胞子など）、④休眠器官（菌核、厚壁胞子、休眠胞子など）に分けられ、複数の形態をもつ種類が多い。

これらの菌体は様々な場所で生き残り、第一次伝染源として、次の発病に適した機会を待つのである。また、発病した植物上に次世代の繁殖体を形成して第二次伝染を起こし、これが繰り返されて病気が蔓延していく。ほとんどの病原菌は複数の伝染経路をもっているが、病原菌の同一の科属レベルでは共通項が多い。他方、遠縁の菌種、あるいは宿主との相互関係によって、伝染方法の組み合わせや個別経路の重要度

が異なるので、菌類病の発生動向調査や防除対策を立案するための重要な知見となる。

(1) 第一次伝染源の所在

a. 種苗：植物の種子、塊茎・塊根・鱗茎・地下茎（種いもなど）、苗木、採し穂などに病原菌が侵入・付着・混入

b. 土壌：土壌伝染病の罹病植物残渣中、あるいは遊離した耐久生存器官（卵胞子、菌核、厚壁胞子、根状菌糸束、厚壁の菌糸など）による長期生存、空気伝染病の罹病茎葉等残渣中（地表または浅層土）の菌体による越年

c. 農作業器具・機械類、農業資材：罹病植物残渣、汚染土壌、菌体などの付着

d. 罹病植物残渣：ほぼ全病原菌共通（残渣中の越年形態、残渣の越年場所は種類によって異なる）

e. 罹病植物体：多年生の果樹・樹木類における樹上（休眠芽、樹皮、枝幹性病害の病患部など）越冬、多年生の草本類における越年（茎葉の病患部など）

f. 雑草：感受性雑草で越年する種類、さび病菌の中間宿主としての役割

(2) 伝染方法

a. 種苗伝染：感染・保菌した種苗を使用すると発芽・萌芽後の幼植物が発病し、そこに繁殖体が形成されて第二次伝染する。

b. 風媒伝染：主として病患部や罹病残渣に形成された胞子（分生子、子嚢胞子、担子胞子など）が、風で運ばれて蔓延する。

c. 土壌伝染：土壌伝染病の多くは生活環のほぼ全期を土壌中で過ごし、能動的移動性は比較的小さいが、次項の水媒伝染能力を兼備した病害種は、急速に蔓延することがある。その他、土壌中の病原体が客土として、あるいは農機具等に付着して運ばれ、地表水・農業資材や土ぼこりによっても受動的に移動する。

また、空気伝染病の多くも罹病茎葉等の残渣とともに、見かけ上の土壌伝染を行う。

d. 水媒伝染：雨水、地表水、灌漑水などの飛沫や水系により胞子、遊走子などの繁殖体が運ばれて蔓延する。雨滴・水滴伝染、飛沫伝染や流水伝染も水媒伝染の一種である。

e. 接触伝染：菌糸の形態で繁殖する病害種は、罹病根や罹病枝葉との直接接触により、周辺の植物個体・枝葉に伝染する。

f. 動物媒介伝染：鳥、昆虫、線虫などの生物が病原菌を伝搬する。また、ヒトも衣服や土足類に病原菌が付着して、広域伝搬させることがある。

g. 資材伝染：病原菌が付着した農機具類、播種箱、プランター・ポット類、トレイ、支柱、ネット類、ビニル・ポリエチレンフィルムなどの再使用により移動、伝染する。

8 宿主変換 〜さび病菌を例に〜

さび病菌の中には分類学的に遠縁の異種植物間を往復して、生活環を全うする種類がある。このような特徴を"異種寄生性、宿主変換、宿主交替"という。さび病菌には異なる形態と機能をもつ胞子世代があり、宿主交替を行う種類は「精子・さび胞子世代」と「夏胞子・冬胞子・担子胞子世代」をそれぞれ別の宿主上で経過する。なお、夏胞子世代は欠くものがある。宿主変換を行う主なさび病菌、ならびに胞子世代別の宿主植物を表2.7に示す。

ナシ赤星病菌（*Gymnosporangium asiaticum*）は宿主変換する代表的なさび病菌であり、次のようにして1年間を経過する（図2.39）。

(1) ビャクシン枝葉で*…3月頃、ビャクシンの葉や若枝に暗褐色の冬胞子の集塊として表面に現れ（図2.39①）、これが成熟して降雨に当たると膨潤し、橙色のゼリー状となる（②）。ゼリーの中では冬胞子が発芽して担子胞子が形成されている。担子胞子は、まとまった降雨時（冬胞子堆成熟後、数回の降雨日）にのみ飛散するが、ビャクシンには感染せず、雨滴とともに周辺のナシに運ばれ（通常は4月上旬〜下旬頃）、葉や幼果に感染して赤星病を起こす。降雨条件等の関係で、ナシへの飛散時期が遅くなると、幼果の形成初期に合致するため、被害がより一層大きくなる。

(2) ナシ葉上で**…感染したナシの葉表には鮮やかな橙色の斑点が現れ（③）、その中央には精子器が群生する（④）。しばらくすると、斑点の裏側に5mm位に延びた突起物が数十本、束になって生える（⑤）。この突起物中にはさび胞子が鎖状に詰まっていて、成熟すると飛散し（5〜7月頃）、ビャクシンのみに感染する。

(3) 菌の生態的性質を利用した予防法…ナシ赤星病菌はナシからビャクシンへ、そして越冬後にビャクシンからナシへと一方通行で感染する。このため、ナシの近くにビャクシンがなければ、生活環を全うできず、赤星病は発生し得ないことになる。したがって、ナシ園の周辺にビャクシン類を植栽しないことが、病原菌の特性に叶った、もっとも合理的で確実な予防法といえるだろう。

図2.39 ナシ赤星病菌の宿主変換と標徴　〔口絵 p287〕
①②ビャクシンさび病（①冬胞子堆の集塊　②春季の降雨時に膨潤）
③-⑤ナシ赤星病：（③葉表の病斑　④精子器　⑤葉裏の銹子腔）

*ビャクシン類の中でもカイズカイブキはとくに感受性が高いが、その他に多くのビャクシン属（*Juniperus*）樹木も宿主となる。ビャクシン類にはナシ赤星病菌以外に、リンゴ赤星病菌(*Gymnosporangium yamadae*) 等が寄生する。

**精子・さび胞子世代はナシ以外に、ナシ属（*Pyrus*；セイヨウナシなど）、マルメロ属（*Cydonia*；マルメロ）、ボケ属（*Chaenomeles*；ボケ・クサボケ・カリンなど）、カマツカ属（*Pourthiaea*；カマツカなど）に寄生して赤星病を起こす。

9　菌類病防除の概要

病気の発生と蔓延は既述したように、病原菌（主因）・植物（素因）・環境（誘因）の相互関係により、その盛衰が決まる。広義の「防除」とは、病気が起こらないように「予防」、病気が起こった場合には「治療」したり、あるいは蔓延を防ぐための人為的措置技術を指すのであるが、その手段は、主因・素因・誘因のいずれか、または双方、あるいは全体に働きかけて、被害を生じないレベルまで低減させ、それを維持することにほかならない。

したがって、たとえ病気が発生しても、経済的・景観的に顕著な実害がなければ、その防除は不要という判断も当然あり得るだろう。また近年は「防除」に替えて「管理」という表現を、植物防疫全般に使用する場面もしばしばみられるようになった。このような時代背景を考慮すれば、前言の繰り返しになるが、病気の診断はその原因究明にとどまらず、発生の現状把握と今後の見通しを予測した上で、防除の要否および処方箋の提示、ならびにその検証までを含めて行うべきであり、それらが完遂されてこそ広義の診断が全うしたといえるのである（本編Ⅰ-1.1参照）。

病気を防ぐためには、栽培条件および自然条件、さらには社会・経済的条件を含めた様々な要因を、宿主の病気に対する感受性が高くならないように、または病原菌の生存や活動にとって不適となるようにすればよい。

その具体的方法を大別すると、病原菌を直接殺滅したり、活動を抑制する手段には、①「物理的防除法」、②「生物的防除法」、③「化学的（農薬）防除法」があり、他方、宿主および環境に作用して病気の発生・蔓延を制御する手段として、④「耕種的防除法」がある。なお、病

表2.7　主な異種寄生性のさび病菌と世代別の宿主

さ び 病 菌 （ 種 名 ）	精子・さび胞子世代	夏胞子・冬胞子・担子胞子世代
コムギ黒さび病菌（*Puccinia graminis* subsp. *graminis*）	ヘビノボラズ	コムギ
コムギ赤さび病菌（*Puccinia recondita*）	アキカラマツ	コムギ
マツこぶ病菌（*Cronartium orientale*）	マツ類	ナラ類（コナラ，クヌギなど）
リンゴ赤星病菌（*Gymnosporangium yamadae*）	リンゴ，カイドウ	ビャクシン類*
ナシ赤星病菌（*Gymnosporangium asiaticum*）	ナシ，カリン，ボケ	ビャクシン類*
モモ白さび病菌（*Sorataea pruni- persicae*）	モモ	ヒメウズ
ウメ変葉病菌（*Blastospora smilacis*）	ウメ	ヤマカシュウ
ブドウさび病菌（*Phakopsora meliosmae-myrianthae*）	アワブキ	ブドウ
シバさび病菌（*Puccinia zoysiae*）	ヘクソカズラ	シバ
タケ・ササさび病菌（*Puccinia kusanoi, P. longicornis*）	ウツギ	タケ・ササ類
ススキさび病菌（*Puccinia miscanthi*）	オオバコ	ススキ
クサヨシさび病菌（*Puccinia sessilis* var. *sessilis*）	ナルコユリ，アマドコロ	クサヨシ

*冬胞子・担子胞子世代のみ

原菌と宿主双方の生態に関わる防除手段とみなし、生物的防除法および耕種的防除法を併せて「生態的防除法」と括る考え方もある。

病気の防除・管理は、単独の手段で十分な効果を発揮するものもあれば、総合的な防除が欠かせない種類もある。また、実現可能な処方箋の内容は、宿主・病原菌の組み合わせによって大きく異なり、空気伝染性の地上部病害と土壌伝染性病害、施設栽培と露地栽培、さらには対象作物（植物）の経済的価値によっても著しく相違する。

宿主・病原菌の各論の防除対策、ならびに農薬に関する基礎的知見などは、それぞれの専門書に委ねることとし、以下に菌類病全般を対象にした総論的な共通防除法には、どのような技術が実用化されているか、その項目と内容、問題点などを略記する。

（1）物理的防除法

病原菌に汚染された種子や土壌を熱処理などで殺菌したり、病原菌の胞子形成を光質によって抑制するなど、いわゆる物理的な方法で病気の発生を防止、軽減する技術をいう。なお、罹病株の残渣処理、雨除け・マルチ栽培などは物理的防除法の範疇とも考えられるが、これらは栽培様式との関連性が高いので、耕種的防除法に含める。

a. 熱利用による種子消毒

湿熱を利用した種子消毒（温湯消毒）は所定温度（55〜60℃程度）の温湯に所定時間浸漬し、種子の活性を低下させることなく、種子内外に存在する病原菌を死滅させる方法である。厳密な温度設定が必要であり、菌類病ではイネいもち病・ムギ類裸黒穂病などで実用化されている。また、乾熱消毒はほとんどの種子伝染性病害に有効とされるが、使用機器の関係で個人対応が難しく、処理後の時日経過とともに発芽率・発芽勢が低下する作物もあって、あまり普及していない。

b. 太陽熱利用土壌消毒

梅雨明け頃から地表面に透明のプラスチックフィルム（古ビニルなどでも可）を被覆すると、地表は60℃近くになり、地表下10cmでも45℃を超える（図2.40）。病原菌の死滅温度は、45〜60℃（10分間の湿熱条件）のものが多いので、地表近くはかなり消毒できる。

とくに施設（夏季休閑期の約1か月間、二重密閉処理）では、地表〜地表下30cm程度に生息する土壌伝染性病原菌、ならびに施設内構造物に付着したり、地表近くの罹病株残渣中に存在する地上部病原菌をほぼ完全に死滅させることが実証されている。本技術は夏季低温年や冷涼地域に対応した改良法も考案され、広域に普及している。

露地（夏季休閑期の約1か月間、一重被覆処理）では、土壌中における垂直分布が比較的浅い病原菌が防除対象となり、多犯性の苗立枯病菌、白絹病菌や、宿主限定性のアブラナ科野菜根こぶ病菌、ネギ属植物黒腐菌核病菌などの土壌伝染性病原菌と、地表近くにある罹病株残渣中のほとんどの地上部病原菌を死滅させることが可能である。

c. 蒸気・熱水利用土壌消毒

専用ボイラーでつくった高温の蒸気や熱水を大量に送り込んで地温を上昇させ、土壌中に生息する病原菌を死滅させる方法である。蒸気消毒法は主として育苗・鉢物用土に利用されており、ほとんどの土壌病害虫を完全に防除することが可能で、かつ使用時期も限定されないが、高額の機械を要し、ランニングコスト（燃料費）がかかりすぎることに難点がある。熱水利用土壌消毒法も、施設栽培の各種土壌病害虫に対する防除効果は高いが、ほぼ同様の問題をかかえ

ていて、実用上のネックになっている。

d. 紫外線カットフィルムの利用（ハウス栽培）

　菌類病の多くは各種胞子の飛散によって伝播する。一般的な胞子形成は、330nm以下の紫外線で誘導され、370～500nmの青色光では阻害される菌類が多い。このため、紫外線だけを除去するビニルフィルムをハウスに展張することによって病原菌の胞子形成を妨げ、野菜・花卉類の灰色かび病・菌核病およびニラ白斑葉枯病、トマト輪紋病などの発生を抑制することができる（図2.41）。試験データによると、同資材を全面に張っても、天窓・側窓を開放した場合には、散乱光が入って効果が認められなくなる。なお、ナスや花卉類の一部では果実・花弁の着色不良を起こし、イチゴではミツバチの訪花行動を阻害するので使用できない。

(2) 生物的防除法

　生物あるいはその抽出物を有効成分とする資材によって、病害虫・雑草の被害を抑制、軽減させる技術をいう。菌類病に関しては、特定の病原菌に対する他の微生物の寄生・抗生・競合や、宿主の抵抗性誘導（交叉防御）などを利用して、現在は野菜・花卉類の灰色かび病、野菜類のうどんこ病、イネばか苗病、サツマイモつる割病などを対象に製剤化され、「微生物農薬」として登録、実用化に至っている。また、製剤化はされていないものの、ユウガオつる割病、トマト根腐萎凋病、ホウレンソウ萎凋病、サラダナ根腐病、ラッキョウ乾腐病などの土壌伝染性病害を対象とした生物防除技術も成功例に挙げられよう。さらに、現在開発段階にある微生物素材も少なくない。

　本技術の宿命ともいえる問題点は、有効病害の範囲が特異的なことで、利用場面は限定される。しかし、環境保全型農業を推進するためには欠くことのできない手法のひとつであり、この方面における研究の進展が期待されよう。

　とくに土壌伝染性病害においては、無数ともいえる土壌微生物と土壌病原菌が絶えず相互に影響し合って、一定の動的均衡を維持しているものと考えられるが、ときには、人為的措置を加えなくても、土壌微生物の総和として、土壌病原菌の耐久生存や活動を著しく阻害する場合がある。それは「土壌の静菌作用」に基づくもので、連作の結果として土壌伝染性病害の「発病衰退現象」が起こり、あるいは土壌病原菌の定着を妨げる「発病抑止土壌」が実在する。これらは自然界における生物的防除の研究に示唆

図2.40　ハウスの太陽熱消毒　　　　〔口絵 p287〕
①夏季にビニルハウスを密閉し、太陽熱により土壌病原菌や地上部病原菌，微小害虫等を死滅させる
②太陽熱消毒ハウスでのホウレンソウ栽培の様子
〔①②竹内浩二〕

図2.41　紫外線カットフィルムを利用したハウス栽培　　　　〔口絵 p287〕
①紫外線不透過型被覆資材を用い，近紫外線を遮断し，病原菌の分生子形成を抑制する
②ワケギの栽培（アザミウマの食害などが顕著に軽減される）
〔①②竹内浩二〕

を与える事例として注視すべきだろう。

（3）化学的防除法

　農薬は他の病害虫・雑草防除手段と比べて、効果、省力、コストいずれの面でも概して優れており、安定的な農業生産に欠くことのできない資材である。病害虫の惨害に遭遇し、あるいは広面積の雑草に悩まされた経験をもつ人であれば、農薬の必要性を全面否定する思考はないであろう。しかし、農薬の偏重が「持続可能な農業」に影を落とし、社会的問題を提起している現実もあるので、今後は他の防除技術も積極的に取り入れながら、最小限の農薬使用で、最大の効果が発揮されるように留意しなければならない。そのためには、病害虫および農薬の両分野における知見を十分に理解した上で、農薬の使用実態と課題を把握し、問題点を改善することにつきる。

a. 農薬を選択する条件
① 対象植物・病害（虫）に農薬としての登録があること（絶対条件である）
② 効力が大きいこと（同時に残効期間が長く、薬剤耐性が発達しにくく、複数の病気に有効に作用するもの）
③ 安全に使用できること（使用者、作物、農産物および環境のすべてに対してできるだけ負荷の少ないもの）
④ 使用しやすいこと（簡便性の高い剤型、他剤との混用に問題がないもの、使用の適期幅にゆとりがあるもの）
⑤ 安価であること（防除効果・使用回数との兼ね合いによる）

b. 農薬の特性に関する事項
① 予防・保護剤（発病前処理）と治療剤（発病後処理）の使い分け
② 浸透移行性・浸達性の有無、強弱と散布方法

や散布間隔の配慮
③ 速効性・遅効性の見極め、残効期間の長短と適切な散布時期・間隔の決定
④ 病原菌の器官・発育段階および宿主の生育ステージと防除効果
⑤ 耐性菌発達の有無・難易および交差耐性の範囲の確認
⑥ 薬害発生の難易および発生条件の把握
⑦ 混用適否の範囲および有効な（登録のある）病害範囲の確認
⑧ 天敵・訪花昆虫など有用生物への影響評価の確認

c. 農薬の処理方法に関する注意・検討事項
〔液剤の地上散布〕
① 展着剤の種類、加用の是非と混用における調製手順
② 対象病害における適用範囲内での適切な散布濃度の選択
③ 対象植物の生育ステージと散布量、散布速度および散布時間
④ 植生に応じた動力噴霧機の噴霧ノズルの選択（塊状・環状・スズラン・水平・鉄砲噴口など）
⑤ ノズル板、噴口、パッキンなどの摩耗による薬液粒子の拡大と効力低下
⑥ 散布むらを少なくする散布方法の工夫、栽植密度・栽培管理のあり方
⑦ 適期防除・初期防除の重要性（対象病害の発生パターンと要防除水準の把握）
⑧ 農薬による病害防除の限界を知る（伝染源密度低下対策、発病環境の制御対策の併用）
⑨ 散布後に農薬の植物体付着状況、効果判定を自ら行う習慣づけ

〔土壌くん蒸剤の処理〕
① 処理時期（地温、作付け時期、前作の作物残渣の有無と効果との関係）
② 土壌水分、未熟有機物の多少と効果・薬害

③ 耕盤の有無、土壌硬度と消毒範囲
④ 処理直後からの地表被覆の必要性（地温と被覆日数との関係）
⑤ 消毒むらをできるだけ少なくする処理法の工夫（油剤・液剤の点注間隔・深度、粉粒剤の混和範囲）
⑥ 消毒後の土壌再汚染（病原菌侵入）防止対策

d. 効果判定および効果低減の背景

　伝染性病害によって生じた病斑などの症状は消えることがないので、効果判定は散布後に新たな症状が発現し、あるいは症状が進行したかどうかを確認して行う。登録農薬はすべて、適用病害に対しては有効性が実証されているが、農薬の種類によって効果やその持続性に優劣があるのは避けられない。

　しかし、その農薬がもっている本来の防除効果が発揮されない場合は、①薬剤耐性菌が出現した、②農薬のかけむらや使用濃度・量の不適切など、使用上の問題があった、③散布適期を逸し、発生がかなり目立ってから農薬散布を実行した、④遅効性農薬であったため、効果発現までの期間（判定時期）を誤った、ことなどが原因として推察される。

　同一農薬を別の使用者がそれぞれに散布しても、防除効果に歴然とした相違が認められる現象をよく経験する。その場合、対象病害の発生量（防除効果）に差異を生じた原因としては、①伝染源量の多少、②農薬の散布量および散布方法、③噴霧機の噴口の摩耗程度・吐出圧、④農薬の植物体付着面積率、⑤散布時期・間隔、⑥圃場や植栽地内の栽培・植生環境、⑦散布後の周辺からの病原菌の飛び込み、⑧対象病害に対する理解度、などの違いが単独、あるいは複合して関わっている可能性が高い。

　農薬の防除効果は、農薬施用の有無によって農作物における対象病害の罹病程度・生産量に差異が出るか否かを検証することで、明らかになる。その例を図2.42, 2.43に示す。

e. 農薬の使用場面における安全性の確保

① 使用者の安全：農薬の購入および保管（有効期限）、ラベル表示内容の確認と実行（①〜④のすべてに共通）、防護装備・防除器具のチェック、健康管理、散布中の注意（散布液の調製、強風日や降雨日の散布は避ける、散布時間帯、風向、農薬を浴びない工夫）、などへの配慮を徹底する。

② 植物に対する安全（薬害）：植物の農薬感受性（植栽条件、品種間差異、生育ステージ）、

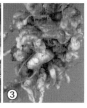

図2.42　土壌施用剤の効果（キャベツ根こぶ病防除試験例）　　〔口絵 p 288〕
①中央2列は無処理区（農薬無施用）；その左は農薬を土壌に混和した処理区
②無処理区：進行した被害状況　③同：罹病株の根部

図2.43　茎葉散布剤の効果（タマネギべと病防除試験例）
　　　　　　　　　　　　　　　　　　　　　　〔口絵 p 288〕
①防除（農薬散布）区におけるべと病の発生状況
②③無防除区の発生状況と被害株　　　　　　〔①-③星 秀男〕

気象条件、各農薬間の相互作用（混用、同時施用、近接散布）、周辺の農作物へのドリフト、などへの配慮を徹底する。
③ 農産物に対する安全（残留農薬）：登録農薬の使用基準（適用作物の種類、使用量、使用方法、使用時期、使用回数、同一成分で商品名の異なる複数農薬の総使用回数）を遵守するとともに、周辺の農作物へのドリフトが生じないよう注意する。
④ 環境に対する安全（環境汚染）：水質・魚介類への影響、土壌生物への影響、大気中への拡散、生態系および有用昆虫などへの影響に関する評価を、農薬の種類と使用場面に応じて実施する。

(4) 耕種的防除法

病原菌の伝染経路（第一次伝染源の所在や伝染方法）および発病に好適な（防除面からは不適切な）条件を十分に理解した上で栽培様式・方法を合理的に改善し、病気が発生しにくい、あるいは発生しても被害が最小限にとどまるような環境を整えることが、耕種的防除法の基本である。

いかに防除効果が優れていても、それが生産現場において、経営的・労力的な観点から受け入れがたい手段であれば、実用化技術にはならない。そこで、事前にできるだけ多くの選択肢を用意し、その中から実現可能な技術を複合的に組み合わせられるような処方箋のあり方がよいのではないかと考えられる。

a. 圃場衛生（伝染源、越年源の排除・低減）
① 発病部位の除去：発病部位で増殖した病原菌が周辺株へ第二次伝染するので、発生初期に発病した葉・花弁・果実などを摘除し、あるいは病害種によっては発病株の抜き取りを行い、圃場外へ搬出して処分することが原則である（図 2.44）。その場合にも、罹病残渣は決して圃場・施設の周辺に野積みしてはいけない。しかし、広大な圃場では搬出の際に罹病残渣が散らばるなどして、無病の場所を汚染させるおそれがあり、圃場の隅（耕耘作業などに支障のない場所）や施設の外に掘った深めの穴に埋没し、常時シートで覆っておくことも一考に値する。また、樹木類では罹病枝幹の剪定や粗皮削りを行い、剪定除去した枝幹や削り取った粗皮等はその場所に放置せず、適切に搬出処分する。
② 落葉・落果処理：罹病した落葉、落果中には多量の病原菌が生息して、圃場・植栽地に残り、当年作の第二次伝染および翌年の第一次伝染源になることが確実なので、圃場・植栽地外へ搬出して堆肥化するか、深めの穴に残渣を埋没する。

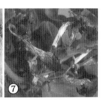

図 2.44　圃場衛生と伝染源の除去（実際圃場の不適切な事例）　　〔口絵 p 288〕
コマツナ萎黄病発生圃場での残渣廃棄
　①罹病株や商品調製後の残渣を施設の入り口付近に廃棄
　②③該当圃場におけるコマツナ萎黄病の発生状況（図 2.6 参照）
ペチュニアこうがいかび病発生施設での残渣放置例
　④灌水マット上に摘み取った花殻を放置　⑤施設内の地面に花殻を多数放置　⑥残渣上に病原菌が繁殖
　⑦当該施設において，ペチュニアこうがいかび病の発生が拡大　　〔④‐⑦竹内 純〕

③ 収穫後残渣の処理：収穫後の罹病株を圃場内に放置しておくと、次作の有力な伝染源になるので、圃場外へ搬出して完熟堆肥化を行うか、埋没処分する。
④ 客土・天地返し：汚染土壌の上に無病土壌を上乗せしたり（該当病原菌の生息深度以上の層土が必要）、病原菌が表土付近のみに生息する病害種では、表層土と下層土を逆転させて、作土中の病原菌密度を低下させる。

b. 抵抗性品種または台木（接ぎ木栽培）の利用

抵抗性品種の利用は、もっとも効果的かつ経済的な防除法である。とくに土壌伝染性病害は他の防除手段が少ないので、商品価値との兼ね合いもあるが、抵抗性品種が市販されている場合には、積極的に検討すべきであろう。

フザリウム病では抵抗性育種がかなり進んでいて、キャベツ・ダイコン・コマツナ萎黄病、レタス根腐病、サツマイモつる割病、タマネギ乾腐病などに対しては優れた高度抵抗性品種がすでに実用化されている（図2.45）。バーティシリウム病ではトマト半身萎凋病に実用性の高い抵抗性品種が育成され（図2.46）、また、アブラナ科野菜の根こぶ病にも比較的強い抵抗性をもつ作物品種があり、ともに広く現地普及をみている。

特定の地上部病害を対象とした抵抗性品種に関しては、ホウレンソウべと病やトマト葉かび病など、実効性の高い経済品種が存在し、さらに病気の種類によっては、被害が比較的軽減される品種（耐病性品種）が相当数の作物・病害種に存在するので、とくに作柄を左右するような重要病害については、発生作型と当該品種の品質や市場性・経済性を勘案しつつ、できるだけ強いものを選んで栽培したい。

ウリ科・ナス科野菜の中には、接ぎ木栽培が可能で、親和性を有する台木のうち、特定の土壌伝染性病害（ウリ科野菜つる割病、キュウリ疫病、トマト萎凋病〈レース1，2〉・根腐萎凋病・半身萎凋病・褐色根腐病、ナス半枯病・根腐疫病・半身萎凋病・褐色腐敗病〈根部・地際発病のみ〉など）に高度抵抗性・耐病性、あるいは複合抵抗性をもつ品種があり、それらの普及率はきわめて高い。

c. 排水・土壌の過湿防止対策

土壌水分含量は土壌湿度だけでなく、地上部の植物体周辺における微気象的空中湿度にも大きな影響を及ぼしている。ほとんどの地上部病害、土壌伝染性病害とも空中・土壌の多湿条件で病原菌の繁殖がさかんになり、また、水媒伝染する病害は雨水・灌漑水により、病原菌が地

図2.45 抵抗性品種によるキャベツ萎黄病の防除 〔口絵 p 289〕
① 1967年当時のキャベツ萎黄病発生圃場
② 抵抗性品種による実証圃場（1969年当時，①と同一の圃場）
③ キャベツ萎黄病の症状 〔①-③飯嶋 勉〕

図2.46 トマト半身萎凋病に対する抵抗性品種の効果実証 〔口絵 p 289〕
1970年代に行われた抵抗性品種の効果実証圃場における発病状況；①②とも左側が従来の感受性品種，右側は抵抗性品種 〔①②飯嶋 勉〕

表面を水平移動して、被害を急激に悪化させるので、できるだけ圃場の排水をよくするとともに、土壌水分や株内湿度が高くならないように管理する必要がある。

近年は大型農業機械の導入によって、作土直下に圧密層を生じ、排水性を著しく劣悪化させているので、その改善策も欠かせない。

① 粗大有機物を施用して、透水性・保水性を高め、圃場に排水溝（明渠）を設ける。

② 大型機械を使用する圃場では耕盤（硬盤）を破壊するか、あるいは深耕を適宜行う。また暗渠を設置する。

③ 停滞水・冠水に弱い作物は、生育に支障のない範囲で高畦栽培とする。

④ 施設栽培では不必要な多灌水を控える。

⑤ 露地栽培では水媒伝染性病害が発生するおそれがある場合、畦間灌水を避ける。

d. 湿度低下・水滴付着防止対策

降雨、灌水、結露などの後、植物体に水滴が付着している時間（ぬれ時間）が長いほど、ほとんどの病気は多発しやすくなる。また、立毛株の罹病部位や地表面付近に存在している罹病植物残渣に雨滴・水滴が直接当たると、そこに形成されていた胞子などが周囲に飛沫として拡散し、あるいは植物体表面に着生した胞子などが付着水中で発芽して、組織内への侵入を開始するのである。

このような病原菌の特性から、空中湿度を低下させるとともに、植物体上の水滴ができるだけ早く乾くような栽培管理、ならびに雨滴・水滴が直接植物体や地表面にかからないような栽培様式を取り入れることによって、発病を顕著に抑制できる菌類病の種類は非常に多い。

施　設：

地表全面マルチ栽培（畦上および通路部分の地表面全体をポリエチレンまたはビニルフィルムで覆う；昇地温効果を兼ねる場合には透明ポ

リ・ビニル、昇地温・雑草防止効果を兼ねる場合は黒色・緑色ポリを使用するが、地温を下げたいときにはシルバーポリを用いるか、または敷わらを行う）、灌水方法の改善（マルチ下灌水を行う、鉢物では頭上灌水を避けて株元灌水や底面給水方式とする、曇雨天日の灌水を避ける）、通風・換気、暖房機の送風・設定温度の調整、曇雨天時の送風機（換気扇など）による結露防止、防滴フィルム資材の利用、栽植密度の適正化（密植を避ける）など。

露　地：

マルチ栽培（畦上の地表面全体をポリエチレンフィルムまたはビニルで覆う；使用資材と兼備効果は同上）、雨除け栽培（野菜・花卉・果樹などの栽培場所において、草丈の低い作物では小トンネル状に、丈の高い作物ではそれに見合った形状の簡易なフレームをつくり、作物上面の屋根部分のみにビニルフィルムを被覆する）（図2.47）、灌水方法の改善（曇天日の灌水や畦間灌水を避ける）、栽植密度の適正化、果樹の袋かけ栽培など。

e. 無病種苗の確保

すべての有用植物は病気に罹っていない（保菌していない）健全な種子や苗を用いて栽培・植栽することが基本であり、これが確実に実行されないと、他の防除対策がほとんどその意義を失うことになる。すなわち、優良種苗の確保は栽培・植栽のスタートラインといえよう。

各種菌類病の病原菌が種子・塊根・いも・塊茎・球根などに付着、内在し、あるいは種子・株分け・挿し木などによって育成した苗に感染（外観症状が現れていない、潜伏感染を含む）して圃場・植栽地に持ち込まれ、被害を生じさせる事例は無数にある。そしてある病気が周辺を含めた未発生地において初発生をみるのは、ほとんどのケースがこのことに拠る。現地からの依頼によって訪問してみると、「この畑でこ

の作物をはじめてつくったのに、病気がでてしまった」という質問をしばしば受けるが、これは病原菌の種苗伝染を強く示唆する現象とみられる。専門業者から種苗を導入するにあたっては、採種・育苗地での厳重な管理を要請するほかないが、自家採種・採苗する際は、無病圃場でかつ健全な親株を選ぶよう、細心の配慮を払わなければならない。

また、健全な親株や種子などが確保されていても、育苗期間中に発病（保菌）したのでは、やはり影響は甚大である。昔から「苗半作」といって、苗の良否がその後の作柄を決定的に左右することを表現した伝承用語がある。育苗期の発病はその後の多発を招きやすく、とくに生育・品質・収量に大きく影響する場合が多いので、もっとも注意する必要がある。

f. 周辺の罹病作物・雑草の対策

近隣の同一作物に病害（異なる作物の多犯性の病害を含む）が発生していると、風媒伝染や雨滴伝染などによって蔓延するので、相互に発生しないよう防除を行う。また、病害の中には栽培作物と雑草両方に共通して発生（菌類病では、灰色かび病、うどんこ病、白さび病、菌核病、白絹病、半身萎凋病など）したり、宿主変換を行うさび病菌があるので、圃場・植栽地内外の除草や作物管理を心がけたい。

g. 適正な施肥管理

肥料成分（養分）は植生だけでなく、病原菌の繁殖や病害の発生・被害程度にも直接、間接の少なからぬ影響を及ぼすことがある。

一般に窒素過剰の栽培条件では、作物が軟弱気味、あるいは過栄養状態となって発病しやすくなるが、逆に肥切れすると多発する病害もある。また、通常はリン酸・カリ成分が不足すると、植物の抵抗力が低下する傾向があると考えられている。要するに、やや消極的な予防対策かもしれないが、その作物にとっての適切な施肥水準が、病害発生の異常増高を抑制する手段にもなっているのである。

過剰施肥やその蓄積によって土壌中の塩類濃度が高まり、根を傷めて土壌伝染性病原菌の侵入門戸となり、被害が増加する事例報告は枚挙にいとまがないほどにある。他方で、ケイ酸の施用は植物の組織を硬くして、イネいもち病やキュウリうどんこ病・褐斑病などの被害を抑制する作用があるものと推測されている。

特定の有機質資材を土壌施用することによって、特定の土壌伝染性病害の発生と被害を軽減する事象が知られ、有効な作物・土壌伝染性病害の組み合わせにおける利用価値は高いが、効果範囲は限定的であり、現状では普遍的技術とするには至っていない。

地上部病害の発生消長に対する腐植の直接的影響はほとんど認められないものの、有機質資材の効能を菌類病の被害軽減に求めるならば、完熟した良質の有機物を定期的に投入することによって、土壌の物理性・化学性・生物性が改善され、その結果、植物の根張りが良くなり、強健に育って罹病しにくくなる、という因果になろうか。「土づくり」が奨励されて久しいが、微生物を仲立ちとして、植物は土をつくり、土は植物をつくるのである。そして植生が土壌に

図 2.47　雨除け栽培　　　　　〔口絵 p 289〕
①トマト：葉・果実の地上部病害（疫病，灰色かび病，輪紋病など）の減少に有効である
②コマツナ：頭上をポリ・ビニルフイルムで覆うだけで白さび病や炭疽病に高い防除効果がある　　〔②阿部善三郎〕

依存している限りにおいては、養分保持力・養分供給力・緩衝作用に優れた効能をもつ良質有機物が、各種生育障害の発生抑止に及ぼす影響は、相当に大きいものと考えられる。

なお、作付け直前・生育期に未熟な粗大有機物を多量に施用すると、立枯病（*Rhizoctonia* 属菌）、白絹病、根腐病（*Pythium* 属菌）、白紋羽病などの発生を助長したり、窒素飢餓やアンモニアガス・亜硝酸ガス障害を起こしやすくなるので注意しなければならない。

h. 輪作、作型変更による病気の回避

輪　作：

　土壌伝染性病害はもちろん、地上部病害も同じ圃場で毎年連作していると、罹病植物残渣とともに病原菌が土壌に蓄積され、発病しやすくなる。栽培的および経営的に可能であれば、複数の作物を3年程度の体系計画で、場所を変えて作付けするのが望ましい。また、立地と水利条件が許せば、田畑転換（湛水処理）がきわめて有効な病害（主に菌核形成種）もある。

作型変更：

　病害の種類（各種植物の苗立枯病・白絹病・疫病、アブラナ科野菜の根こぶ病、ネギ属植物の黒腐菌核病など多数）によっては、該当病害の多発し得る時期を避けて栽培することが可能で、しかも有効な対策となり得る。その場合、作型を完全に変える（例えば、春播きを秋播きにする）方法以外にも、播種期を7〜10日間程度ずらすだけで、発病（被害）が大きく異なるものもある。ただし、経済栽培における作型の変更は、出荷時の対象品目の市場性や経営全体のバランスを考慮するなど、十分な検討が必要である。

(5) 総合防除と環境保全型農業

　植物防疫は従来、消極的な減産防止法として考えられてきた。しかし、近年の防除法の進歩は、積極的な増産対策としての意義が大きくなり、新しい営農法の展開をも可能にするようになった。一方、これだけ防疫技術が高度化し、ひとつの病害問題を解決しても、別の病害が顕在化して被害をもたらし、しばしば大きな問題となるのも事実である。

　しかし、なぜそのような状況が生まれるのだろうか。もちろん、場面により異なろうが、生産現場における植物防疫の姿勢を見ていると、概して当面する重要病害のみに意識が集中し、その対策技術だけを切り離して実行している場面が多いことに気付く。農薬偏重の従来の防除暦などはその典型例であろう。特定の病害に対して有効な技術が、他の病害の発生にどのような影響を及ぼすのかを考えないと、ターゲットが変化するだけで、根本的解決にはならない。防除技術は単独で行うのではなく、複数を調和させるべきものなのである。

　難防除病害の代表格である、土壌伝染性病害は、前述したように、現在も単独技術では防除しきれないものが多く、物理的・生物的・化学的・耕種的防除法の中から実現可能な複数の対策を組み合わせて、被害の軽減を図る方策が考案され、本来はこのような意味で「総合防除」が実施されてきた。しかし、ある有用植物には多数の病害が伏在している訳であるから、その全体を考慮に入れた防除体系のあり方こそが総合防除といえよう。

　「環境保全型農業」もかなり以前から提唱されてきた概念で、「生態系の物質循環機能などを活かし、生産性の向上を図りつつ環境への負荷を軽減した持続可能な農業」と定義されている。病害防除の分野においても、各種防除技術を組み合わせ、被害を「経済的許容水準」以下に抑制しようとする、いわゆる「総合的有害生物管理」（IPM；Integrated Pest Management）の考え方が定着しつつあり、これを今後の植物防疫の基本にすべきと考えられる。

ノート2.10

菌類群と有効農薬

　農薬は防除対象生物の体内に浸透移行し、農薬の有効成分が標的組織・器官に至り、そこで防除効果の発現に繋がる生理活性を示す。その際、それぞれの農薬には特有の作用機構（一次作用点）があるので、菌類病（殺菌剤）に関しては、有効な菌の範囲（抗菌スペクトラム）も作用機構に支配されることになる。そのため、ある菌類病の有効農薬が決まれば、その病原菌が属する菌類群による病害防除にも有効であることが多い。以下に、代表的な薬剤（化学的な大分類）ごとに、その作用機作、抗菌スペクトラムなどを例記する。

a. 無機銅剤・有機銅剤：呼吸阻害（SH 基阻害）；有効な菌類群＝全般（広範囲）
b. 無機硫黄剤・有機硫黄剤：呼吸阻害（電子伝達系阻害）；担子菌類（広範囲）、子嚢菌類（広範囲）
c. ジチオカーバメート系薬剤：呼吸阻害（SH 基阻害）；さび病菌、子嚢菌類（広範囲）
d. チアジアジン系薬剤：呼吸阻害と考えられる；さび病菌、子嚢菌類（広範囲）
e. ポリハロアルキルチオ系薬剤：呼吸阻害（SH 基阻害）；卵菌類（広範囲）、子嚢菌類（広範囲）、さび病菌、*Rhizoctonia* 属菌、灰色かび病菌
f. 置換ベンゼン：呼吸阻害（SH 基阻害、脱共役）；卵菌類（広範囲）、子嚢菌類（広範囲）、*Rhizopus* 属菌、*Rhizoctonia* 属菌、灰色かび病菌、*Alternaria* 属菌
g. 有機リン殺菌剤：リン脂質合成阻害；担子菌類（一部）、子嚢菌類（一部）
h. ベンズイミダゾール系薬剤：有糸核分裂阻害；子嚢菌類（広範囲）、灰色かび病菌、*Fusarium* 属菌、*Verticillium* 属菌、*Rhizoctonia* 属菌
i. N－フェニルカーバメート系薬剤：有糸核分裂阻害；灰色かび病菌（ベンズイミダゾール系薬剤耐性菌）
j. ジカルボキシイミド系薬剤：細胞膜に作用すると考えられる；子嚢菌類（一部）、灰色かび病菌、*Alternaria* 属菌
k. フェニルピロール系薬剤：呼吸阻害（グルコースのリン酸化阻害）；子嚢菌類（一部）、灰色かび病菌、*Fusarium* 属菌
l. カルボキシアミド系薬剤：呼吸阻害（電子伝達系阻害）；担子菌類（一部）、*Fusarium* 属菌、白絹病菌
m. アニリノピリミジン系薬剤：細胞壁加水分解酵素分泌阻害；子嚢菌類（一部）、灰色かび病菌
n. フェニルアマイド系薬剤：RNA 合成阻害；卵菌類（広範囲）
o. グアニジン系薬剤：膜脂質の破壊；黒穂病菌、子嚢菌類（広範囲）、灰色かび病菌、*Alternaria* 属菌
p. N－ヘテロ環系薬剤（SBI 剤）：ステロール合成阻害（脱メチル化阻害）；担子菌類（広範囲；さび病菌など）、子嚢菌類（広範囲；うどんこ病菌など）
q. ストロビルリン系薬剤：呼吸阻害（電子伝達系阻害）；卵菌類（一部）、担子菌類（広範囲）、子嚢菌類（広範囲）
r. その他（抗生物質；ポリオキシン AL 剤）：キチン合成阻害；うどんこ病菌、*Alternaria* 属菌、灰色かび病菌

ノート2.11

農薬登録制度の概要

　農薬の大部分は生理活性を有する化学合成物質を主成分としており、その品質および安全性の確保が厳しく要求される。このため、販売・使用される農薬の品質、効果、安全性や残留性などをあらかじめ確認し、農作物・環境・生態系などに害を及ぼす農薬、人畜に被害を生じさせる農薬などの流通を排除して、農業生産の安定と国民の健康の保護に資するとともに、生活環境の保全に寄与することを目的として農薬登録制度などが設けられており、その制度は「農薬取締法」で規定されている。農薬登録制度の概要は次のとおり。

a. 登録の申請：登録を受けようとする者は、農薬登録申請書、農薬の品質、薬効、薬害、毒性および残留性、水産動植物に対する毒性、その他（残臭・有用生物に対する影響など）に関する試験成績を記載した書類と農薬の見本、手数料を添えて農林水産大臣に申請する。

b. 登録検査および登録方法：農林水産大臣は、検査職員に、農薬の見本について検査をさせ、申請書の記載事項の訂正または品質の改良を指示する場合を除いて、当該農薬を登録し、登録票を交付する義務を負う。

c. 登録の有効期間と再登録：登録の有効期間は、3年間と定められている。一度登録した農薬であっても、有効期間経過後も引き続き販売しようとする者は、改めて登録の手続きを行う必要がある。

d. 登録の失効：農薬の種類、名称、物理的化学的性状、有効成分などの種類および含有量に変更を生じたとき、あるいは登録を受けた者が農薬の製造業を廃止した旨を届け出たときなどは、登録が失効する。

e. 変更の登録および登録の取り消し：申請による変更の登録（容器または包装の種類および材質などの変更）、職権による変更の登録と登録の取り消し（適用病害虫の範囲または使用方法の変更、作物残留性農薬などの指定に伴う変更）が認められている。

f. 農薬の表示：登録された農薬は、登録番号、登録農薬の種類・名称・成分・含有量、内容量、適用病害虫の範囲・使用方法、製造場の名称・所在地、最終有効年月日などを各製品にラベル表示することが義務付けられている。

g. 外国製造農薬の登録：外国の農薬製造業者も、直接登録申請することができる。

h. その他：農薬登録にあたっての登録申請から登録の交付までに、農林水産省以外の省庁（環境省・厚生労働省・消防庁など）が関与する項目としては、毒物または劇物の指定、残留農薬の安全性評価、環境等への影響評価、発火性・引火性の危険物の取扱い、廃棄物処理などがある。

Ⅱ-2　症状による菌類病診断のポイント

　植物に発生する伝染性病害のうち、菌類病を概括すると、同一属菌に起因する病気は宿主植物の種類とはあまり関係なく、比較的類似した病状を現すことが多いが、属種の異なる病原菌の場合は、同じ宿主でも被害の様相がまったく違ってくる。したがって、診断を開始する段階で病状の特徴をよく観察し、植物病害や菌類の図鑑・図説、あるいは本書の写真や図を参考にして、その記述と照らし合わせながら調査を進めるとよい。とくに以下の3点は植物の菌類病観察における重要なチェックポイントである。

(1) 発生部位（病状はどこに見られるか）

　全身、花器（花蕾・花弁など）、果実、葉、茎、枝、幹、根などの組織部位における異常症状の有無、ならびにその発生位置・株内での分布状況を目視観察する。

(2) 病状（特徴を見分ける）

　萎凋、褪色、変色、壊死、斑点、肥大、奇形、腐敗、落葉、落果、落花などの異常症状を具体的状態に基づいて分別するとともに、単独または複合のいずれの状態で発症しているかを総合的に目視観察する。

(3) 標徴（菌体の有無と特徴を確認する）

　子実体（キノコ）、菌糸体、各種胞子（分生子、担子胞子、子嚢胞子など）、菌核、子嚢果（子嚢殻）・分生子果（分生子殻、分生子層）、子座などが、病状の現れている部位（病患部）の表面や表皮下、あるいは内部に形成されているか、また、その形成形態と形状・色調などを目視・ルーペおよび検鏡観察する。

　これら (1)～(3) の所見は相互に関連しているので、常に全体と局部を同時並行的に観察するよう心がけるべきである。菌類病の代表的な病状を以下（Ⅱ-2.2～2.5）に記したが、菌類病以外の伝染性病害・害虫や生理障害と判別しにくい場合もあるので、それらも例記した。

　なお、本項では、病名に付した * は細菌病・ファイトプラズマ病、*² はウイルス病、*³ は線虫病、*⁴ は害虫（昆虫、ダニ類など）、無印は菌類病を示す。

1　病徴の基本型とその観察

　植物の菌類病は、病原菌の個体感染に始まって、発病が起こり、その病勢が進展し、やがて終末を迎える。この場合、植物個体に現れる外観的変化の様態は、時日の経過に伴って常に変わるものであり、また、病気の終末期にも回復あるいは枯死、さらに枯死はしないが、後遺症状を残すものなど様々である。このような一連の変化を「病状」（または「症状」）と呼んでいるが、その中でその病気に特有な、あるいは特有でなくても、その病気の病状の一過程として必ず現れる外観的変化を「病徴」という。

　病徴の経時的な把握は、診断上きわめて重要であるが一定不変ではなく、病気の進行途上、侵された植物の抵抗力や栄養条件、あるいは栽培・植栽環境や気象条件、植物の生育ステージや組織部位などによって大きく異なる。また、病徴は病原菌の性質によって影響を受け、さらには植物と病原菌との競争の結果によっても変化する。多くの病名は、このような病徴に因んで命名されているので、わかりやすい場合もあるが、同一または類似の病名でも、病原や病気の性質が全く異なり、まぎらわしいこともあるので注意しなければならない。

　病徴を識別する際に、これを細分化し過ぎれば、かえって煩雑さを増してわかりにくくなりがちである。診断にあたっては、植物体上に現れている病徴を、できるだけ的確かつ簡潔に表現するために、あるいは病徴に関する記述か

ら、その様態が正確にイメージできるような共通認識を得るために、病徴の基本型を可視的に理解しておく必要がある。病徴の分別は、病原菌の分類学的な位置や性質とは一致しないことが多く、また、同一病害でも複数の病徴を同時に、あるいは時日を経て発現する場合がしばしばある現状も知っておきたい。病徴の基本型は次のように大別される（図2.48）。

a. 変　色：植物の代謝機能に何らかの変調が起こり、局部または全体が枯れることなしに、本来の色が「褪色」したり、あるいは「変色」する。
b. 萎　凋：根や茎枝・幹などの通道組織が侵されて水分失調を起こし、葉や茎枝が萎れる。
c. 枯　死：植物の全体、あるいは一部の組織が部分的に枯れて、褐色、黒褐色、黒色、灰白色、灰色などに変ずる。局部的な枯死症状は「壊死(えし)」「壊疽(えそ)」「焼け」とも表現される。また、枯死した部位に応じて「株枯れ」「立枯れ」「胴枯れ」「枝枯れ」「葉枯れ」「葉先枯れ」「茎枯れ」「つる枯れ」「花枯れ」などと呼ばれる。
d. 腐　敗：植物の組織が崩壊して、部分的に、あるいは植物全体が腐って枯死したり、変形するもので、「腐爛(ふらん)」ともいう。腐敗した組織が、のちに乾燥した状態は「乾腐(かんぷ)」「乾固」、柔らかくくずれた状態は「軟腐(なんぷ)」とも称する。また、腐敗した組織部位により「株腐れ(かぶぐされ)」「芯腐れ」「根腐れ」「葉腐れ」「茎腐れ」「花腐れ」などと呼ばれる。
e. 病　斑：植物の組織が部分的に破壊されて枯死または変色し、外観的に斑点状、すじ状もしくは斑紋状となる。病斑の形状・色調などによって様々な呼び名がある（「斑点」「斑紋」「褐斑(かっぱん)」「黒斑」「紫斑(しはん)」「白斑」「円斑」「角斑」「条斑」「黒点」「黒星」「輪紋」「輪斑」「輪点」「さび」「瘡痂(そうか)」「かいよう」など）。また、主に葉の病斑の周囲に離層が形成され、病斑部分が脱落するものを「穿孔(せんこう)」という。
f. 膨大・過度発育：植物体の一部が異常に膨れて「肥大」したり、「こぶ」「癌腫(がんしゅ)」を形成し、あるいは結節状となる。また、ひこばえが多くなったり、腋芽や細い茎枝を多数生じて「叢生(そうせい)」「てんぐ巣」症状を呈する。さらに、植物体の草丈が異常に高くなる「徒長」も過度発育のひとつである。

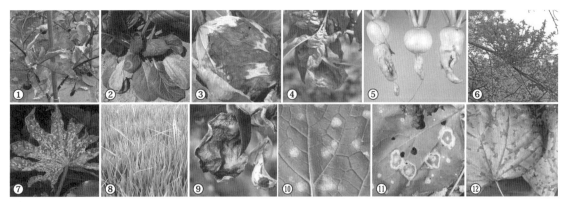

図2.48　症状による菌類病診断のポイント　(1)病徴の基本型　　〔口絵 p 290〕
①萎凋：ナス半身萎凋病の症状　②萎黄：コマツナ萎黄病の症状　③腐敗：キャベツ株腐病の症状
④縮葉・肥大：ハナモモ縮葉病の症状　⑤こぶ：カブ根こぶ病の症状
⑥叢生・てんぐ巣：サクラ'ソメイヨシノ'てんぐ巣病の症状　⑦瘡痂：ヤツデそうか病の症状
⑧徒長：イネばか苗病の本圃での発生状況　⑨ミイラ化：ツバキもち病の症状
⑩ - ⑫斑点：⑩ハクサイ白斑病の症状　⑪ウメ環紋葉枯病の症状　⑫ハナズオウ角斑病の症状
〔③⑥星 秀男　⑧⑨近岡一郎　⑪牛山欽司〕

g. 奇形・発育不完全：植物体の一部または全部が正常な大きさ・形態にならず、「萎縮」「矮化(わいか)」したり、「葉巻き(はまき)」「糸葉(いとば)」「縮葉」などの症状を現す。

h. その他の異常症状：「外部病徴」には含まれないが、罹病植物が特異的に現す現象としては、①病患部から、崩壊した組織や樹脂などを「分泌」「漏出」する、②植物体の一部分か全部が侵された結果、異常な「落葉」「落花」「落果」を起こす、③罹病した葉・花・子実などが水分を失い、干からびて長期間植物体に着生する（「ミイラ化」）、④導管病に罹病した植物は外部病徴も現すが、「内部病徴」として導管部が褐変・黒褐変する、などの異変が観察される病害種もある。

2 地上部全体の症状

菌類病の一般的な全身症状としては、発病初期に株全体の茎葉がほぼ一様に生気を失い、晴天時には葉や若い茎枝などが萎れる。その後、下葉から順次、葉の先端、葉の縁、葉脈間、葉脈付近、または葉全体が黄褐変、褪色して枯れ上がり、早期落葉や異常落葉が起こることもある。このように、地上部の全身に症状が現れる個体は、根や茎・幹の地際部、あるいは地際付近に異常を生じているケースが多く、被害は致命的になりがちである。以下に、全身症状を現す伝染性病害の病徴・標徴、および代表的な病害種を示したが、複数の項目を併せて観察すると、特定の項目では類似していても、別項目の相違点が明らかになって、より一層正確な診断が可能となる（図2.49）。

(1) 茎(枝)葉が生気を失い、やがて全体が萎れる

a. 茎または幹の地際部付近に変色、腐敗、くびれなどの異常がある〔各種植物の苗立枯病(なえたちがれ)、リゾクトニア病、ピシウム病（例：アルストロメリア根茎腐敗病(こんけいふはい)）、アファノミセス病、胴枯病(どうがれ)、腐らん病、茎枯病(くきがれ)、疫病、つる割病(われ)（ウリ科野菜、サツマイモ）、菌核病(きんかく)、白絹病(しらきぬ)、白紋羽病(しろもんば)、紫紋羽病、灰色かび病、つる枯病(がれ)、軟腐病(なんぷ)* など〕

b. 葉が黄褐変する〔各種植物のフザリウム病（例；トマト萎凋病(いちょう)、キュウリつる割病(われ)、アブラナ科野菜 萎黄病(いおう)）、バーティシリウム病（例；ナス・トマト半身萎凋病(はんしんいちょう)）、リゾクトニア病、白絹病、ピシウム病、アファノミセス

図2.49 症状による菌類病診断のポイント (2)地上部全体の萎凋・枯死症状　〔口絵 p291〕
①プリムラ苗立枯病　②コマツナ苗立枯病　③ストック苗立枯病　④アルストロメリア根茎腐敗病　⑤キク萎凋病
⑥キュウリつる割病　⑦キュウリつる枯病　⑧⑨キュウリ ホモプシス根腐病（⑨小黒点は微小偽菌核）
⑩⑪トマト半身萎凋病　⑫⑬トマト根腐萎凋病（⑬圃場での被害状況）　⑭リンゴ白紋羽病
〔⑤-⑦⑭牛山欽司　⑧小林正伸　⑨⑫⑬近岡一郎　⑩⑪竹内 純〕

病、疫病、胴枯病、茎枯病、つる枯病、根こぶ病（アブラナ科）、黒腐菌核病（ネギ属）、ホモプシス根腐病・黒点根腐病（ウリ科）、黒根腐病（マメ科）、褐色根腐病（トマト）、紅色根腐病、青枯病*、萎凋細菌病*、根腐線虫病*³ など〕

c. 根・根茎・塊茎・地下茎・球根などが変色腐敗する〔各種植物のピシウム病、アファノミセス病、疫病、フザリウム病、リゾクトニア病、白絹病、黒腐菌核病（ネギ属）、ホモプシス根腐病・黒点根腐病（ウリ科）、黒根腐病（マメ科）、褐色根腐病（トマト）、紅色根腐病、根腐線虫病*³ など〕

d. 幹の材部（心材・辺材）が腐朽する〔各種樹木の材質腐朽病〕

(2) 菌体が根部や茎・幹の地際部に貼り付くように、またはくもの巣状に拡がる

a. 白色の菌叢、菌糸束など〔各種植物の白紋羽病（例；クチナシ類・ジンチョウゲ・カナメモチ類）、白絹病、菌核病など〕

b. 紫色〜赤紫色の菌糸束〔各種植物の紫紋羽病〕

c. くもの巣状の菌叢〔各種植物の葉腐病、くもの巣病など〕

d. 白色〜淡紅色の菌叢〔各種植物のフザリウム病（例；トマト根腐萎凋病、キュウリつる割病）〕

(3) 菌体が茎・枝に密生する

a. 白色の菌叢〔各種植物の菌核病など〕

b. 灰色〜淡灰褐色、粉状の分生子塊〔各種植物の灰色かび病など〕

c. 紅色・褐色・黒色などの小粒点〔各種植物の茎枯病、茎腐病、胴枯病、腐らん病、枝枯病、炭疽病など〕

(4) 病患部に菌核が形成される

a. 地際茎葉（周辺の地表面）に淡褐色、球形〜

類球形で、ナタネ種子のような菌核〔各種植物の白絹病〕

b. 茎・根・果実に黒色、不整形〜かまぼこ形、大型の菌核〔各種植物の菌核病〕

c. 葉鞘部に小さな黒色菌核を密生〔ネギ属植物の黒腐菌核病〕

d. 茎葉・根にごく小さな黒色菌核を密生〔各種植物のバーティシリウム病〕

(5) 茎・葉柄・根の導管部や髄部が変色する

a. 導管部が明瞭に褐変する〔各種植物のフザリウム病、青枯病* など〕

b. 導管部が淡く褐変する〔各種植物のバーティシリウム病など〕

c. 内部組織全体が変色する〔各種植物の疫病、リゾクトニア病、白絹病、菌核病、茎枯病、茎腐病、胴枯病、腐らん病、枝枯病など〕

(6) 下葉の葉脈に沿って黄変する

a. 葉の基部の片側から網目状に黄化〔各種植物のフザリウム病〕

(7) 茎の切り口から菌泥が溢出
　　〔各種植物の青枯病*、萎凋細菌病* など〕

(8) 地際部や根部にこぶが形成される

a. 表面が粗造〔アブラナ科野菜の根こぶ病、各種果樹・樹木類の根頭がんしゅ病*、各種植物のこぶ病・がんしゅ病；植物種により菌類病以外に、細菌病、生理病がある〕

b. 表面が平滑〔各種植物の根こぶ線虫病 *³ など；形成後の新しい部位〕

〈病原体以外の原因〉

① 害虫による被害（根や茎・幹の維管束、形成層の食害）

② 土壌・肥料の不適（肥料の高濃度障害、アンモニアガス・亜硝酸ガス障害、土壌の過湿による根腐れ、土壌 pH の不適など）

③ 気象災害（冠水害、干ばつ害など）
④ 大気汚染による障害（ノート2.8参照）
⑤ 農薬による障害（殺虫剤や殺菌剤施用による薬害）（ノート2.9参照）
⑥ 土壌施用した除草剤による根の障害や茎葉の奇形、枯死など

3　花器・果実の症状

病気の種類により、花器や果実・子実のみに限定して発生するもの、あるいは葉や枝幹に症状を発現する病害と同一の病原菌が花器・果実の症状を起因するものがある。花器や果実の異常は、観賞価値や商品価値からみて、損失が甚だ大きい（図2.50）。

a. 蕾・花弁・果実が腐敗し、灰色～淡褐色、粉状の菌叢が密に生じる〔各種植物の灰色かび病など〕
b. 花弁に脱色した小斑点を多数生じる〔各種植物の灰色かび病、ツツジ類 花腐菌核病など〕
c. 花弁に褪色した不整円斑または縁からの扇状斑が形成される〔コスモス炭疽病など〕
d. 花弁・果実に色の濃淡（モザイク）や凹凸、壊疽を生じる〔各種植物のモザイク病*2、トマト黄化えそ病*2など〕
e. 蕾・花弁が褐変腐敗し、枯死部に黒色、扁平の菌核が形成される〔ツツジ類 花腐菌核病〕
f. 果実が腐敗し、無色の薄い菌叢～白色の豊富な菌叢が生じる〔ナス褐色腐敗病・綿疫病、キュウリ疫病、スイカ綿腐病など〕
g. 果実が腐敗し、灰色～灰褐色の粉状の菌叢・分生子の集塊が厚く密生して被う〔各種果樹類の灰星病〕
h. 果実に陥没した褐色円斑を形成、鮭肉色～橙色、粘質の分生子塊が生じる〔スイカ・メロン炭疽病など〕
i. 果実が膨らみ、奇形化し、表面に薄い白色粉状の菌体が生じる〔スモモふくろ実病など〕

〈病原体以外の原因〉
① 土壌・気象条件の不適：過湿・乾燥害、養分欠乏症、高温・低温障害、光障害などに起因する開花異常および異常果
② 害虫：花器・果実の食害痕、奇形、汚斑、さび症状、吸汁痕周辺からの生理的腐敗
③ 薬害：花器・果実の染み、さび症状
④ 遺伝的障害：花弁の斑入り、奇形、水浸状の斑点・斑紋など

4　葉の症状

葉の症状は病気や植物の種類により萎凋、変

図2.50　症状による菌類病診断のポイント（3）花器・果実の症状　〔口絵 p 292〕
①洋ラン灰色かび病　②バラ灰色かび病　③キク花腐病　④ガーベラうどんこ病　⑤コスモス炭疽病
⑥トマト菌核病　⑦イチゴうどんこ病　⑧キュウリ灰色かび病　⑨モモ灰星病　⑩モモ黒星病　⑪ナシ赤星病
⑫リンゴ斑点落葉病　⑬ブドウ黒とう病　⑭ブドウ晩腐病　〔①⑧-⑪⑭近岡一郎　②③⑫牛山欽司　⑬⑭飯島章彦〕

397

色、腐敗、奇形や斑点、斑紋を生じるなど様々である。中でも斑点性の症状所見はそれぞれが固有の病気の特徴を顕著に現し、有力な観察指標となる。主な診断のポイントは発生部位（葉位および葉身・葉先・葉縁など）、斑点の形状・色調・大きさ、病患部の表面に現れる菌体などである（図 2.51）。

a. 葉の肥大、膨らみ〔モモ縮葉病、ツツジ類・サザンカもち病など〕
b. 斑点の形状が円形、楕円形、角形、紡錘形、星形、点状、すじ状、あるいは不整形か〔カシ類円斑病、ビワ角斑病、バラ黒星病、ナシ赤星病、カンキツ類黒点病など〕
c. 斑点の色調が灰色、白色、黄色、褐色、紫色、赤色、黒色など、あるいはその中間色か〔ハクサイ白斑病、キュウリ褐斑病、ダイズ紫斑病、サルビア黒斑病、シンビジウム黄斑病、シラカンバ灰斑病など〕
d. 斑点の境界部が明瞭な縁取り、不明瞭か、ハロー（ぼかし状）をもつか、周辺の変色があるかなど、種類により特徴がある。
e. 色の濃淡（モザイク症状）、萎縮・糸葉、壊疽、波打ちなど〔各種植物のモザイク病*2、黄化えそ病*2 など〕。
f. 病斑の拡がり方が葉先・葉縁部から波状、扇状、楔状、葉枯れ状に進展するか、葉身の中央部から不整形状、類円形状、小葉脈に囲まれた角形状、葉脈に沿ってすじ状（条斑）に進展する、日焼け部位や食害痕から拡大するなど、種類により特徴がある。
g. 病斑上の輪紋の有無、輪紋の数、鮮明さ、色調など〔トマト輪紋病、ハナミズキ輪紋葉枯病、チャ輪斑病など〕
h. 斑点の大きさや1葉あたりの病斑数は、小型病斑が全面に多数生じる、1～数個程度にとどまる、病斑が互いに拡大・融合して大型となる、散生または群生するなど、種類により特徴がある。
i. 菌体の有無および形態は種類によって顕著な特徴がある。病斑上の小粒点（分生子殻、分生子層など）〔ヒイラギナンテン炭疽病、ビワ灰斑病など〕、粉状・すすかび状の分生子の集塊〔各種植物のうどんこ病・さび病、セイヨウシャクナゲ葉斑病、トマト葉かび病など〕、菌核〔各種植物の菌核病など〕
j. 菌体の色調が黒色、褐色、白色、青色、緑色、灰色、黄色、橙色など、あるいはその中間色

図 2.51　症状による菌類病診断のポイント（4）葉の症状　　　　　　　　　　　　　　〔口絵 p 293〕
①キュウリ褐斑病　②キュウリべと病　③ブドウ黒とう病　④カキ角斑落葉病　⑤カキ円星落葉病
⑥スターチス（リモニウム）褐斑病　⑦シオン黒斑病　⑧ドラセナ炭疽病　⑨セントポーリア疫病
⑩イチョウすす斑病　⑪シャリンバイごま色斑点病　⑫ケヤキ白星病　　　　〔①星　秀男　③牛山欽司〕

〔キャベツ黒すす病、コムギ赤さび病、キク褐さび病・黒さび病・白さび病など〕

〈病原体以外の原因〉
① 日焼け、風害、潮風害、凍霜害などの気象要因に関わる生理的障害
② 害虫による食害痕や吸汁痕、虫こぶによる奇形〔ブドウ毛せん病*4、カシ類ビロード病*4など〕
③ 養分欠乏症・過剰症
④ 薬害（殺菌剤・殺虫剤の散布、除草剤のドリフトなど）（ノート2.9参照）
⑤ 遺伝的障害（斑入り、萎縮、奇形、黄化・白化など）
⑥ 光化学オキシダントなど、大気汚染による被害（ノート2.8参照）

5 茎・枝・幹の症状

茎や枝幹の病気は、罹病部から上方の茎・枝葉に黄褐変や萎凋などの症状を伴うことが多い。したがって、下葉には異常がなく、茎枝の途中から葉が黄化・萎凋を起こしているような被害株の原因を探索する際には、茎や枝幹の中間部・基部に異常がないか、注意深く観察する必要がある（図2.52）。

a. 茎・枝・つるに紡錘状・縦長の病斑を生じ、黒点や橙色粘質の菌体が輪紋状に形成〔イチゴ・トルコギキョウ・クスノキ炭疽病など〕
b. 茎・つるに不整形の病斑を生じ、灰色・粉状の菌叢、小粒点や菌核が形成される〔各種植物の灰色かび病・菌核病、ウリ科野菜つる枯病、アスパラガス茎枯病など〕
c. 茎に壊疽条斑を生じる〔各種植物のモザイク病*2など〕
d. 茎・枝が矮化、叢生化する〔サクラ類てんぐ巣病、キリてんぐ巣病*、各種植物のファイトプラズマ病*など〕
e. 枝幹にこぶや癌腫が生じる〔マツ類こぶ病、ヤマモモこぶ病*、各種果樹・樹木類がんしゅ病・紅粒がんしゅ病など〕
f. 枝幹に白色、褐色、灰色などのフェルト状の菌体を生じる〔各種果樹・樹木類の褐色こうやく病・灰色こうやく病など〕
g. 幹地際に白色・赤紫色の菌糸束・菌糸膜を形成〔各種果樹・樹木類 白紋羽病・紫紋羽病〕
h. 剪定痕や害虫の食害痕、あるいは凍寒害・強風によって受けた物理的損傷部など傷口からの枯れ、変色、罹病部に病原菌の小粒点が形成される〔各種果樹・樹木類胴枯病、腐らん

図2.52 症状による菌類病診断のポイント (5) 茎・枝・幹の症状　　〔口絵 p294〕
①ブドウ黒とう病　②リンゴ腐らん病　③リンゴ輪紋病（枝幹の"いぼ皮"症状）　④ナシ赤星病　⑤イネ紋枯病
⑥トマト灰色かび病　⑦メロン類つる枯病　⑧アスパラガス茎枯病　⑨シャクヤク斑葉病　⑩キキョウ茎腐病
〔①⑧青野伸男　②③飯島章彦　④牛山欽司　⑤⑥近岡一郎　⑩竹内 純〕

病、枝枯病など〕

i. 辺材部や心材部に腐朽を生じる〔各種果樹・樹木類 材質腐朽病など〕

〈病原体以外の原因〉

① 茎・つるや細枝では、他の部位と同様の各種生理障害

② 強風、落雷などによる物理的枯損、機械など

による人為的損傷

③ 害虫による被害＝カミキリムシ類・キクイムシ類・コウモリガ・ボクトウガ等穿孔性・潜行性害虫による急性の株枯れ・枝枯れ、カイガラムシ類等の吸汁性害虫による病害の併発〔各種植物のすす病、こうやく病など〕、各種樹木類の虫えい〔クリタマバチなど〕

Ⅱ-3　ルーペによる菌類病観察のポイント　～標徴を見る～

　微生物による病気、とくに菌類病では病状がある程度進行すると、病斑部や病患部表面にその病気に特有の徴候、あるいは病原菌の菌体が見られる場合がある。これを「標徴」といい、前記の「病徴」と合わせ、診断上の重要な決定要件となる。その際、これら菌体の中には肉眼的に認められるものもあるが、その多くは微小であり、検鏡観察ができない現場においては、ルーペの使用により診断の確度を飛躍的に高めることが可能で、病原菌や病名を現場レベルで特定する場合などに役立つ、大変便利な診断用具である（ノート2.12、2.13参照）。

1　菌糸・菌糸束・菌糸膜

　病気の種類によっては、病患部に発生する菌糸体が診断の判定指標になる（図2.53）。以下に、いずれも多犯性で、各種植物に発生する4病例を紹介しよう。

　白絹病では罹病した植物の地際茎から上部に向かって、白色で絹糸のように光沢のある菌糸が伸展するとともに、罹病株の株元を中心として、地表面を菌糸が放射状に拡がる。

　紫紋羽病菌（*Helicobasidium mompa*）の菌糸は紫色～赤紫色で、例えば、サツマイモでは茎を中心に紫色～赤紫色の厚い菌糸のマット（菌糸膜）が伸展し、罹病いもの表面には同色の太い菌糸束が編み目のように被う。

　白紋羽病菌（*Rosellinia necatrix*）は白色の菌糸束が地際の幹や根部の表面や樹皮下に蔓延する。病患部の樹皮をていねいに剝ぐと、太い白色の菌糸束が鳥の羽根のような形で貼り付いている。この場合、白色の菌糸束や菌糸膜を目視するだけでは、それが類似の病原菌（例えば、木材腐朽菌のある種など）、あるいは二次的に有機物に寄生する菌（腐生菌）の可能性もあって、誤診しやすいので、鳥の羽状の菌糸束の存在を確認しておくとよい。

　くもの巣病菌および葉腐病菌（*Thanatephorus cucumeris*；アナモルフ *Rhizoctonia solani*）は細い菌糸がくもの巣をつくるように伸長し、被害茎葉に貼り付いているのが見えるが、菌の属種の確認には生物顕微鏡観察が必要である。

　なお、病患部に菌叢を生じる病害の中で、菌糸だけでなく、分生子柄・分生子や菌核などを併せて形成する種類は、後者の標徴が診断の決め手になることが多い。

2　菌　核

　菌核は肉眼で確認できるものもあるが、ルーペ観察による特徴を覚えておくと、診断の有力なポイントとなる（図2.54）。

　白絹病菌（*Sclerotium rolfsii*）の初期菌核は白色の緩やかな微小球体で、表面が菌糸のように見えるが、やがて堅くしまり、表面が平滑で径1～2mm内外、淡褐色、球形～亜球形となる。

　菌核病菌 (*Sclerotinia sclerotiorum*) ははじめ白

色綿状の菌叢を豊富に生じ、そのところどころが盛り上がり、やがて大きさが不揃いで、平均長5mm前後、黒色、かまぼこ形ないし不整形の菌核となるが、トマトやソラマメ、ガーベラなどのように茎の内部（髄部）が柔らかい植物では、病患部の茎を割ると内部に白色の菌糸が蔓延して、その菌糸に包まれた状態で、黒色の菌核が縦長に連なって形成されているのが確認できる。

葉腐病・くもの巣病（Rhizoctonia属菌）や灰色かび病（Botrytis属菌）の病患部には、ときに菌核の形成が見られる場合がある。

ネギ属 黒腐菌核病菌（Sclerotium cepivorum）は地下の葉鞘部などに0.2～0.5mm程度、扁平な、ごま粒状の黒色菌核を連なって密生するので、集団として目視確認できる。

Verticillium dahliaeに起因する病害（ナス半身萎凋病など）では、茎葉や根に20～80μm程度のごく小さな黒色菌核を密生するが、生物顕微鏡を用いないと判別できない。

3　分生子殻・子嚢殻

分生子殻や子嚢殻は通常、植物組織内に埋もれているが、種類によっては、殻の最上面あるいは頸部が病斑部の表面に露出して黒色、褐色などの微小な盛り上がりとして確認できる（図2.55）。菌種によって、これらの形状はほぼ一定した小粒点として認められることが多い。菌体が成熟した頃に湿潤な気候が続くと、頸部から分生子の塊が滲出して、巻きひげ状・角状に見えることがある。病原菌の種類により殻の大きさや色、病斑上の分布状況などに特徴があるので、主要な病害については標徴のポイントを頭に入れておくと、野外での診断に役立つ。

4　分生子層

分生子殻と同様に、ふつうは病患部の表皮下に褐色～黒色の微小な膨らみとして認められる

図2.53　標　徴（1）菌糸、菌糸束、菌糸膜　　〔口絵 p 295〕
①白絹病：メランポジウム
②紫紋羽病：サツマイモ
③同・ハイビスカス
④白紋羽病：罹病根表面の菌糸束
⑤同・鳥の羽状の菌糸束
⑥くもの巣病：リンゴ
⑦⑧同・菌糸がくもの巣状に伸長（同）
⑨ならたけ病：カンキツの幹（上）とナラタケの根状菌糸束（下）
〔④⑨牛山欽司　⑤竹本周平　⑥-⑧竹内 純〕

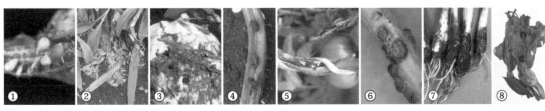

図2.54　標　徴（2）菌核　　〔口絵 p 295〕
①白絹病：ギボウシ類（初期の菌核）　②同・ペンステモン（成熟した菌核）
③菌核病：キャベツ（罹病結球の表面）　④同・シソ（罹病茎の表面）　⑤同・トマト（罹病茎の髄部）
⑥リンゴくもの巣病：細枝上の菌核　⑦ネギ黒腐菌核病：地下葉鞘部の菌核の集塊
⑧ツツジ類 花腐菌核病：花弁上の菌核
〔⑥⑦竹内 純〕

(図2.56)。上部から見た形状は不整円形、楕円形または不整形であり、同一あるいは規則的な形態にはならない場合が多い。前述したように、分生子殻あるいは子嚢殻がほぼ均一的な、やや盛り上がった、円状の小粒点であることから、分生子層と分生子殻・子嚢殻とは容易に区別できる。菌体が成熟すると表面に不規則な亀裂が入って破れ、内部から汚白色、鮭肉色、淡黄色、黒色など各病原菌特有の色調をもった分生子塊が滲み出る。これらの形態観察も菌類の種類判別に際しての重要な要件となる。

5 分生子柄・分生子

分生子殻や分生子層を形成しないで分生子を裸出する種類(糸状不完全菌類)の場合、病患部の表面に形成される子座、分生子柄、分生子の形態、ならびにそれらの集塊の特徴は、病気や病原菌の診断・同定の有力なポイントとなる

(図2.57)。最終的な菌の所属判定は生物顕微鏡観察などによって行うが、*Cercospora* 属およびその関連の属は子座や分生子の集塊が目視、またはルーペを用いて確認できる。密生または粗生する分生子塊の特徴は菌の種類によって異なり、病斑部全面に形成されるか、中央付近あるいは同心円状に生じる。なお、これらの形状をあらかじめ実体顕微鏡下で観察確認しておくと、野外においてルーペによる識別が容易になる。他に、*Botrytis* 属菌(各種植物の灰色かび病を起因する病原菌)、*Gonatobotryum* 属菌(イチョウすす斑病)、*Penicillium* 属菌(カンキツ類青かび病・緑かび病ほか)、*Alternaria* 属菌(各種植物の黒斑病ほか)なども病斑上の菌体がよく分かる。

6 分生子角・菌泥

菌類病では分生子殻や分生子層から、分生子

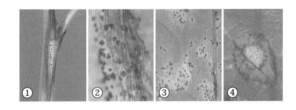

図2.55 標 徴 (3)分生子殻 〔口絵 p 296〕
①スターチス褐斑病 ②エダマメ(*Phoma exigua*)
③コブシ斑点病 ④ツタ褐色円斑病 〔②竹内 純〕

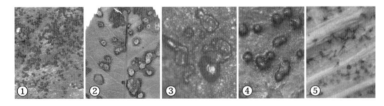

図2.56 標 徴 (4)分生子層 〔口絵 p 296〕
①ボケ褐斑病
②③カナメモチごま色斑点病
④ヒイラギナンテン炭疽病
⑤ヤブラン炭疽病

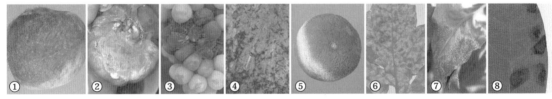

図2.57 標 徴 (5)分生子柄と分生子の集塊 〔口絵 p 297〕
① *Rhizopus* 属菌:リンゴ果実 ②③灰色かび病(②トマト果実 ③ブドウ果房) ④ネギ黒斑病 ⑤カンキツ緑かび病
⑥トマト葉かび病 ⑦ムギワラギクべと病 ⑧セイヨウシャクナゲ葉斑病

〔②近岡一郎 ③飯島章彦 ④星 秀男 ⑦竹内 純〕

が粘質な集塊となって押し出され、前者は巻きひげ状・角状（分生子角または胞子角という）ないし丘状に、後者は丘状に認められることが多く、目視・ルーペ観察することができる（図2.58）。なお、細菌病でも病原細菌が罹病部表面に滲み出て、粘質の塊（菌泥、細菌泥、細菌塊という）ができることがある。例えば、トマト青枯病、トウカエデ首垂細菌病（図2.22⑪）などでは茎・枝の切断面に病原細菌が滲み出し、キュウリ斑点細菌病の茎葉・果実の病斑部には病原細菌が滲み、乾燥すると光沢のある白い汚斑として残る。これらの所見は菌類病と細菌病を判別する標徴として参考になる。

7　子実体

材質腐朽病（べっこうたけ病、ならたけ病、ならたけもどき病、こふきたけ病、かわらたけ病、きつねかわらたけ病、ちゃいぼたけ病、すえひろたけ病、幹心腐病、幹辺材腐朽病、根株心腐病など）では罹病樹の枝幹や株元に子実体（キノコ）を生じる（図2.59）。また、芝生に発生するフェアリーリング病では、パッチ（芝生上の連続した罹病部）の周縁部に病原菌の子実体が発生する。子実体は病気の種類によって

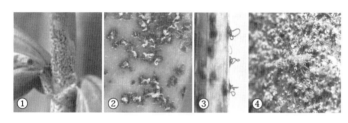

図2.58　標　徴　(6)分生子塊および分生子角　〔口絵 p 297〕
①トルコギキョウ炭疽病（分生子塊）
②ジンチョウゲ黒点病（分生子塊）
③モモ枝折病（分生子角）
④リンゴ腐らん病（分生子角）
〔③青野信男　④飯島章彦〕

図2.59　標　徴　(7)子実体　〔口絵 p 297〕
①ベッコウタケ（幼菌；ケヤキ）
②ナラタケモドキ（サクラ'ソメイヨシノ'）
③コフキタケ（ヤマザクラ）　〔②竹内 純〕

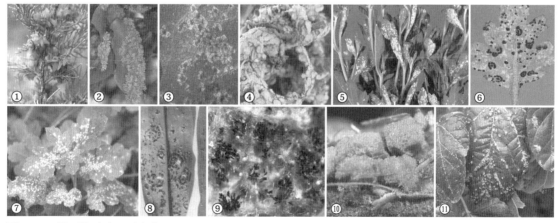

図2.60　標　徴　(8)さび病菌　〔口絵 p 298〕
①ビャクシンさび病　②ナシ赤星病　③モモ褐さび病　④ウメ変葉病　⑤キク白さび病　⑥キク黒さび病
⑦キク褐さび病　⑧ナデシコさび病　⑨ハマナスさび病　⑩セッカヤナギ葉さび病　⑪クワ赤渋病
〔①-④⑪近岡一郎　⑦⑧牛山欽司〕

形態や色調が異なるので、目視により病原菌の所属をある程度推定し、あるいは確定することができる。

8 さび病菌の標徴

さび病菌は複数の特徴的な胞子世代をもつ種類が多く、標徴から胞子世代を区別することができる（図2.60）。ルーペで観察した場合、一般に夏胞子堆は表皮が破れ、表面に夏胞子の集塊が露出すると、それらは鮮やかな黄色〜橙色を呈し粉状に見える。また、冬胞子堆が表面に現れる種類はビロード状を呈する。さび胞子堆（銹子毛、銹子腔）は、ナシ・リンゴ赤星病菌では、長さ5mm程度の筒状物が集合するが、ルーペ観察では先端部が開き、外壁（護膜細胞から構成されている）と内部にさび胞子の集合体が観察できる。

9 黒穂病菌の標徴

トウモロコシやムギ類の黒穂病では、主に子実が病原菌に侵され、ルーペ観察すると表面が黒粉をまぶしたように見える（図2.61）。これは黒穂胞子が充満している状態である。トウモロコシでは雌穂のほか、葉鞘部などにも菌えいを形成し、はじめは薄い膜で被われ、内部に黒穂胞子が充満し、のち膜が破れて黒粉が噴出する。フェニックス類（カナリーヤシなど）黒つぼ病（病原菌の所属はⅠ編；Ⅱ-6.2参照）で

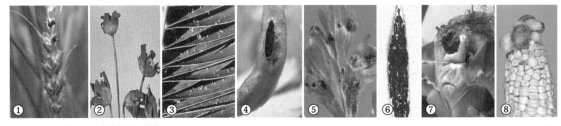

図2.61　標　徴　(9)黒穂病菌　　　　　　　　　　　　　　　　　　〔口絵 p 299〕
①ムギ類 なまぐさ黒穂病　②サクラソウ黒穂病　③フェニックス類 黒つぼ病
④⑤ニリンソウ黒穂病（④花茎　⑤葉）　⑥マコモ黒穂病　⑦⑧トウモロコシ黒穂病

〔①⑦近岡一郎　②柿嶌 眞　⑥中村重正〕

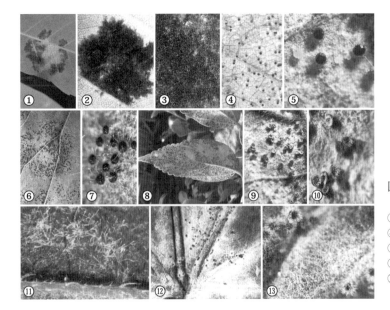

図2.62　標　徴　(10)うどんこ病菌
〔口絵 p 300〕
① - ③シラカシ紫かび病（*Cystotheca*）
④⑤クワ裏うどんこ病（*Phyllactinia*）
⑥⑦エノキうどんこ病（*Erysiphe*）
⑧ - ⑪エノキ裏うどんこ病（*Pleochaeta*）
⑫⑬ノルウェーカエデうどんこ病
　（*Sawadaea*）

は、一般の黒穂病とは病徴・標徴が明らかに異なり、もっぱら葉の両面に発生し、病斑部には毛状の冬胞子堆が形成される。これらの病気はいずれも特徴的な所見を現すので、一度覚えれば見誤ることはまずない。

10 うどんこ病菌の標徴

うどんこ病菌の場合、発病に好適な蔓延期には一般に菌糸・分生子柄・分生子などの集合体として構成される、白色粉状の菌叢が植物体の表面にスポット状に生じ、しだいに拡大して葉や茎、あるいは花器・果実などの一部または全体を被うようになる（図2.62）。少数種のうどんこ病菌の菌叢は白色ではなく、赤紫色や淡褐色を呈し、紫かび病と呼ばれる。うどんこ病菌の所属および宿主の種類の組み合わせによっては、発生する菌叢の密度が著しく異なり、病斑上に菌叢が豊富に発生するものや、ルーペ・実体顕微鏡でよく観察しないと確認できないものもある。また、菌叢密度は観察時期によっても変化することが多い。

うどんこ病菌の多くの属種では、宿主との組み合わせにより、菌叢の表面もしくは菌叢に隠れるように、淡黄色のち褐色を経て、黒色の微小な粒状物（病原菌の閉子嚢殻）が形成される。クワ裏うどんこ病菌のように、うどんこ病菌の中で比較的大きめの閉子嚢殻は、肉眼でもよく観察できるが、ルーペを使用すれば外部形態が一層鮮明になって、殻の周囲に生じた付属糸なども確認することができる。

ノート2.12

野外観察の必需品とルーペによる観察

野外観察やサンプル採集には、ルーペ、ポリ袋、紙袋・新聞紙、剪定ばさみ、根掘り道具（移植ゴテなど）、野帳、筆記用具、カメラなどを携帯するとよい。とくに病斑上の菌体（菌叢、分生子殻、胞子塊など）を観察する場合では、ルーペが威力を発揮する（図2.63）。また、病気と間違えやすい、微小害虫（ダニ類、アザミウマ類など）の被害を見分ける際にもルーペは適する。はじめてルーペを使用する場合は、10〜15倍程度の低倍率のものが使いやすい。

〔ルーペの使い方〕

① ルーペと目との間隔をいつも一定に保つ。左目で見るときは、右手にルーペを持ち、右の手指で鼻とルーペの間の距離を固定するとよい。
② 左手でサンプルを前後・上下させることにより、焦点を合わせて観察する。
③ 病斑上の菌体は真正面（真上）だけではなく、斜めや横から観察すると、菌体が明瞭に見える。

図2.63　ルーペによる観察　〔口絵 p 301〕
①観察の仕方　②ルーペ

ノート2.13

『植物病理学におけるルーペの世界』

　1970年代末から1980年代初頭にかけ、飛躍的な発展を遂げつつあった「分子生物学」が農業研究分野をも席捲しはじめ、植物病理学の分野も研究内容に大きな変化を見せた。農業現場において植物の病害診断を担っている農業試験場など、公設研究機関の研究員たちも大きな岐路に立たされることになる。学界が分子生物学に一斉に傾斜するなかで、病害診断とその防除対策の構築を本来業務のメイン課題とし続けてよいのか、バイオテクノロジーを用いた分野や新たな課題に踏み込むべきなのか。まさに、そのような時代の最中、日本植物病理学会大会（1987年）において、岸 國平会長（当時）の『植物病理学におけるルーペの世界』と題する会長講演は、現場で生産者等と一体となって病害防除にあたってきた、公設研究機関の研究員たちに大きな希望と勇気を与えるものであった。以下は、その抜粋である。

　" 表記の演題でこれから申し上げたいことは、次のようなごく単純なことである。すなわち、その一つは、植物病理学においては、時代がどんなに変ろうとも常に最も大事なことは診断だということである。何となれば、あらゆる対策も正確な診断があって始めて正しく行われるものであり、またわれわれ植物病理学者が、専門家として他者から尊敬を受けるのも、病理学的な深い知識と経験から、正確な診断を下し、かつ対策を指示する力があるからである。申し上げたいことのもう一点は、その診断のために、顕微鏡、電子顕微鏡、抗血清、各種の分析機器などとともに、最も単純な器具である「ルーペ」が、意外に大きな役割を果し得るものだ、ということである。

　（略）…… ほとんど毎週、ハウスや畑、水田地帯をまわり、各種の作物の病気を見つけては写真をとり、写真をうつしたサンプルは必ず持ち帰って鏡検し、病名目録と照らし合わせて、現像のできた写真に正確な病名を記入するという作業を繰り返した。…… いくつか貴重な体験をしたが、その中でも最も驚きの大きかったのは、病徴だけでは全く見分けがつかなかったネギ黒斑病（*Alternaria porri*）とネギ葉枯病（*Stemphylium botryosum*）が、ルーペで胞子を観察することによって明瞭に判別できることを発見したときであった。…… 一方、殻を形成する各種の菌は、分生胞子のみを作る前記の菌（*Alternaria* など）に比較して、一層ルーペ観察に好適な材料を与えてくれる ……

　（略）…… 次に二、三のことを提言しておきたい。その第一は、植物病理学会において、会員のみなさんが一層「診断」を重視していって頂きたいということである。演者はいまルーペの役割を強調したが、これは、一つの例として、糸状菌病の診断のためにルーペが大きな威力を発揮し得ることを述べたかったのであり、ルーペより顕微鏡、電顕、抗血清などが更に重要なことは申すまでもない。しかしどの道具、方法を用いるにせよ、正確な診断を行うためには、豊富で確実なデータが積み上げられることが必須である。そういう意味で、専門家である学会員のみなさんが、分類、同定、診断という地味ではあるが病理学の最も基礎をなす分野の研究に、一層力を注いで下さることを期待したい。（以下略）…… "

（注：文章のつなぎを若干変更している）

　〈参考〉岸 國平（1987）植物病理学におけるルーペの世界．日本植物病理学会報53：275 - 278.

Ⅱ-4　菌類病サンプルの採集と標本作製

　微生物病（菌類病）の種類によっては圃場や植栽地での調査観察に続いて、罹病サンプルを持ち帰り、実験室内において顕微鏡観察および分離・接種による病原の確定までを行わなければならない場合がある。この室内での病害診断作業が成功するか否かは、採集した病害サンプルの善し悪しによって決まるといっても過言ではない。とくに、未知の病害など希少価値の高いサンプルは、分離菌株や乾燥標本をつくって永久保存しておきたい。

1　採集方法

　野外では目的に定めた病害の発生状況を詳細に調査観察するとともに、発病初期から終期までの各ステージのサンプルを採集することが重要である。とくに顕微鏡による診断や病原菌の分離には、病斑形成後間もない新鮮な病斑・病患部の採集が不可欠である。例えば、斑点性病害では葉身における病斑の健全部と罹病部の境界が明瞭なものだけでなく、形成された病斑が進展拡大途中にあるようなサンプルも採集したい。顕微鏡観察では、病斑上や組織内に形成された菌体が診断のポイントとなるため、野外で菌体を形成しているサンプルを探し出し、採集する。繰り返しになるが、その菌体の確認にはルーペの携帯が欠かせないのである。

　採集したサンプルはその日のうちに実験室に持ち帰り、顕微鏡観察や分離を行うのが望ましい。採集地から実験室まで、サンプルを短時間保管するには、あまり蒸れずに、適度な湿度を保つことができる、薄手のポリエチレン製の袋（厚さ0.01mm）を用いる。やむを得ず実験室での観察までに時間を要する場合、あるいは分生子殻などを形成していて単胞子分離が可能なサンプルは、雑菌の増殖を防ぐために、紙袋や新聞紙に挟んでもち帰るとよい。

　採集時のサンプルは複数病害の場合はもちろんであるが、同一病害であっても、植物や症状のステージごとに分別しておくべきである。とくに罹病終期のサンプルでは、二次感染した菌や腐生的な菌（雑菌）が繁殖して、病原菌の存在をわからなくしてしまうことが少なくないから、そのように措置するのである。袋には採集地や植物名・品種名、特記事項などのメモをマジックインクで記入するか、紙に鉛筆でメモして袋に入れておく。

　サンプルはその後の作業内容を予測して不足のないよう、十分量を採集する必要がある。また、実験室での調査観察結果によっては、さらにサンプルを再採集しなければならないケースがあるので、サンプル採集場所は詳細に記録しておくことも大切である。

2　写真撮影とスケッチの重要性

　圃場および植栽地における病害発生状況の観察、実験室での詳細な病微観察や検鏡の際には必ず写真撮影を行い、後日の証明・証拠となる画像を残しておく。とくに実験室では、鉢物や苗など小型の植物の場合は、全体の症状を撮影し、次いで病微部分や標微を拡大して画像に記録する。採集サンプルについては、症状の認められる葉・枝・根部など、その全体像および部分拡大したものを撮影する。

　顕微鏡観察にあたっては、常に写真撮影を意識した上で徒手切片やプレパラート作製など検鏡の準備を行いたい。これは菌体の状態や画面上での構図が最適の時に撮影するための必須条件である。

　病微や標微は接写機能のあるカメラや実体顕微鏡を通して撮影する。病害症状の全体像を実験室内で撮影する場合は、黒色や青色など、撮影部位とのコントラストが適切に反映されるよ

うな色調の布やラシャ紙などを背景に置いて、症状の所見がよく分かるようにする。また、葉の症状などを拡大撮影する場合には、無反射ガラスの上にサンプルを置き、ガラス板の下に支えをつくり、床面から30～50cmの空間を設けて、斜め上から照明を当てるなどの工夫を加えて撮影すると、不要な陰ができずに良好な画像が得られる。

近年はデジタルカメラの普及によって、写真の利便性が高まったのは確かであるが、その一方で、スケッチは面倒という理由から、おろそかにされがちである。しかし、スケッチの重要性は、写真では撮影しきれない情報を1枚の絵に込められることにある（図2.64）。とくにスケッチの慣習化により、実物の観察・撮影では見逃しやすい病徴の細部が把握できるようになるものである。

また、菌体構造のスケッチは当然に検鏡しながらの作業となるから、例えば、胞子の形成様式、胞子表面の刺・疣の分布状況、条線などの形状、うどんこ病菌閉子嚢殻の付属糸の発生状況なども、自然に詳しく確認する習慣が身に付く。つまり、このようなスケッチ作業を通じながら病徴や標徴、あるいは菌体に対する観察眼が養われることは間違いない。

3　標本の作製と保存・活用

採集したサンプルの一部は乾燥標本として保存しておきたい。病状・標徴がその病気の特徴を現しているサンプルを選び、古新聞紙に挟み込み、すのこ様の板を上下にあてて、隙間をあけて風通しを良くした状態を保ち、ひもで強めに縛る（図2.65）。この板の替わりに上側に厚い本などを重しとしてもよいが、風通しは悪くなって湿気が抜けない。サンプルに水分が多く含まれている場合には、サンプルを挟んだ新聞紙の間に吸湿のための新聞紙を入れ込み、処理開始から数日はこの新聞紙を毎日交換する。ただし、水分の少ないサンプルではほとんど交換の必要がない。

乾燥標本が仕上がるまでの日数はおよそ数週間程度である。標本は症状・標徴の良好なもの

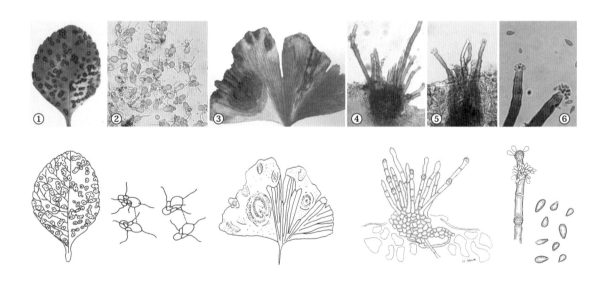

図2.64　スケッチの勧め　　　　　　　　　　　　　　　　　　　　　　　　　　　　　〔口絵 p 301〕
上段（撮影画像）：シャリンバイごま色斑点病の病徴（①）と病原菌の分生子（②）；イチョウすす斑病の病徴（③）と病原菌の子座・分生子柄・分生子（④-⑥）
下段（スケッチ像）：病斑は実際の症状を直接模写し，菌体は観察した複数の視野を組み合わせて作図

を選び、ポケット（パケット）に入れて長期保存に供する（図2.66）。また、厚手の標本は小型の箱に入れておくと扱いに便利である。当然のことであるが、標本にはラベルを正確に記入する作業を忘れてはならない。

ラベルの記載事項は保存番号、所属機関名、植物名と科名（それぞれ和名と学名）、病名と病原学名（および英名）、採集地、採集年月日、

図2.65　さく葉標本の作り方
①新聞紙などに罹病植物サンプルを重ならないようにして挟む
②すのこ様の抑え板を上下にあて，ひもで縛る

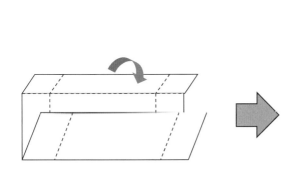

図2.66　標本保存用ポケットの作り方
A（手前が表側）：ポケットを台紙に貼り付ける場合に適する
B（手前が裏側）：標本箱に入れて保管する場合に適する

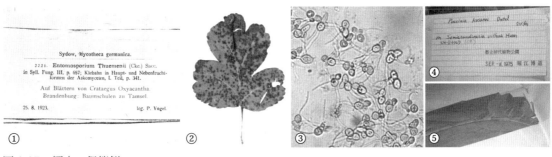

図2.67　標本の保管例
①‐③外国から借り入れた標本：①ラベルの表示内容（抜すい）：1923年8月25日作製，植物はセイヨウサンザシ，病原菌は *Entomosporium thümenii*（=*E.mespili*）　②同・罹病葉　③同・分生子（1980年撮影）
④⑤標本の例：④ラベルには菌名，病名，植物名，採取場所，採取年月日，採集者，同定者などを記入する
　⑤標本保存用ポケットに入れて保管する

採集者、病原同定者、分離菌株番号などである。加えて、同定の根拠となった胞子の形態や大きさ、スケッチ、その他必要な事項をポケットに直接メモするか、中にメモを入れておき、将来の比較・再検査に備える。

標本ポケット・箱を収納した容器には防菌・防虫剤を入れて保管しておく。標本室が整備されていない場合は、湿度・室温が比較的低く、安定している場所（冷暗所）を選びたい。

保存状態が良好で、適正に管理された標本サンプルは、驚くべきことに、半世紀以上を経過しても胞子の形態をほぼ原形のまま判別できる（図2.67）。また、乾燥標本からもDNA抽出が可能であり、病原体の再調査がタイムスリップしてできるのである。現在のように、微生物の分類体系が分子系統をもとに、再構築されている時代にも、標本の存在は大きな意味をもっているといえよう。

Ⅱ-5　病原菌類の基礎的な観察方法

病患部に標徴（胞子・菌糸体など）が現れている場合には、柄付き針や先端の細いピンセットで掻き取り、プレパラートを作製して直接検鏡し、その菌体の特徴を観察して、おおよその所属の目安を推察することができる。しかし、所属を正確に知るためには罹病組織上あるいは罹病組織内に形成された分生子果（分生子層、分生子殻）、子嚢果（子嚢殻など）および子座の形態、ならびに形成部位（表皮下、表皮細胞部、柵状組織など）の詳細な調査が不可欠であり、その手段として、徒手により病患部組織断面の薄い切片を作製し、顕微鏡観察に供する必要がある。

卵菌類では根や茎葉の罹病組織内に卵胞子・胞子嚢・厚壁胞子などを形成するものがあり、それらは表皮を剥ぎ取って直接検鏡を行う。また、うどんこ病菌のように、病患部表面に菌糸が伸展し、分生子柄・分生子を形成する種類では、菌体を掻き取ると、特徴的な形態が崩れて観察できない場合が多いので、菌叢をセロハンテープに貼り付けて剥ぎ取り、それを検鏡する方法が用いられる。

本項では、上記した一般的な菌類における観察材料の調整法、ならびに特異的な事前処理を必要とする、うどんこ病菌の具体的な観察手順について紹介する。

1　簡易プレパラートの作り方

菌類病は病原菌の胞子や菌糸体などが、病患部の表面に現れることが多いので、それを掻き取って、簡易プレパラートを作製し、手軽に顕微鏡観察ができる。また、それらの器官が形成されていない場合には、病患部の表皮を剥ぎ取って組織内菌糸を検鏡確認したり、1～3日間程度湿室に置いてから同様の観察を行う。

(1) 準備する材料・器具

スライドグラス、カバーグラス、ピンセット、眼科用メス、柄付き針、封入液（蒸留水、シェアー液など）、70％エチルアルコール、ガスライター（殺菌用；アルコールランプ、ガスバーナーなどでも可)、濾紙、ティッシュペーパー

(2) 作製手順

① スライドグラスを準備する。写真撮影を予定している場合には、擦瑕傷のない清浄なものを用い、グラス面に曇りがあったり、水滴が載りにくい場合には、アルコールを滴下してティッシュペーパーで拭き取る。

② スライドグラスの中央付近に、封入液を1滴落とす。

＊多数の検体を同時的に観察する場合は、1枚のスライドグラス上で2か所あるいは3か所に滴下（カバーグ

ラスを被せたときに、封入液が相互に混ざらないような位置および量とする）してプレパラートを作製すれば、使用枚数を減らすことができ、後の洗浄も短時間で済む。

③ サンプル上の菌体を、あらかじめ火炎滅菌した柄付き針または眼科用メスなどを用いて掻き取り、スライドグラス上の水滴に静かに置き、封入液となじませる。

*火炎滅菌を行う理由は、直前に別のサンプルから掻き取った胞子などが付着していると、新しいサンプルからの菌体と混ざってしまい、目的の菌体との識別ができなくなることを防ぐためである。

*菌体が病患部組織から離れにくい場合、あるいは菌量が少ない場合は、メスで植物組織を剥がすように擦り取るとよい。

④ カバーグラスの端をピンセットで挟み、一方の端をスライドグラス上の菌体を含む水滴の端部に接触させ、水滴がカバーグラスの内側に滲み入るのを確認する。次に、静かにピンセットを下げ、カバーグラスと水滴を重ねるようにする。

*水滴の量が多すぎて、カバーグラスがスライドグラスに密着しない場合は、カバーグラスの端に濾紙あるいはティッシュペーパーを当て、過剰な水分を吸い取る。この際、封入した菌体が流れ出ないように注意深く作業する。左右交互に少しずつ水分を取ると、菌体は中央にとどまることが多い。水分を補填する場合も同様に注意深く加えていく。

*滴下した封入液の量が足りずに気泡が入った場合は、カバーグラスの端から封入液を少量加える。このとき、反対の端に濾紙やティッシュペーパーを軽く当てると水の流れを生じさせ、気泡を効率的に移動または排除することができる。

⑤ 蒸留水で封入した場合は乾燥が早いので、手早く検鏡する。乾き始めたら少量のシェアー液をカバーグラスの端から滴下すると徐々にシェアー液になじむ。

2 徒手による検鏡用切片の作り方

(1) 準備する材料・器具

病害サンプル、ピス（乾燥させたニワトコの髄）、西洋カミソリまたは安全カミソリ、時計皿またはシャーレ、柄付き針、ピンセット、スライドグラス、カバーグラス、シェアー液、蒸留水など。

(2) 作製方法（図 2.68）

① ピスの先端部をカミソリで平らになるように切り揃える。

② ピス最上部の中央から、縦に 5～10 mm ほどの切り込みを入れる。

*切り込みが深すぎると挟んだ組織片が固定できないので、浅めに切り込みを入れてさらに調製すればよい。

③ 病害サンプルはルーペや実体顕微鏡を用いて観察し、菌体の形成量が多い部位を選んで幅 7～8 mm、高さ 5 mm 程度に四角く切り取る。この切り出した試料をピスの切り込みにピンセットで挟み込む。

*切り取った植物組織上に目的の菌体が形成されていることが絶対条件である。

④ 時計皿（またはシャーレ）に水を張り、その上で、カミソリでピスごと試料を薄くスライ

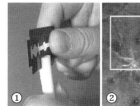 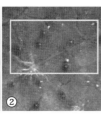 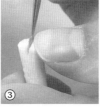  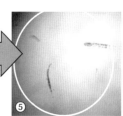

図 2.68　病斑組織断面の徒手切片をつくる　　　　　　　　　　　　　　　　　　　〔口絵 p 302〕
①ピスに切り込みを入れる　②分生子殻などを確認し，切り取る　③切り取った組織片をピスに挟み込む
④組織片入りピスの表面をカミソリでできるだけ薄くスライスする　⑤切片をプレパラートにして検鏡する

スする。その際、指の力を抜いて、カミソリをピス上になぞるような感じで手前に引くように動かす。薄く切り取られた切片はピスに挟まれた状態で、時計皿に落ちる。

⑤ 時計皿上の切片を実体顕微鏡またはルーペで確認し、目的とする菌体が形成されている切片を柄付き針で釣り上げ、スライドグラス上に滴下しておいた水滴（封入液）に移し、カバーグラスをかぶせてから検鏡する。封入液は、通常の短時間観察の場合は蒸留水でよいが、プレパラート作製後に、カバーグラスの周囲から少量のシェアー液を加えると、乾燥を防ぐことができる。

3　うどんこ病菌アナモルフの観察方法

　植物病原菌類の中でも最大規模のグループであり、農業生産・景観保全の観点からも、防除上の問題が重要視される、うどんこ病菌のアナモルフの観察方法を以下に示す（図2.69）。うどんこ病菌の観察は罹病植物上に形成された菌体によってのみ可能であり、観察方法も他の病原菌類とは若干異なるので、サンプル採集にはとくに細やかな配慮が必要である。

（1）採集後の試料調製および観察上の注意点
a. 観察・調査は採集当日に行う：

　アナモルフ器官は、時日が経過すると病患部に雑菌が繁殖して観察しにくくなるので、できるだけ採集当日に作業を速やかに行う。

　まず、症状や標徴の写真撮影などを済ませたのち、分生子などの大きさの測定を行うとともに、フィブロシン体の有無を確認し、あらかじめ用意したタマネギ鱗片表皮を病斑に押し付けるか、小型の筆（面相筆がよい）で分生子を同表皮上に払い落として、発芽管の形態観察の準備をしておく。

　フィブロシン体は新鮮な材料でないとその有無を確認できない。翌日はセットした分生子の

発芽管の形態を観察する。採集当日の作業が困難で、採集標本を翌日まで保管するときは、冷蔵すると雑菌が増殖するサンプルが多いので、必ずやや低めの室内で保存する。

　分生子を単生する種では、サンプルを移動中にほとんどの分生子が脱落してしまい、自然条件下における形態を観察できないことがしばしばある。そのときは、ビニル袋などに採集サンプルを入れ、2～3日間室内に静置し、再度分生子を形成させてから観察する。以上のような観察日程を考慮すれば、本病のサンプルはできるだけ新鮮なものを採集し、直ちに形態確認の観察や前処理を行うのが望ましい。

b. 乾燥標本と液浸標本を作製する：

　長期間保存する場合は、乾燥標本（前出）を作製するとともに、発病葉片のサンプルを固定液（FAA）に浸漬して保存する。その際に使用するFAAの組成は、ホルマリン、アルコール、氷酢酸を同容量とする。

c. 観察の際には必ずスケッチを描く：

　本編Ⅱ-4.2の「写真撮影とスケッチの重要性」参照。

d. DNAを抽出する場合：

　DNA解析の支障となる雑菌の混入などを防止するために、必ず採集当日に作業を行う。その下準備としては、実体顕微鏡下で、新鮮な分生子が形成されている箇所を、柄付き針で掻き取って、キレックスに入れる。

e. 液体窒素気相中での長期保存法：

　重要なサンプルは長期保存して、実験に活用する。発病葉を1cm平方ほどの大きさの小片にして乾燥後、セラムチューブに入れて、一晩クーリングボックス中で予備凍結を行ってから液体窒素気相中に移して保存する。

(2) 顕微鏡での形態観察と大きさの測定

観察データは同定に必要な項目を正確に記録するが、とくに以下の項目は重要である。同属種のうどんこ病菌であっても、形質・形態の変異幅が認められ、逆に、異属種間に共通した形質・形態の特徴もあるので、菌の同定にあたっては、1つの形質・形態やサンプルの1か所だけの確認結果に固執し過ぎないようにし、いろいろな形質・形態を何か所も確認しながら、総合的に判断しなければならない。

a. 分生子柄と分生子の観察方法：

病葉上の新鮮な菌叢部分にセロハンテープを押し付けて剥ぎ取る（図2.69⑥⑦）。その際、強く押し付けすぎると植物体表皮まで剥ぎ取ってしまい、弱すぎると分生子のみが付着し、分生子柄や表面菌糸は植物体上に残ったままになるので手加減をしたい。

次にスライドグラスに水を滴下し、次いで菌叢を付着させたセロハンテープを、空気が入らないように貼り付けて菌体の特徴を検鏡する。とくにフィブロシン体の有無、分生子が分生子柄上に鎖生か単生かを判定し、菌糸上の付着器の形態を観察するとともに、分生子柄については、細胞数および長さと幅、foot - cell の長さと幅、柄の最初の隔壁の位置を観察記録する。

分生子柄の測定数は30個程度（分生子は次項に記述）、スケッチは平均的なものと特徴的なものを描く。foot - cell の一つ上の細胞が分裂するため、foot - cell の長さは変化せずに安定した形質を示す。

フィブロシン体が存在する場合は、分生子と分生子柄中にそれを確認できる。ただし、フィブロシン体の有無を観察するときは、顕微鏡の微分干渉装置ははずしておいた方がよい。その理由は微分干渉装置による陰影をフィブロシン体と誤認しやすいからである。フィブロシン体の有無も安定した形質であり、フィブロシン体を含む菌種は分生子を鎖生する特徴がある。なお、フィブロシン体は新鮮なサンプルでのみ認められ、古病斑や乾燥標本からの菌体では確認できないので、検鏡するサンプルの鮮度には注意を払う必要がある。

b. 分生子の形態：

スライドグラス面に罹病植物の病斑部位を直接押し付け、付着した分生子の大きさを測定する。ふつうはカバーグラスをかけないで測定することが多い。分生子は傾いていないもの（スライドグラスに平らに付着して、全体に焦点があっているもの）を50個前後選び、分生子の形態および大きさと色調を測定・記録する。な

図2.69　うどんこ病菌アナモルフの観察・保存　　　〔口絵 p 302〕
分生子の発芽管の観察方法：
　①タマネギ鱗片を作製する　②鱗片のエタノール保存　③鱗片上に分生子を付着
　④鱗片をスライドグラス上に展張　⑤スライドグラスを湿室に所定時間置いたのちに検鏡
病斑上のアナモルフの観察方法：
　⑥病斑コロニーにセロハンテープを貼り付ける　⑦菌叢が付着したセロハンテープをスライドグラスに貼り付ける
菌株の保存方法の例：
　⑧昆虫飼育箱での継代保存

〔①-⑧星　秀男〕

お、分生子は離脱後2時間ほどで発芽を開始するので、測定は2時間以内に済ませるようにしたい。また、aの観察方法で記述したセロハンテープで剥ぎ取る方法で測定してもよいが、この場合には、水により分生子が膨潤するので、測定は30分以内に完了させる。

c. 菌糸上の付着器の形態：

菌糸上に形成された突起物（付着器）の形態をスケッチ・写真および文字で記録する。付着器の形状には個別変異が認められるので、複数か所を観察しながら総合的に判断する。なお、その形状の標記には「乳頭突起状」「拳状」「わずかな膨らみ」などの表現が用いられる。

d. 発芽管の形態：

発芽管の形態観察には、タマネギの鱗片表皮上で分生子を発芽させたものを供用する。作業の手順は以下のとおり（図 2.69 ① - ⑤）。

① タマネギを4等分し、鱗片表皮をカミソリで1 cm四方くらいに切り出し、ピンセットで表皮を剥ぎ取る。

② 切り出した表皮切片（以下、切片）を80%エタノールに1週間漬ける（浸漬した状態で長期間保存できる）。

③ 使用する際には、エタノール浸漬の切片を小ビーカーや管びんに入れ、ガーゼをかけて切片が流れ出さないようにして、水道水で2時間以上掛け流す。なお、この流水洗には、ふ

Euoidium 属（*Oidium* 属 *Reticuloidium* 亜属）

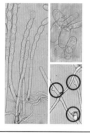

① 分生子を鎖生し、フィブロシン体を欠く
② 分生子の発芽管の形状は Cichoracearum 型
③ 菌糸の付着器（○印）は乳頭状

Pseudoidium 属（*Oidium* 属 *Pseudoidium* 亜属）

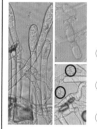

① 分生子を単生し、フィブロシン体を欠く
② 分生子の発芽管の形状は Polygoni 型
③ 菌糸の付着器（○印）は拳状

Fibroidium 属（*Oidium* 属 *Fibroidium* 亜属）

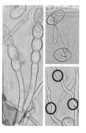

① 分生子を鎖生し、フィブロシン体を含む
② 分生子の発芽管の形状は Fuliginae 型
③ 菌糸の付着器（○印）は突起状

Oidium 属（*Oidium* 属 *Oidium* 亜属）

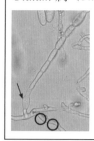

① 分生子を鎖生し、フィブロシン体を欠く
② 分生子柄基部が膨らむ（矢印）
③ 菌糸の付着器（○印）は突起状または乳頭状

Oidiopsis 属

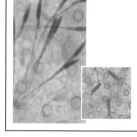

① 分生子を単生し、フィブロシン体を欠く
② 披針形と棍棒型の2種類の分生子を形成する

図 2.70　うどんこ病菌アナモルフの観察ポイント
〔口絵 p 303〕
〔星 秀男〕

るい（250μm 目程度）なども利用できる。

④ 切片をシャーレの水に浮かべておき、それを取り上げ、スライドグラス上に並べて貼り付ける（表側を上にする）。なお、鱗片の表側にはワックスがあり、水には表側を上にして浮くことと、表側の方がつるつるしていることから判断できる。

⑤ 切片を病斑に押し付けるか、切片上に分生子を払い落とす。

⑥ 分生子が付着している切片の表側を上にして再度シャーレの水に浮かべ、24時間・20℃下に静置する。しかし、切片の扱いには習熟を要するので、その代替法として、切片をスライドグラスに載せたまま、湿らせた濾紙を敷いたシャーレ内に置き、湿室処理を行っても観察できる。

⑦ 切片の表側を上にしてスライドグラスに置床し、水を滴下後に、カバーグラスをかけて発芽管の形態を観察する。

(3) アナモルフの観察例

分生子・分生子柄および付着器の形態的特徴から、以下の例のようにアナモルフの属を決定し、テレオモルフの所属を推定することができる（図2.70）。

【観察例】

〔A菌〕 形態的特徴：フィブロシン体を欠き、分生子は鎖生する。菌糸上の付着器は突起状ないし乳頭突起状である。所属：*Euoidium* 属（*Oidium* 属 *Reticuloidium* 亜属）、完全世代は *Golovinomyces* 属。

〔B菌〕 形態的特徴：フィブロシン体を欠き、分生子は単生する。菌糸上に生じる付着器は拳状を呈する。所属：*Pseudoidium* 属（*Oidium* 属 *Pseudoidium* 亜属）、完全世代は *Erysiphe* 属。

〔C菌〕 形態的特徴：フィブロシン体を有し、分生子は鎖生する。突起状か、あるいは菌糸上のわずかな膨らみをもった付着器が形成される。所属：*Fibroidium* 属（*Oidium* 属 *Fibroidium* 亜属）、完全世代は *Podosphaera* 属。

(4) 植物体上での継代培養

うどんこ病菌は絶対寄生菌で、人工培養できない。したがって、うどんこ病菌を生きた状態で保存するためには、原宿主上で接種を繰り返しながら継代していく必要がある。その際の注意事項は次のとおり。

a. 他菌株とのコンタミネーションを防止するために隔離する容器が必要となる。図示したように、密封でき、通気性があれば様々なものが利用できる（図2.69 ⑧）。植物の大きさなどに合わせて選択する。また、隔離容器の置き場所にも同様の注意を払う。

b. 蓋の開閉が容易で、容器内の湿度を簡単に調整できるものが使いやすい。ラップなどで蓋をする場合は、ラップの開け具合により湿度を調節する。

c. 容器内はある程度の湿度を保持しておいた方が、菌叢の生育が良好である。目安としては容器内側の壁面がうっすらと結露する程度がちょうどよく、大きな水滴が付着するようでは湿度が高すぎる。また、適当な湿り気は分生子の飛散を比較的抑制するので、コンタミネーションの防止にもなる。

d. 接種などの実験を行うときには、室内の空調を止め、手指や使用する器具は1菌株ごとにアルコールで消毒する。

e. うどんこ病菌を扱う場合に限ったことではないが、実験室は常に清潔にし、安易に必要のない植物を持ち込まない。

ノート2.14

封入液と菌体の染色

　プレパラートを作製する際に、封入液として蒸留水が一般に用いられるが、乾燥しやすいため長時間観察や保存には耐えられないので、用途に応じた封入液が考案されている。また、植物組織内などに生息する菌糸あるいは胞子の形状を確認しにくいことがあり、これを見やすくするため、封入液に染色剤を混ぜて使用する場合がある。それらの代表的な種類と処方を以下に紹介する。通常の菌糸や分生子の観察にはシェアー液が使いやすい。これにメルツァー液を少量滴下すると、無色の胞子の内容物が淡黄色に染色され、隔壁等が良好に観察できる。

〔封入液・染色液〕
a. グリセリン・ラクト・フクシン：組成は、全液量100mlあたり、グリセリン90ml、乳酸10ml、酸性フクシン50mg；菌糸や胞子は赤く染まる。
b. シェアー液：組成は、全液量100mlあたり、酢酸カリウム1g、蒸留水50ml、グリセリン20ml、95％エチルアルコール30ml
c. ラクトフェノール：組成は、全液量100mlあたり、フェノール20ml、乳酸20ml、グリセリン40ml、蒸留水20ml；作り方は、蒸留水を暖め、これに湯煎で加熱溶解したフェノールを加え、次に乳酸とグリセリンを加える（2年間位はそのまま観察できる）。
d. ラクトフェノール・コットンブルー：上記のラクトフェノール100mlにコットンブルー0.1～0.5gを添加する。菌糸や胞子は若いほど短時間に濃い青色に染色される。
e. メルツァー液：抱水クロラール100g、ヨウ化カリウム5g、ヨード1.5g、蒸留水100ml

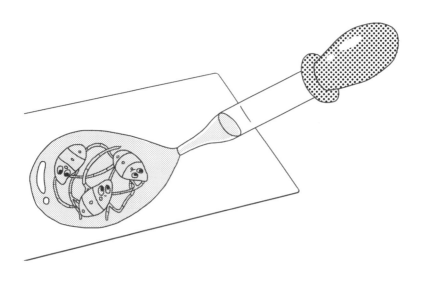

ノート2.15

顕微鏡使用法の初歩

　プレパラートを作製したら、次は顕微鏡で菌体を観察しよう。以下に光源内蔵・据置き型の正立顕微鏡を使用する場合の観察手順を記す。

① 接眼レンズの幅を自分の目の幅と一致するように調節する。
② 粗動ハンドルを回し、レボルバー（対物レンズ）とステージを離す。レボルバーを回転させて低倍率（10倍以下）の対物レンズを選択する。
③ 検体を封入したプレパラートをステージ上に固定し、検鏡したい部分が対物レンズの直下にくるように、ステージを前後左右に動かす。
④ 横から眺め、粗動ハンドルで対物レンズとプレパラートの間を狭める。
⑤ 次に接眼レンズをのぞきながら、粗動ハンドルをステージが下がる方向にゆっくりとわずかずつ動かし、ピントをおおむね合わせる。

　＊2つの接眼レンズがともにピントが合っているか、片目ずつピントを確認する。ピント調整機能が付いている接眼レンズは調整を図り、左右均等にピントが合うようにする。

⑥ 観察に適した菌体を探し、中央位置に移す。

　＊像は上下左右が逆に見えるので、ステージを動かす際には注意する。

⑦ さらにピントが合ったのち、レボルバーを回し、高倍率の対物レンズに換え、次に微動ハンドルでピントを調整する。

　＊胞子などは厚みがあるので、観察目的が胞子などの輪郭なのか、表面構造かなどを明確にしてピントを合わせる。
　＊厚みのある菌体を見るにはコンデンサーを下げると奥行きがでて観察しやすい。ただし、画面は暗くなる。

Ⅱ-6　主な植物病原菌類における観察試料の調製と観察ポイント

　各種植物病原菌類の所属を明らかにするためには、該当する病害の適切な発生時期にサンプルを採集して病原菌を見つけ出し、それぞれの菌について分類上の基準となっている形態・形状の識別ポイントを把握した上で、顕微鏡観察することが肝要である。そこで、我が国において普遍的に発生している菌類病を選び、観察試料の調製の仕方と観察の要点を以下に示す。なお、観察時期（該当の病害の発生時期）は一部を除き、東京を中心とした南関東地域である。個別の属の特徴は第Ⅰ編を参照。

1　ネコブカビ類

〔対象病原菌の種類〕

Plasmodiophora brassicae（根こぶ病菌）

Spongospora subterranea f.sp. *subterranea*（ジャガイモ粉状そうか病菌）

〔観察時期〕

　常発地のキャベツ根こぶ病は、初夏および初秋に収穫する作型で毎年発生する。根こぶ病は連作圃場における春〜夏播きのアブラナ科野菜（ダイコンを除く）にもよく見られ、葉が紫色を帯びて萎れていたり、生育・結球不良の株を引き抜くと、根に大小様々で多数のこぶが形成されている。また、根こぶ病の発病土壌に、コマツナなどアブラナ科野菜を播種すれば、根に形成されたこぶを観察できる。ジャガイモ粉状そうか病は、春植え夏穫りの作型で、収穫した塊茎（いも）の表皮が部分的に破れて、黄褐色の粉状物が認められる。

〔観察形態と調製法〕

一次遊走子嚢（休眠胞子）：根こぶ病に罹病して褐色になった、やや古いこぶの一部を柄付き針やピンセットで掻き取り、スライドグラス上に滴下した水中でつぶして、プレパラートを作製する。これを高倍率（400 〜 600 倍程度）で検鏡観察すると、淡褐色で表面に突起のある一次遊走子嚢が多数確認できる。

二次変形体：根こぶ病に罹病したやや若い白色のこぶの小片を、ピスに挟んで徒手切片をつくり、0.0005％コットンブルー添加の50％氷酢酸溶液で染色すると、肥大した皮層組織の感染細胞内に存在する二次変形体が青色に染まって見える。また、やや古いこぶについて同様の操作で検鏡すれば、一次遊走子嚢も同時に観察することができる。

胞子球：粉状そうか病の病状が進んだ塊茎上の粉状物を、スライドグラスに滴下した水中でつぶして検鏡すると、一次遊走子嚢を多数内蔵した胞子球が確認できる。

二次遊走子嚢：粉状そうか病の古い罹病組織からは直接観察することが難しい。そこで、汚染土壌、あるいは粉状そうか病菌の胞子球を接種した土壌に宿主植物（トマトなど）を播種し、所定温度・期間経過後に根部を染色して検鏡すれば、観察できる。

2　卵菌類

　卵菌類の特徴は無隔壁の菌糸、遊走子嚢、遊走子、有性器官（卵胞子、造卵器、造精器）などにある。菌糸が隔壁を有するか、無隔壁であるかは、菌類全般に重要な形態上の区別点である。無隔壁の菌糸をもつ菌類群は少なく、隔壁が存在しないことを確認できれば、所属をかなり絞り込める。

〔対象病原菌の種類〕

Albugo（白さび病菌）、*Aphanomyces*

Phytophthora（疫病菌）、*Pythium*

Peronosporaceae（べと病菌）

〔観察時期〕

　Aphanomyces、*Phytophthora*、*Pythium* などに起因する病害は、降水量の影響を強く受けるた

め、年次による発生の多寡が比較的激しい。

　Aphanomyces による病害は発生すると被害は大きいが、ダイコン根くびれ病（*A. raphani*）やシャガ黄化腐敗病（*A. iridis*）などの発症例のように、生産圃場において通年、宿主と病原菌が存在している場所では常発するものの、通常は一過性（毎年同じ場所に発生するのではなく、ある年に 1 回のみ、あるいは数年連続して発生したのち終息する）の場合が多く、とくに梅雨期後半に発生しやすい。

　アブラナ科野菜白さび病（*Albugo macrospora*）は葉裏に白色の発疱を多数生じるので、サンプルの採集は容易である。発病適温が 15 - 18℃ 前後のやや好低温性菌で、とくに露地栽培で発生しやすく、春先から 6 月までと、秋雨時期以降 10 月頃までが盛期で、盛夏期と厳寒期には新たな発病は認められない。

　ハクサイピシウム腐敗病（*Pythium ultimum* var. *ultimum*）は結球始め頃から発病し、地面に接する外葉から水浸状に腐敗し、罹病部の表面に薄い菌叢が認められる。

　露地栽培の野菜・花卉類に発生する疫病は、水の流れに沿った常発地があるので、そのような場所では毎年の観察が可能である。また、施設土耕栽培でも、降雨時に地下水が上昇する場所や水路を埋め立てた立地場所では、疫病が常発する事例がある。疫病菌は種によって、菌叢生育や発病の適温が顕著に異なり、春先や秋口に発生するものや夏季に発生しやすい種類がある。比較的低温条件を好むジャガイモ・トマト疫病（*Phytophthora infestans*）は、20℃ 前後の多雨条件下でもっとも蔓延する。ニチニチソウ疫病（*P. nicotianae*）は花壇などの植栽場所を中心に、梅雨後期から 10 月頃まで常発していて、とくに密植栽培の花壇では植栽の内部湿度が高く、水浸状に腐敗している葉が確認できるが、菌糸は病斑上を薄く這うため、目視観察ではほとんど確かめられない。

　ブドウべと病（*Plasmopara viticola*）は 5 月頃から発生し始めて梅雨期まで進展し、また秋季は 10 月末でも病勢が進み、落葉時まで葉裏に白色霜状の菌叢が観察できる。キュウリべと病（*Pseudoperonospora cubensis*）は露地・施設栽培ともに常発し、梅雨期～梅雨明け頃、葉裏に灰褐色の菌叢を生じるので観察しやすく、サンプル採集も容易である。

〔観察形態と調製法〕

菌　糸：卵菌類の菌糸は基本的には無隔壁であるが、疫病菌などの古い菌糸では隔壁を有する場合がある。罹病部の菌叢を掻き取って直接検鏡する。菌叢を生じていない場合は罹病部を 1 ～ 2 日間湿室に置くか、または表層組織を薄く剥いで観察する。罹病組織内の菌糸はコットンブルーや 1 ％エオシン液で染色するか、15 ％ KOH 液に浸漬し、翌日検鏡すると罹病部が透明となって見やすくなる。

　疫病菌・*Pythium* の新しい菌糸は内容物が充満し、流動性がある。両者の菌糸を比較すると一般的には疫病菌のほうが幅広で、細胞壁も厚く、しっかりした菌糸に見える。

　培地上における *Phytophthora* の菌糸は、一般に生育が遅く、9 cm シャーレに蔓延するには 5 ～ 7 日間かかる。一方、*Pythium* は培地上においても菌叢生育の速い種類が多く、適温であれば数日間で同型シャーレ全面を被う。

　べと病菌は菌糸が細胞間隙や細胞壁の中層に侵入し、細胞内に糸状、指状、棍棒状、あるいはこぶ状の吸器を挿入しているので、これを確認する。吸器の形態はべと病菌の属を同定するための検索ポイントとなる。

厚壁胞子：属種によっては、罹病組織内や病斑上における菌叢中の菌糸に頂生（分岐した先端に形成）または間生（菌糸の途中に細胞が膨大して形成）している厚壁胞子が観察できる。ただし、卵胞子や胞子嚢と形状が似るものもあるので注意する。

胞子嚢（遊走子嚢）：罹病組織上あるいは組織内に胞子嚢を形成する種類がある。観察にはできるだけ新鮮なサンプルを用いる。とくに疫病は、症状が進んだサンプルでは罹病部に目的外の菌類や細菌類が二次繁殖して診断を誤りやすい。罹病部の表面に粉状、霜状または綿状の菌叢が発生していたら、その部分を掻き取って直接検鏡する。菌叢（菌糸、胞子嚢など）が確認できないときは、罹病部位を半日〜2日間程度湿室に置くか、*Pythium* の場合は水中あるいは土壌浸出液中に入れてから観察する。

疫病菌の遊走子嚢は形態や大きさの変異が大きく、自然界で発生するものと培養上のものとで大きさが異なることが多い。しかし、形態的特徴は種の区別のポイントとなり、とくに遊走子嚢先端部の透明なパピラ（乳頭突起）の形状（形と幅・厚さ）の観察は必須である。

Aphanomyces は糸状〜円筒状〜らせん状の遊走子嚢を形成し、内部にソーセージ様の遊走子を1列に生じる。白さび病菌（*Albugo*）は、病斑部組織の縦切片を検鏡すると、胞子嚢の連鎖が観察できる。

胞子嚢柄：白さび病菌は発疱のある罹病組織を徒手切片とするか、ピンセットや柄付き針で直接掻き取り、スライドグラス上の水滴中で菌体組織をほぐすようにして胞子嚢柄を観察する。べと病菌は病斑上に形成された菌叢を掻き取るか、セロハンテープ法により検鏡する。菌叢未形成の場合は罹病部を1〜2日間程度、やや低温条件の湿室に置くとよい。べと病菌の胞子嚢柄の形態は属の分類の重要な検索キーになる。

遊走子・被嚢胞子：胞子嚢から遊走子が放出される条件は属種によって大きく異なり、また、胞子嚢から直接発芽するものもある。通常は胞子嚢の形成されている菌叢（罹病部）を結露する程度の高湿条件に置くか、やや低温の水中に浸漬後、30分間隔を目安に連続観察していると、遊走子の放出瞬間の場面に遭遇できる場合

がある。これらの現象は CMA などの平板培地上でも観察できる。遊走子の分化状況は染色すると観察が容易である。

白さび病菌（*Albugo macrospora*）も水中に胞子嚢を懸濁させ、30分間ほど経過すると、胞子嚢内で遊走子が分化し、やがて、遊走子が泳出するのを観察できる。*Aphanomyces* では細長い遊走子嚢の頂孔から遊走子が泳出後、直ちに遊泳を停止し、被膜胞子の集塊を生じる。

疫病菌と *Pythium* の分類ポイントは、疫病菌が遊走子嚢（胞子嚢）内で遊走子を分化するのに対し、*Pythium* では球状・膨状・糸状の胞子嚢から原形質が外部へ移動して、発達した球嚢内で分化する特徴がある。

卵胞子・造精器・造卵器：病勢のやや進んだ罹病組織を薄く剥ぎ取るか、あるいは徒手切片をつくって検鏡する。コットンブルーで染色すると見やすくなる。有性器官である卵胞子・造精器・造卵器は、植物体での形成部位に著しい偏りがあるので、病状の異なる数か所を供用するのがよい。

疫病菌では、同株性（単独の菌株が有性器官を生じる）か、異株性（単独の菌株では無性器官のみを形成し、異なる交配型の菌株との交配により有性器官を形成する）かの別が、種の分類の重要な識別ポイントとなる。なお、交配型は A^1、A^2 と表す。

卵菌類の属種によっては、植物上に有性器官を容易に形成するので、木本植物の枝などの場合は罹病部をメスなどで削り取る、あるいは野菜等の柔らかい組織では、罹病組織ごとプレパラートを作製し検鏡する。人工培養可能な属種では、分離後に V8 寒天培地などの卵胞子形成培地を用いて観察したほうがわかりやすい。

卵菌類の中には、通常の環境下では卵胞子を形成しない属種があり、とくにヘテロタリックの菌（異株性の菌）の場合は、発生場所において一方の交配型菌のみが優先し、罹病植物体上

では有性器官を形成しにくいことが多く、した
がって、自然条件での有性器官の観察が困難で
ある。そこで、あらかじめ交配型が分かってい
る菌株を入手し、同一シャーレ上で、V8寒天
培地などを用い対峙培養を行う（同一プレート
上に被検菌株と交配型の判明している菌株とを
同時に培養する）。その結果、両菌株の菌叢が
生育し、接近した際に帯線が形成されると、両
菌株は同一交配型である可能性が高く、有性器
官は形成しない。これに対し、帯線ができずに
両菌株が重なり合うように菌叢が融合した場合
には、両菌株の交配型が異なっていて、有性器
官が形成されていることが多い。

　疫病菌は種によって、造卵器・卵胞子の大き
さ・表面構造（突起の有無）・卵胞子が造卵器
に充満しているか未充満か、造精器の着生位置
（底着・側着・両方）・着生数などが異なり、分
類上の重要な検索指標となっている。ニチニチ
ソウ疫病菌（*Phytophthora nicotianae*）では卵胞
子や造卵器の壁が厚く、造卵器柄も短くてしっ
かりした構造のように見え、表面平滑である。
造精器は通常、1個が底着（造卵器柄を囲むよ
うに貼り付いて交配）する。

　*Pythium*にも同株性と異株性の種があり、自
然界あるいは培地上で有性器官を形成しない種
も少なくない。造精器は1個ないし数個が造卵
器に底着または側着する。造卵器・卵胞子の表
面は種によって突起があったり、特有の形態を
示すものがある。なお、*Pythium*の中には二次
寄生によって根部に卵胞子を形成しているもの
もあるので、可能であれば病原性の確認（分離
菌株の接種試験）を行いたい。

　*Aphanomyces*では造卵器の大きさ、造卵器へ
の造精器の付着数、造精器柄が造卵器柄に絡み
つくか、造精器の起源（異菌糸性か、同菌糸性
か）、植物へ寄生性等が種の分類のポイントと
なるので、観察の際にはこれらの特徴を留意す
る。罹病葉を水中に入れておくと、これらの器

官を発達させる傾向があるが、水の種類によっ
て器官形成の優劣が認められ、井水や雪の溶解
水などが器官形成に有効であったとする報告例
もある。

　白さび病菌やべと病菌の有性器官は、肥大や
奇形などを伴っているような罹病組織に形成さ
れることが多い。アブラナ科野菜白さび病の罹
病茎（とくに花茎）はしばしば肥大して、捩れ
や奇形を呈し、通称"おばけ"と呼ばれる。こ
の肥大部の内部組織を掻き取って検鏡すると、
卵胞子が観察される。この卵胞子表面にはこぶ
状の小突起（彫紋）が全面に生じており、種の
特徴となっている。ブドウべと病菌は罹病した
落葉内に卵胞子の形態で越冬するので、有性器
官の観察には適した材料である。

3　接合菌類

　菌糸は隔壁をもたない。菌糸幅は広く、菌糸
の壁が厚くて堅牢に見える。菌糸内の原形質流
動が激しい。また、多種類の器官を形成する特
徴がある。

〔対象病原菌の種類〕

Rhizopus（クモノスカビ）

Choanephora（コウガイカビ）

〔観察時期〕

　夏季の露地花壇では、ニチニチソウくもの巣
かび病（*Rhizopus stolonifer* var. *stolonifer*）がしば
しば多発し、先端部から激しく萎凋、黄化後に
褐変枯死し、立枯れ状となる。本病の初発記録
がガラス温室であったように、発病には必ずし
も降雨を必要としない。同種によるイチゴ・サ
ツマイモ軟腐病、モモ黒かび病などは収穫後の
市場病害（貯蔵病害）である。*Choanephora*の
発生は一過性の場合が多い。両菌とも好高温性
であり、蔓延には多湿条件を要する。

　また、両菌とも腐生的性質が強く、病勢が進
んで組織が枯死した他病害の罹病部や、生理障
害等によって枯れた組織からもしばしば雑菌と

して検出されるので、病原菌としての判定には
注意する。

〔観察形態と調製法〕

菌　糸：罹病部の菌叢を掻き取って検鏡する。
Rhizopus は無色、無隔壁の栄養菌糸と分岐した
長い有色の匍匐菌糸（気中菌糸）や仮根をもつ。
菌糸幅は広く、壁も厚い。新鮮な菌糸内では内
容物が激しく流動しているのが観察される。

Choanephora では植物体の組織内や表面に伸
長する、無隔壁の菌糸が観察されるが、匍匐菌
糸と仮根は存在しない。

仮根・胞子嚢柄・胞子嚢・胞子嚢胞子：いろい
ろな発病段階の罹病組織および罹病部上に生育
している綿毛状、くもの巣状の菌叢を掻き取っ
て直接検鏡する。

Rhizopus は明瞭な仮根を形成し、胞子嚢柄は
仮根の出る部位から生じる。実体顕微鏡観察に
より、植物組織上に仮根が定着して、1か所か
ら数本の柱軸が伸長している状態を見ることが
できる。その仮根付近の植物組織ごと掻き取る
か、メスでえぐるようにして取り出し、プレパ
ラートを作製し、生物顕微鏡で観察する。

仮根、胞子嚢胞子、胞子嚢は培地上でも容易
に形成するが、胞子嚢はプレパラート作製時に
破れることが多いので、カバーグラスをかける
前に封入液に静かに浮かべた状態で、全容を観
察しておくとよい。

接合胞子：菌の発育末期における気中菌糸を掻
き取って直接検鏡すると、確認できる場合があ
る。ただし、ヘテロタリックの種も多く、この
場合は有性生殖によって形成される。ヘテロタ
リックの種では、V8寒天平板培地上で供試菌
株と既知の交配型の菌株とを対峙培養する。菌
糸から2本の支持柄を発達させ、その交点に接
合胞子を形成する。

厚壁胞子：罹病部の菌叢を掻き取って直接検鏡
を行う。属種により厚壁胞子形成の有無や大き
さ・形状は異なる。

4　うどんこ病菌

〔対象病原菌の種類〕

Blumeria、*Cystotheca*、*Erysiphe*、*Phyllactinia*、
Podosphaera、*Sawadaea* など

〔観察時期〕

うどんこ病の発生時期は病原菌の属種により
異なるが、その多くは春季から白色菌叢が見ら
れ、落葉時まで観察できる。ただし、アナモル
フ世代の観察適期は菌糸が増殖し、分生子の形
成が盛んな時期であり、盛夏期には停滞するも
のが多い。閉子嚢殻を確認できる時期は近年遅
れる傾向にあり、多くの属種では10月中旬か
ら11月上旬以降に形成し始める。以下に個別
事例を示す。

ムギ類うどんこ病菌（*Blumeria graminis*）は春
の登熟期頃、白色菌叢内に小粒点（閉子嚢殻）
を多数生じる。カシ類 紫かび病菌（*Cystotheca
wrightii*）は、当年葉に5月頃から白粉状の菌
叢を生じ、6月頃には菌叢が紫色を帯び、7月
頃までに多数の閉子嚢殻が形成される。ハナミ
ズキうどんこ病菌（*Erysiphe pulchra*）は開花期
終了後間もなくから葉に菌叢を生じ、盛夏期に
は病勢が一旦衰えるが、秋季になると再び活発
に進展する。閉子嚢殻は11月上旬以降、秋季
発生した枝先端の葉で、白色菌叢が厚く被い、
奇形化して十分に展開できないものに、高率に
形成される。クワ裏うどんこ病菌（*Phyllactinia
moricola*）は初夏から葉裏に粉状の円形菌叢を
生じ、秋口には菌叢がややベージュ色を帯び、
やがて葉裏全面を被う。10月下旬頃から閉子嚢
殻を多数形成する。*Sawadaea* はカエデ類特有
のうどんこ病菌で、とくに秋口に菌叢を発達さ
せ、そして10月下旬から11月にかけて閉子
嚢殻を散生あるいは部分的に群生する。ユキヤ
ナギうどんこ病菌（*Podosphaera spiraeae*）は初
夏に閉子嚢殻を形成する。

〔観察形態と調製法〕

菌糸・分生子：本編 II - 5.3「うどんこ病菌ア

ナモルフの観察方法」、表1.8参照。宿主組織における菌糸の生育は、①表生、②表生または細胞間隙に生育、③内生、の3類型に大別できる。また、菌糸の付着器の形態は、拳状、乳頭突起状、わずかな膨らみなどに分けられる。

分生子の形成様式は単生または鎖生。分生子の発芽管の形態は、タマネギの鱗片を用いた発芽法によって観察し、Graminis 型、Polygoni 型、Cichoracearum 型、Pannosa 型、Fuliginea 型に類別する。また、分生子および分生子柄にフィブロシン体があるか否かは、重要な分類上のポイントである。

これらの組み合わせにより、属・亜属が特定できる。分生子の形態は属種で若干異なるものがあり、一般には楕円形、長円形、両端の丸い円柱形などが多いが、*Sawadaea* の分生子は球形〜レモン形で、両端が丘状に膨らむ特徴があり、連鎖する。

付属糸・閉子嚢殻：閉子嚢殻の付属糸の形状は属・節を分類する上で大きなポイントとなり、①菌糸状、②先端は規則的に数回叉状分岐、③先端は渦巻状または鉤状、④針状で基部は半球状、などに大別される。さらには、付属糸の発生位置（赤道面付近、片半面の冠状など）、本数などの観察も必要である。なお、付属糸先端が渦巻となるものは、その展開途中で鉤状に見えることがあるので注意を要する。また、種レベルでは、①付属糸先端部が太くなる、②先端の分岐の状態が異なる、などの特徴点が基準となることがある。

Phyllactinia の閉子嚢殻は一般に大型であり、成熟する過程で黄色、褐色、暗褐色〜黒色と変化していくのが目視観察でよく観察でき、さらにルーペによって付属糸の形態も確認できる。また、*Sawadaea* や *Pleochaeta* ではルーペ観察により、多数の付属糸が冠状に見える。

実験室においてプレパラートを作製する際には、ルーペや実体顕微鏡で閉子嚢殻を確認し、付属糸を壊さないように柄付き針などで静かに釣り上げ、封入液になじませたのち、複雑な構造や厚みにより、気泡が入らないようにカバーグラスを被せ、検鏡観察を行う。

子嚢・子嚢胞子：閉子嚢殻内の子嚢数は属・節の分類ポイントであり、「1個」あるいは「多数」を検索の基準とする。子嚢の数は閉子嚢殻の大きさにも影響し、子嚢を1個しかもたない種類、例えばウメうどんこ病菌（*Podosphaera tridactyla* var. *tridactyla*）の閉子嚢殻は小型。

子嚢を観察するにはスライドグラス上の水滴に閉子嚢殻を置き、柄付き針で軽く抑えると閉子嚢殻が割れて、中から子嚢が出てくる。子嚢内には子嚢胞子を8個あるいは2個、4個内包するが、この数も属種を決める特徴となる。プレパラートを作製して閉子嚢殻を検鏡したのちに内部を観察したい場合には、カバーグラス上からガラスが割れない程度に軽く押すと閉子嚢殻の一部が割れてそこから子嚢が現れる。さらに押すと子嚢が破れ、子嚢胞子が外出する。

5　その他の子嚢菌類およびアナモルフ菌類（不完全菌類）

子嚢菌類はきわめて多様な菌類を含む。自然環境下で普遍的に観察される菌体は、ほとんどが無性器官であり、有性器官は形成される時期が限られ、しかも確認できる期間も短い場合が多い。重要病害で、生態研究が進んでいる属種においては、有性器官の形成時期がほぼ解明されている。無性器官（分生子果、分生子など）と有性器官（子嚢果、子嚢胞子など）で標徴が異なる場合も多く、あらかじめ知識を得てから現地観察を行うとよい。

〔対象病原菌の種類〕

Diaporthe など（胴枯病菌）、*Diplocarpon*（アナモルフ *Marssonina*）、*Elsinoë*（そうか病菌・とうそう病菌）、*Glomerella*（炭疽病菌；アナモルフ *Colletotrichum*）、*Nectria*・*Pseudonectria* 他（ボタ

ンタケ類）、*Rosellinia*（白紋羽病菌）、*Sclerotinia*（菌核病菌）、*Valsa*（腐らん病菌）などの属；分生子果不完全菌類〔*Apiocarpella*、*Entomosporium*（ごま色斑点病菌）、*Pestalotiopsis*、*Phomopsis*、*Phyllosticta*、*Pyrenochaeta*、*Septoria*、*Tubakia* などの属〕；糸状不完全菌類〔*Alternaria*、*Botrytis*、*Cercospora* および関連属、*Fusarium*、*Verticillium* などの属〕

〔観察時期〕

　胴枯病菌および枝枯病菌は春遅くから初夏にかけて分生子殻子座を形成し、その後、分生子による第二次伝染を繰り返す。湿潤時には分生子殻の口孔から巻きひげ状の分生子角を生じることがあり、採集の目安となる。分生子角の色調は菌種により異なる。子嚢殻は夏期以降、子座上に形成され、表面に小黒点状に群生して見られる。

　リンゴ褐斑病（*Diplocarpon mali*）は 6 月頃〜秋口まで発病し、早期落葉するが、アナモルフを容易に形成するので、*Marssonina* 世代の観察に適する。バラ類 黒星病（*Diplocarpon rosae*；我が国では、*Marssonina* 世代のみが確認されている）は 5 月から晩秋の落葉期まで発病・落葉を繰り返し、病斑上に多数の分生子層と多量の分生子を形成する。また、サンシュユやハナミズキなど、ミズキ類 とうそう病（*Elsinoë corni*）は新葉伸展時に発病するが、その後の拡がりはほとんど見られない。

　炭疽病はきわめて多くの植物に発生し、常発するので入手しやすい。アオキ・ヒイラギナンテン炭疽病菌（*Glomerella cingulata*）、ヘデラ炭疽病菌（セイヨウキヅタ；*Colletotrichum trichellum*）など常緑の木本植物では、アナモルフが年間を通して観察できる。

　白紋羽病菌（*Rosellinia necatrix*）は 5 〜 6 月、地際の幹に白色菌糸束が貼り付くように進展するが、萎れや葉の黄化、落葉などの症状が顕著となる盛夏期に至って、罹病部の菌叢が衰退す

る。菌核病菌（*Sclerotinia sclerotiorum*）は多犯性で、多くの野菜・花卉類に発生することが記録されており、やや冷涼な時期（15 - 20℃前後）に発生が多く、春どりのキャベツ・レタスや施設栽培のキュウリ・ナスなどで発病が見られる。フッキソウ紅粒茎枯病菌（*Pseudonectria pachysandricola*）の無性器官（分生子層、剛毛、分生子）は、5 〜 9 月頃の長期にわたって匍匐茎に形成され、10 月〜翌年 3 月頃までは有性器官（子嚢殻、子嚢、子嚢胞子）が認められる。

　ごま色斑点病（*Entomosporium mespili*）はカナメモチ（とくにベニカナメモチ）で年間を通して発生が見られ、春先から梅雨期および秋雨期には分生子の形成が豊富になって観察に適する。なお、マルメロでは越冬罹病葉上に同種のテレオモルフ（*Diplocarpon mespili*）の形成が確認される。シャガなどイリス（アイリス）類さび斑病菌（*Alternaria iridicola*）は身近なサンプルとして適し、梅雨期と初秋の病斑上に分生子が良好に形成される。

　灰色かび病（*Botrytis cinerea*）は野菜・花卉類に広く発生し、年間を通してサンプルを収集できる。本菌は通常、盛夏期には活動を停止するが、ニチニチソウの花壇にはほぼ生育期間中観察が可能であり、冬期はシクラメンなど室内観賞用の鉢花に、春から初夏にかけて、ならびに秋雨の頃には施設果菜類（キュウリ・トマト・ナスなどの果実）・スミレ類などの花壇植物に発生が多い。

　Cercospora およびその関連属菌は、6 〜 7 月頃からエゴノキ・セイヨウサンザシ・ハナズオウ・ミズキ類（ハナミズキ・ヤマボウシ・サンシュユ）など、多くの樹木の当年葉に斑点を生じるため、観察サンプルの採集は容易である。

　ナス半身萎凋病（*Verticillium dahliae*）は常発畑が多いので、入手は比較的容易であり、5 月初旬定植の露地ナスでは、約 1 か月後の梅雨期頃から症状が見られる。

〔観察形態と調製法〕

菌糸・菌糸束：菌糸には隔壁がある。罹病部の表面に菌叢が生じている場合は、掻き取って直接検鏡する。一般的に、菌糸の形状はそれぞれの属種で特徴はあるものの、菌糸のみでは分類上の決め手にならない。ただし、白紋羽病菌では、地際幹の病患部の表皮を薄く剥ぎ取ると、鳥の羽状の菌糸束が目視で確認でき、菌糸体を検鏡すると隔壁部に膨らみをもつ特徴があり、それが診断ポイントとなる。

厚壁胞子：属種によっては、菌糸に間生または頂生するものがあるので、形成の有無や形状等を検鏡観察する。

菌　核：罹病部における形成状況（罹病部表面と髄部）は目視観察による。菌核の内部構造は徒手切片をつくって検鏡する。また、菌核から子嚢盤を形成する属種では、その形成時期に子実層の検鏡を行うか、菌核を素焼鉢土壌に埋没し、子嚢盤を形成させて観察する。菌核病菌ではPDA培地上に菌核を形成させたのち、そのシャーレが乾かないように密閉して、直射日光の当たらない窓辺に置くと、数か月後に子嚢盤をつくることがある。また、菌核を1か月ほど冷蔵処理したのち、その菌核を素焼き鉢の鹿沼土や赤玉土、あるいはポリウレタンなどに深さ5mm程度に埋め込み、適度の湿気を与えておくと、子嚢盤を形成しやすくなる。

分生子殻（分生子）・子嚢殻（子嚢・子嚢胞子）：通常は病斑形成後、時日が経過して、やや古くなった罹病部に形成されることが多いので、サンプル採集の際にルーペなどで分生子殻などの器官形成の有無を確認する。ただし、古い病斑上には雑菌が混在する可能性も高く、注意が必要である。

　分生子殻および子嚢殻は徒手切片を作製し、その菌体と植物組織の縦断面を観察するとともに、菌体の形態と形成部位を確認する。分生子殻あるいは子嚢殻か分生子層かを区別する際、簡易に観察する方法としては菌体を抉るように掻き取り、スライドグラス上の水滴中に置き、形態や硬さを勘案しながら、押圧により組織を分解させて検鏡する。また、これらの器官が形成されていない場合は、新鮮な罹病サンプルを採集し、水洗後に水切りを行い、枝葉が枯れない程度の湿度を保持しつつ数日間放置しておくと、形成される場合がある。

　分生子殻の観察可能期間は比較的長期にわたるが、子嚢殻の自然条件下における形成時期は限定的なものが多い。分生子殻はその形態、大きさ、単独型・複合型の違いなどを観察指標とした上で、内包される分生子の形態・大きさも分類の基準として採用する。子嚢殻はさらに偽子嚢殻や閉子嚢殻等に区分される。子嚢の形成位置、形状や大きさなどは、子嚢殻を縦断した切片により確認する。加えて、側糸の有無や子嚢の壁が一重か二重か、子嚢の頂部の円孔部がヨード液で染色されるか否かも属を分ける決め手となる。

　分生子殻や子嚢殻は子座組織の中に形成されることがある。*Phomopsis* は通常 α 胞子と β 胞子の2種類の胞子型をもっているが、β 胞子は形成時期が決まっていたり、あるいは β 胞子を形成しない種もある。

子嚢盤（子嚢・子嚢胞子）：子嚢盤は菌核病菌や灰色かび病菌などの菌核が発芽して形成されることがある。子嚢盤の自然条件下における形成時期は限定的なものが多く、菌核病菌では早春と中晩秋の2回、土壌中の菌核が発芽して子嚢盤を生じ、盤上に形成される子嚢に内包された子嚢胞子が飛散する。

分生子層（分生子）：病状のやや進行したサンプルを供用する。罹病組織上に形成される属種では、その部分をピンセットや柄付き針で掻き取って直接検鏡できるが、これら子実層の形態は把握しにくい。ほとんどが表皮細胞内や表皮下にあって、のち表皮・角皮を破って表面に現

れるので、徒手切片をつくって組織断面を観察し、分生子層であることを確認するのがよい。分生子が形成されていない場合はサンプルを1日〜数日間、湿室に置いてから検鏡する。

　カナメモチ（ベニカナメモチ）ごま色斑点病菌では、春先から梅雨期・秋雨期に降雨が続くと分生子層の表皮が破れ、白色の分生子塊が溢れ出る。これを掻き取って検鏡すると、特徴的なマウス様の分生子が多数観察できる。バラ黒星病菌も同様の時期に分生子を豊富に形成するので、観察に好材料である。炭疽病菌では、菌糸の処々に形成される付着器の形状が、種を決定するポイントの一つとなる。

糸状不完全菌類の子座、分生子・分生子柄：新鮮なサンプルを供用したい。罹病部に菌叢として現れている場合は、それを掻き取って直接検鏡する。分生子が形成されていないときは、上記と同様の湿室に置いてから検鏡する。古いサンプルで、とくに *Alternaria*、*Curvularia* などの条件寄生する種を含む属菌が検出された場合には、病原菌と雑菌との見極めに慎重を期す必要がある。

　導管病（フザリウム病、バーティシリウム病など）では、茎部を輪切りまたは縦割りにして1〜7日間程度湿室に置くと、褐変した導管部の周辺に菌叢を生じるので、それを検鏡観察することができる。

　Cercospora および関連属菌は子座の発達程度や分生子柄における分生子離脱痕等が属種の分類ポイントになる。セイヨウシャクナゲ葉斑病菌（*Pseudocercospora handelii*）などでは、厳寒期は分生子が越冬病斑上から離脱・飛散しているが、春先から再生する。同菌は病斑上の子座が大型で、分生子も豊富に形成するので、ピスを用いての縦断切片を作製しやすい。なお、切片作製時には成熟した分生子が離脱しやすいので、その場合は切片にせず、別途、子座を抉るように掻き取って直接検鏡すると、分生子柄に

分生子が着生している様子がよく観察できる。

6　さび病菌

　担子菌類に所属し、属種によっては最大で5種類の胞子世代をもつ、きわめて大きなグループである。身近に観察材料は多く、冬胞子は種類により形態の多様性があり、また、夏胞子なども属種間で比較すると、様々な異なる形態的特徴に富む。各世代胞子の形態以外に、宿主変換する実態を、時期を追って観察することも可能である。

〔対象病原菌の種類〕

Blastospora、*Coleosporium*、*Cronartium*

Gymnosporangium、*Melampsora*、*Nyssopsora*

Phakopsora、*Phragmidium*、*Pileolaria*

Puccinia、*Ravenelia*、*Stereostratum*、*Uromyces*

〔観察時期〕

　以下の各項目の記述を参照。

〔観察形態と調製法〕

精子器・精子：ナシ・ボケなどに発生する赤星病（*Gymnosporangium asiaticum*）、ならびにリンゴ・ヒメリンゴ・ハナカイドウなどの赤星病（*G. yamadae*）が観察しやすい。目視あるいはルーペ観察すると、精子器は葉表の黄色病斑上に微小な黄点として10数個が群生して認められ、やがて橙色に変わって蜜状物を分泌し（ここで受精する）、その後、褐色〜黒色の小点が病斑上に群生して見えるようになる。

　これらの形態形成時期は種や地域により異なるが、概して4月下旬から6月頃までである。発生が見られたら1週間おきくらいに採取し、成熟経過を確認するとよい。精子器はフラスコ状〜皿状を呈し、表皮下に埋没しているので、徒手切片をつくって検鏡する。精子器の中には多数の微小な精子を内包する。

さび胞子堆・さび胞子：さび胞子はさび病菌特有の胞子である。ナシなどの赤星病菌では、精子器を形成している病斑の裏面にさび胞子堆が

発達する。はじめ裏面がやや盛り上がるようになり、次いで、淡灰褐色の突起状物（さび胞子堆；赤星病菌ではとくに銹子腔、銹子毛などと呼ぶ）が束になって伸長する。壁は大型で堅牢な菱形の大型細胞（護膜細胞）で構成されていて、銹子腔内部には黄色〜淡褐色で、球形〜亜球形のさび胞子が長く連鎖して生じる。

さび胞子の連鎖の状態は徒手切片を作製すれば観察できる。また、銹子腔ごとスライドグラスの水滴中に浮かべ、ピンセットでその壁を割り、カバーグラスを被せたのちに、その上から軽く圧すると銹子腔が破れ、さび胞子が連鎖した状態で検鏡できる。さび胞子は表面に疣状の小突起を密生しているので、顕微鏡の焦点をずらしながら観察するとよい。

さび胞子の形成時期は5〜7月頃で、比較的長期にわたって観察できるが、徐々に銹子腔の先端部から崩壊し始め、さび胞子が飛散したあとは消滅する。

夏胞子堆・夏胞子：夏胞子はさび病菌特有の胞子である。夏胞子世代は多くの属において、初夏から秋季まで比較的長期間観察可能である。ただし、属種によっては、これらの世代を欠くものがある。一般に、夏胞子堆は表皮内に皿状〜盃状に形成される。夏胞子の観察には夏胞子堆を掻き取ってプレパラートを作製し、直接検鏡すればよい。

Puccinia、*Uromyces* などの夏胞子は短い柄の上に単生し、*Coleosporium* などでは鎖生する。夏胞子堆の縦断面の形態や夏胞子の単生・鎖生の区別は、ピスを用いた徒手切片を作製して検鏡するとよく観察できる。糸状体は属種によるが、無色、厚壁、先端が丸い頭状〜棍棒状で、夏胞子堆に形成される。この糸状体の存在は種の分類ポイントになる。

夏胞子は属種によって形態的特徴が異なるが、一般には球形、亜球形、卵形、楕円形などであり、表面に疣状あるいは刺状の突起が密生

し、内容物が鮮やかに着色したり、ほとんど着色していないものなど、かなりの相違がある。また、*Pileolaria* の夏胞子は特異的な形態を示し、先端が尖った紡錘形で、その表面には明瞭な縦らせん状のひだがある。タケ・ササ類 赤衣病菌（*Stereostratum corticioides*）では越冬した冬胞子堆が、春季にゼリー状を呈して桿から脱落し、そのあとに黄褐色〜橙褐色で、表面が粉状の厚い菌叢（夏胞子堆）となる。

夏胞子における発芽孔の数や位置も、属種によっては分類上のポイントになる。胞子体における黄色の内容物が、明瞭な小円状に色抜けしている部分が発芽孔である。発芽孔は胞子の内容物を脱色すると、より鮮明に観察できる。夏胞子は蒸留水や宿主植物の搾汁液中で容易に発芽するものが多いので、ファンティガムセル上に、夏胞子懸濁液を滴下したカバーグラスを置き、正立顕微鏡で経時的に観察する。

古い夏胞子堆は白色〜灰色になっていることがあるが、これはさび病菌に寄生する菌類によるものであり、そのようなサンプルは観察にはあまり適さない。ただし、夏胞子堆や夏胞子の形態は確認できるので、所属の概略を明らかにしておき、次の適したシーズンに観察したい。

冬胞子堆・冬胞子：冬胞子はさび病菌特有の胞子であり、その形態が変異に富んでいることから、所属を決定する上で重要なポイントとなっている。冬胞子堆の形成は一般に秋季であり、越冬器官として位置付けられる。冬胞子堆は冬胞子が柄の上に単生するグループと、冬胞子が層になって形成されるグループに分けられ、その形態上の相違点は徒手切片に拠り明確に観察できる。前者の属には *Phragmidium*、*Pileolaria*、*Gymnosporangium*、*Puccinia*、*Stereostratum*、*Uromyces*、*Ravenelia*、*Nyssopsora*、*Blastospora* などがあり、また、後者の属には *Coleosporium*、*Cronartium*、*Melampsora*、*Phakopsora* などが含まれる。前者の冬胞子堆ははじめ表皮を被って

いるが、のち表皮を破り、裸出する。

冬胞子堆の形状だけを観察する場合は、直接掻き取って検鏡することもできる。冬胞子が柄に単生するグループは、柄の長さも種の分類ポイントになるが、柄は容易に折れるので、冬胞子堆のプレパラートを作製する際には、その基部から丁寧に掻き取りたい。

冬胞子の形態は属種により異なる。例えば、*Phragmidium* は暗褐色、棍棒形であり、多数の横隔壁をもち、頂端が尖るなどの特徴がある。*Pileolaria*、*Ravenelia*、*Nyssopsora* なども特異的な形態を示すので、その形態により属を決められる。*Puccinia* は一般に暗褐色の壁（被膜）を有する、2胞の胞子であるが、中には着色していない種類（キク白さび病菌 *Puccinia horiana* など）もある。*Uromyces* は単胞であり、先端の壁の厚さや形態などが種の特徴になる。

ネギさび病菌（*Puccinia allii*）などでは、冬胞子堆に uromyces 様の単胞の胞子が混在することがある。また、キク黒さび病菌（*Puccinia tanaceti* var. *tanaceti*）は秋季になると、夏胞子堆が形成されている葉に、冬胞子堆が徐々に置き換わる。キク黒さび病菌の場合は両胞子堆の色調や大きさが異なるので、肉眼的にも識別可能であるが、事前に検鏡確認しておくと、その後の目視観察がスムースになる。

他方、冬胞子が層になって形成されるグループのうち、*Cronartium*（例：ナラ類 毛さび病菌 *C. orientale*；異種寄生種でマツ類 こぶ病を起こす）では、冬胞子が長く鎖状に連結して層をなし、毛状となる。

なお、黒穂病菌の胞子も冬胞子と呼ばれることがあるが、最近はもっぱら黒穂胞子の名称が使用されている（次項参照）。

担子器・担子胞子：担子菌類共通の器官であるが、一般に、自然界では形成期間が短いので、観察が困難な種類が多い。さび病菌の中でもっとも観察に適するのは、ビャクシン類 さび病菌

（*Gymnosporangium asiaticum*；精子・さび胞子世代はナシなどに発生）である。3月末から4月上旬にかけてビャクシン葉上の冬胞子堆が成熟し、降雨に当たるとゼリー状に膨潤して目立つようになる。この膨らんだ菌体を掻き取って検鏡すると、冬胞子が発芽して無色の担子器を形成しているのが分かる。通常、担子器は4室に分かれ、担子胞子柄（小柄）が各室に1個形成され、その柄上に腎臓形の担子胞子を単生するが、成熟した担子胞子は離脱してしまい、未熟なものが着生していることが多い。

なお、ナシ赤星病の発生予察事業では、ビャクシン枝葉上の冬胞子堆を枝葉ごと水に浸し、その膨潤する割合から冬胞子堆の成熟度を検定し、地域ごとに降雨や気温等を設定した式を基に担子胞子の飛散する時期を推定し、この値から適正な防除期間（薬剤の散布適期）を決定して生産者に情報提供している。

ナラ類 毛さび病菌は5月頃に、毛状の冬胞子堆の表面が白くささくれだったようになり、また、ササ類 さび病菌では4〜5月頃、直前まで暗褐色〜黒色、ビロード状であった冬胞子堆が灰色に変色して見えるようになる。これらの外観所見は、冬胞子が発芽して担子器・担子胞子を形成している証拠であり、検鏡すればそれらの形態が容易に確認できる。

7　黒穂病菌

担子菌類に所属する。一般に、黒色粉状の特有な標徴を現すので、野外での観察および胞子の検鏡も容易である。

〔対象病原菌の種類〕

Graphiola、*Urocystis*、*Ustilago*、*Tilletia* など

〔観察形態と調製法〕

黒穂胞子：開花期前後に見られるニリンソウ黒穂病（*Urocystis pseudoanemones*）は4月下旬〜5月に葉や茎の一部が膨らみ、その内部に黒穂胞子の集塊が大量に生じる。ニリンソウの自生

地や植栽地では比較的発生頻度が高く、入手しやすいサンプルである。ピンセットや柄付き針で表皮を刺すと、破裂して黒穂胞子が飛び散るので、作業は慎重に行う。ピンセットの先に付着した胞子塊をスライドグラス上の水滴に置くと、容易に水滴表面に拡散するので、これを懸濁させてからカバーグラスを被せれば、気泡の発生を少なくすることができる。

ムギ類 黒穂病類（*Ustilago* spp.、*Tilletia* spp.）は穂に発生するものが多いので、宿主が穂を出してから収穫時までの間がサンプル採集の適期である。コムギ・オオムギ裸黒穂病（*Ustilago nuda*）では黒穂胞子が子房（子実）に充満していて、表皮が破れて胞子が飛散し、あとには穂軸のみが残る。したがって、採集は胞子が飛散する前がよい。コムギなまぐさ黒穂病（*Tilletia caries*）は子実に黒穂胞子が充満しても表皮が破れず、通常は収穫調整時に生臭いにおいで気

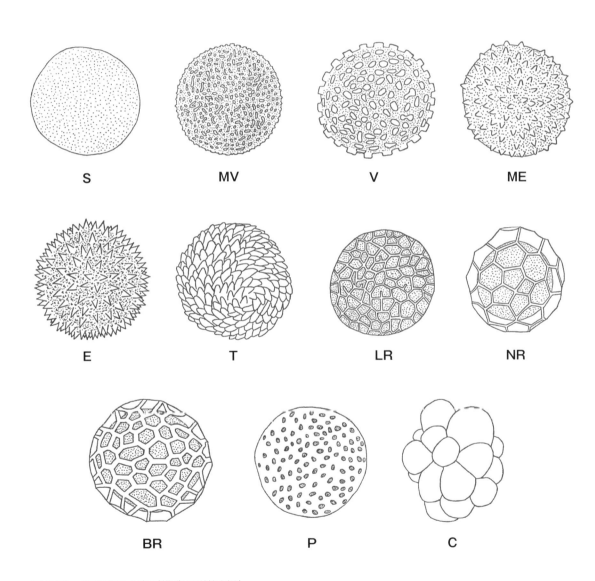

図2.71 黒穂胞子の表面構造の形態類別
S：平滑，MV：細かい疣状，V：疣状，ME：細刺状，E：刺状，T：結節状，LR：低い網目状，NR：狭い網目状，BR：広い網目状，P：陥没状，C：黒穂胞子（多くの場合は黒穂胞子団）が不稔周辺細胞に包まれている状態；黒穂胞子そのものの表面構造ではないが，形態的特徴の一つである

〔柿嶌 眞〕

付く。標徴が目視できないため、サンプル採集のハードルが高いといえる。

トウモロコシ黒穂病（*Ustilago maydis*）は、穂の子実に黒穂胞子が充満して著しく肥大し、表皮は薄くなり、内部が黒くなっているのが透けて見える。先端部の数粒の子実が肥大することが多いが、途中の１～２粒が肥大して外に突出することもある。採集後、運搬中に薄皮が破れないように注意したい。フェニックス類（とくにカナリーヤシに多い）黒つぼ病（*Graphiola phoenicis* var. *phoenicis*）は、葉の両面に黒色、壺状の小突起を多数生じる。この小突起の組織を検鏡すると、黒穂胞子が観察できる。

黒穂胞子の形態は属種により様々である。その表面が平滑、あるいは細かい疣や刺に被われたり、網目状の紋様を生じる種類などがあり、これらの諸形質は種を同定する有力なポイントとなっている。図2.71は黒穂胞子の表面構造を類型化したものである。

8　その他の担子菌類

上述したさび病菌および黒穂病菌を除く担子菌類のアナモルフ世代の観察ポイントを例示する。野外の宿主植物および標徴の状態を適宜観察し、常発定点をあらかじめ探索しておき、サンプルの適期採取に心掛ければ、特異的形態の観察はそれほど難しくない。

〔対象病原菌の種類〕

Exobasidium（もち病菌）

Helicobasidium（紫紋羽病菌）

Sclerotium（白絹病菌；アナモルフ）

Septobasidium（こうやく病菌）

Thanatephorus（アナモルフは *Rhizoctonia*）

Ganoderma など（木材腐朽菌）

〔観察時期〕

もち病（*Exobasidium* spp.）は、ツツジ・サツキ類では主として開花期前後に発生し、また、初秋に見られることもあり、その菌体は肥厚部の表面に生じる。紫紋羽病菌（*Helicobasidium mompa*）は多種の樹木類を宿主として５月頃から活発に生育しはじめ、梅雨期に進展する。盛夏期には一旦菌叢の進展が衰えるが、症状としては、形成層等が侵されて通道組織が機能しなくなるため、夏季の高温・乾燥の影響を強く受けて葉の黄化や落葉、樹の衰弱が促進される。こうやく病（*Septobasidium* spp.）はウメ・サクラなどの各種樹木類で、枝に付着・寄生している症状（菌糸膜）が確認できるので、菌の生育期間に相当する５月頃から梅雨期、あるいは秋雨の時期に観察するとよい。

Thanatephorus cucumeris は初夏どりキャベツ（株腐病）や露地ナス（褐色斑点病）で、梅雨後期を中心として発生しやすく、葉裏全面に子実層を形成するので、時期を逃さなければ観察は容易である。白絹病菌（*Sclerotium rolfsii*）は多犯性かつ好高温性で、梅雨期後半から初秋頃に菌糸体や菌核を生じやすい。木材腐朽菌は子実体（キノコ）を形成するものが多く、属種によって秋季に発生するもの、あるいはベッコウタケのように、５月頃から幼菌が罹病樹の地際部に発生し始めるものがある。

〔観察形態と調製法〕

菌糸・根状菌糸束：担子菌類は菌糸に隔壁をもつ。材質腐朽病など、罹病樹の材中菌糸を観察する必要があるサンプルでは、材組織のパラフィン切片をつくり、染色してからでないと検鏡しずらいが、宿主植物の組織が柔らかい場合には、罹病部を薄く剥ぎ取って組織内菌糸を直接観察できる。

ツツジ類 もち病菌（*Exobasidium japonicum*）などは、有隔壁の菌糸が宿主の細胞間隙を伸長し、吸器を細胞内に挿入している場面が見られる。紫紋羽病菌などでは、病患部の表面に生育している菌糸や根状菌糸束を植物組織ごと剥ぎ取って持ち帰り、菌糸束をほぐすようにしてプレパラートを作製する。紫褐色、網目状の根状

菌糸束は目視でもおおよその見当がつくが、検鏡によりH型に連結した菌糸が確認できる。

白絹病菌の菌糸は文字どおり絹糸のような光沢があり、とくに地際罹病部から周囲の土壌表面を這う菌糸は標徴としてわかりやすい。加えて、検鏡すると特徴的な「かすがい連結」（菌糸の隔壁部近くで、細胞壁の一部が外側にバイパス状の小突起を形成する）が観察できるので識別は容易である。

葉腐れや苗立枯れを起こす *Rhizoctonia solani* の菌糸は無色〜褐色で、幅は 5 - 14μm と広く、壁は厚く、菌糸先端細胞の隔壁の下でほぼ直角に分岐し、分岐部がややくびれ、隔壁は「ドリポア隔壁」である。葉腐れ・苗立枯れ症状を示す新鮮な腐敗組織の表面を先細のピンセットやメスで剝ぎ取り、プレパラートを作製すると、罹病部組織表面や組織内部を進展する菌糸が確認できる。

子実体・子実層：ならたけ病菌などの木材腐朽菌類が生じる子実体（キノコ）は、目視観察によって大別できるものが多い。その子実体は1年生または多年生に類別され、各子実体の発生時期や数量は、属種および降水量・降水日数などの環境条件で大きく異なるが、1年生子実体の場合は晩夏〜秋季に発生が多い。一方、ベッコウタケなど多年生子実体の場合には5月頃から、前年までに発生した子実体の近くに新たな菌体（「幼菌」という）を形成し、徐々に大型の子実体へと成長していく過程が観察できる。目視に次いで、顕微鏡観察や培養操作を通して細部の観察を行う。コフキタケは担子胞子を豊富に産生する種である。

こうやく病菌・紫紋羽病菌・もち病菌などでは、罹病部の表層に形成する子実体・子実層を徒手切片により検鏡する。こうやく病菌の子実体は3層構造で、基層は暗褐色を呈して薄く、横に伸長した菌糸からなり、中層は円柱状で多くの菌糸が結束し、直立した菌糸束柱をつくる（この層の下部に腔室があり、カイガラムシを内包する；本編 II - 9.2 参照）。上層は菌糸が緩く上向きに絡み合う。上層の表面に菌糸が密に集合した子実層が発達し、担子器と担子胞子を形成する。

Thanatephorus cucumeris は *Rhizoctonia solani* のテレオモルフであるが、系統（菌群、菌糸融合群）によっては子実層・担子器・担子胞子を容易に形成する。キャベツ株腐病菌は初夏穫りの作型で、梅雨時に外葉の裏側にベージュ色の子実層を豊富に生じる。また、ナス褐色斑点病菌も梅雨後期から葉裏に、同様の所見が観察できる。

担子器・担子胞子：担子菌類に共通の器官である。属種によって形成時期や形成条件が異なるので、採集時期には注意する。サザンカもち病（*Exobasidium gracile*）では5月頃、また、ツツジ類もち病では6月頃に、新葉が肥厚した症状が現れる。肥厚部に形成された白粉が子実体なので、それをメスなどで剝ぎ取るようにして検鏡する。

紫紋羽病菌など多くの属種では、新鮮な罹病部を湿室に保つと、担子器・担子胞子の形成が促進される。こうやく病菌は検鏡の際に、菌叢をメチレンブルーまたはローズベンガルで染色すると、担子器・担子胞子が見やすくなる。

Thanatephorus cucumeris は子実層上に形成された、樽形〜倒卵形の担子器の先端に4本の小柄（担子柄）を生じ、担子胞子を単生する。光顕観察の際、検体に厚みがあるので、焦点をずらしながら検鏡すると、担子器、小柄、担子胞子の構造や形状が確認できる。

菌核：白絹病菌の菌核は PDA などの培地上や罹病植物の組織表面、それに罹病株から進展する菌糸体上（地表面を伸延する菌糸を含む）に多数形成される。その外観形態は特異的であり、目視観察でも十分に識別できるが、内部構造は切片を作製して検鏡する。

Ⅱ-7　菌類病診断のための分離と接種

　既述したように、罹病植物体の病患部に現れる菌体、すなわち、標徴は病因を診断する上できわめて有用であるが、標徴が確認されない場合、あるいは病患部に条件寄生菌や条件腐生菌が見られたとき、それが果たして伝染性病害であるかどうか、さらにはその菌体が病原菌であるか否かの判断に迷うことも少なくない。

　その際にはできるだけ新鮮なサンプル（症状が発生初期～中期の進行過程にあるもの）を用いて、病患部から菌の分離を行い、得られた菌株をその分離源植物（宿主範囲・品種抵抗性検定の場合はそれらの被検植物）に接種して、病原性の有無を確かめる必要がある。とくに未知の病害を発見した際には、菌の分離（絶対寄生菌を除く）および接種試験を実施して、供試材料と方法、ならびにその結果の詳細を記録にとどめておかなくてはならない。

　もちろん、菌の分離と接種は診断のためだけに行うのではなく、その後の生理・生態試験、菌株の相互比較や防除試験などに欠くことのできないものであるから、保存菌株を所有していないときは、修練の意味も兼ねて、既知病害であっても是非実施したい。

1　罹病植物からの病原菌分離方法の例

　病原菌の分離とは、ある罹病植物の病患部・潜伏器官などから、目的とする菌類（病原菌）を釣り出し、他の生物との混在（雑菌汚染）を断って生育させる操作のことである。純粋培養された分離菌株は、形態観察および植物に対する接種源、あるいは遺伝子解析の供試材料などに用いられる。したがって、病原菌の分離と培養は、病気の診断やその原因菌を同定するために不可欠の作業である。

　病原菌の分離方法は多種多様であり、目的とする菌の種類や分離部位などによっても異なる

が、分離の成否はいかに病原菌を含んだ新鮮なサンプルが得られるか、にかかっているといっても過言ではない。以下に、標準的な菌類分離法の2例（変法も多数ある）の手順を記す。

(1) 組織分離法

① 病斑部と健全部をまたぐように、罹病組織を5～10mm角に切り取る。

② 分離用切片を30分間程度、流水洗する（切片作製前に流水洗したり、あるいは省略する場合あり）。

③ 70％アルコールに瞬時浸漬する（省略する場合あり）。

④ 0.25％次亜塩素酸ナトリウム溶液に30秒間～2分間程度浸漬する（目的により延長）。

⑤ 同溶液をよく切ったのち、培地（WA・PDAなど）上に置床し、15 - 20℃*の定温器に入れて連日観察する。

＊組織分離では低い温度域に設定する。これは、生育の速い菌を抑えるので、生育の遅い菌を観察・分離しやすい；低温性の菌を高温下に長期間置いて死滅することを防ぐ；細菌類の増殖を低温下で抑制する、などの利点がある。

⑥ 罹病組織切片からWA培地上に生育してきた単菌糸の先端部を、顕微鏡下で確認しながら培地ごと切り取り、PDA培地などに移植して純粋培養菌株とする（単菌糸分離法）。PDA培地に分離用切片を直接置床する方法によって得られた菌株には、雑菌とのコンタミネーションを起こしている頻度がWA培地上のものより高いので、保存菌株として適当ではなく、胞子等が形成されていれば、単胞子分離法によって再度分離するとよい。

(2) 単胞子分離法

① スライドグラス上に2か所、滅菌水を滴下する。なお、細菌の繁殖を抑制するために硫酸

銅水溶液（0.01〜0.1％）を滴下する方法が用いられる場合もある。

② 白金耳のループに①の滅菌水膜を張り、その部分で病患部に形成された胞子塊の表面を軽くなぞる。

③ スライドグラス上の1か所の点滴液に、②のループ部を浸けて攪拌する（胞子の高濃度液となる）。

④ 再度、白金耳のループ部に③の膜をつくり、もう1か所の点滴液に浸けて攪拌する（胞子の低濃度液となる）。

⑤ WA平板培地のシャーレの裏面に赤色のマーカーペンなどで三角形の印を目安として付けておく。その培地上に、②と③の胞子懸濁液を、それぞれ白金耳でマーカーペンの痕をなぞって画線後、15 - 20℃の定温器に入れて培養する。

⑥ 所定時間経過後に、発芽して間もない単独の胞子を、顕微鏡下で確認しながら培地ごと切り取り、PDA培地などに移植して、純粋培養菌株とする。

2 分離菌株の簡易な接種方法の例

特定の植物がある生育障害を起こし、その病徴（症状）・標徴が既知病害に該当しなかったり、まぎらわしいとき、あるいは伝染性病害か否か不明の場合には、罹患部からの菌分離を行い、得られた純粋分離菌株を分離源植物に接種して、病原性を確かめる必要がある。

その際、接種菌株の器官・形態や接種植物はできるだけ自然に近い条件で行うのが望ましいが、病原性の有無だけを確認するのであれば、下記の省力的な方法でも、十分に目的を達成できる。なお、罹患部に絶対寄生菌が存在する場合、二次寄生菌（雑菌）としての可能性は皆無であり、病原性確認のための接種検定は通常実施しない。しかし、絶対寄生菌であっても、新病害であったり、生態的な性質（発病温度、潜伏期間など）を究明するときなどには、接種による検定・実験を行う。

接種検定における共通的な留意事項は次のとおりである。

① 接種植物は健全なものを使用する*。

② 接種植物の生育ステージはできるだけ当障害の発生ステージに合わせる。

③ 対照区（無接種区）を設ける。

④ 接種後の一定期間は多湿条件を維持する。

⑤ 温度条件はできるだけ当障害の発生時期に合わせる（変温・室温でもよい）。

⑥ 複数の分離菌株を扱うときは、とくにコンタミネーションに気を付ける。

⑦ 接種後、原則として連日観察を行い、発病の有無および発病の進展状況を確認し、詳細に記録する。

＊無症状であっても保菌している植物個体が疑われるので、原則として発生地と同一場所のものを接種材料とすることは避ける。一方で、樹木など個体による感受性の差異が大きい場合には、やむを得ず罹病樹から挿し木や株分けなどで繁殖させることがある。そのときは潜伏期間などを考慮して、無病であることを十分に確認して試験を行うとともに、無接種の対照区との比較検討を慎重に行う。

（1）地上部接種法

a. 噴霧接種：培地上に胞子類を形成する属種では、新鮮な培養菌叢からやや高濃度の胞子懸濁液を作製し、噴霧器で植物全体によくかかるように接種する。別途、胞子発芽の有無を確認しておく。

b. 貼り付け接種：培地上における胞子形成の有無に関係なく接種可能である。新鮮な培養菌叢を、コルクボーラーなどを用いて、寒天ごと切り取って、植物の茎葉・果実など（接種部位は自然発生部位に合わせる）に貼り付け接種する。樹木などの大型植物では一部の枝茎を切り取り、また、果実では切り離して使用する場合もある。

前記（1）のa b ともに、傷痍性病害が疑われる菌種は、無傷接種のほか、有傷接種（柄付き針などを用いて付傷）・焼傷接種を併用する。

（2）地下部接種法

a. 土壌混和接種：培地上における胞子形成の有無に関係なく接種できる。PDA 培地、土壌・ふすま培地などを用いて所定期間培養したものを、鉢に詰めた滅菌土壌の表層または全層に希釈して混和接種後、接種植物を播種・移植する。

b. 土壌灌注接種：培地上に胞子類を形成する菌種では、新鮮な培養菌叢からやや高濃度の胞子懸濁液を作製し、滅菌土壌に接種植物を播種、移植後の鉢土表面に灌注接種する。別途供試菌の胞子発芽の有無を確認しておく。

c. 浸根接種：b と同様の方法で調製した胞子懸濁液に、あらかじめ滅菌土壌で育成した接種植物の根部を瞬時浸漬後、滅菌土壌を詰めた鉢に移植する。

3　基本培地の種類

絶対寄生菌以外の病原菌類は、ほとんど人工培養が可能である。これらの菌類は罹病植物から分離して純粋培養を行い、形態観察や病原性検定、あるいは生理・生態的特性検査などを目的として一定期間保存し、さらには将来の菌株比較実験のために長期間保存しなければならない。その場合、分離用培地・形態形成用培地・保存用培地（保存方法）には、組成や培養方法に相違があり、それぞれの菌種に適した、あるいは目的に沿った培地、培養の仕方および培養条件を把握しておく必要がある。

a. 素寒天（WA）培地：蒸留水に寒天のみを加えて固めた培地。罹病植物から組織分離・単胞子分離を行って純粋菌株を得るために、平板培地として用いられることが多い。なお、雑菌（とくに細菌類）の混入を防ぐために、抗生物質を添加することがある。

b. 天然培地：成分が天然物で、組成が詳しくわかっていない培地のこと。動・植物の浸出液や煎汁液を入れた培地で、菌類用にはジャガイモ・シュークロース寒天（PSA）、ジャガイモ・デキストロース寒天（PDA）が分離・接種・保存のすべてによく用いられる。しかし、病原菌の種類によっては、各種胞子などの形態形成が抑制されることがあり、形成促進用には、コーンミール寒天（CMA）、V8ジュース寒天、タマネギ寒天、アンズ寒天、稲わら煎汁寒天など、菌の形態形成特性に応じた様々な天然培地が考案されている。

c. 合成培地：化学成分の明らかな物質のみを用いて調製された培地。菌類用には Richards 培地、Czapek 培地やその変法培地などがある。病原菌の生理・生態実験のように培地の栄養成分が不変でなければならない場合、あるいは細菌の繁殖を比較的抑制するため、選択培地の基本組成としてもよく用いられる。

d. 固体培地と液体培地：固体培地は通常、寒天などを加えて固めたものを平板（シャーレ）、または斜面・高層（試験管）の状態で使用する。平板培地は分離、形態観察、接種源の調製、繁殖器官の形成などに、また、斜面・高層培地は保存に用いられる。長期保存のために、菌種によっては高層培地に流動パラフィンを流し込み、菌叢を空気から遮断することも行われる。液体培地は寒天などを加えない液体の培地で、菌糸体や胞子などを集めるのに適し、生理・生態実験や接種源として使用される。液体培地は菌体への酸素供給を目的として、しばしば振とう培養され、菌体の大量増殖が可能である。

ノート2. 16

植物病害診断における「コッホの原則」

　ある植物の生育障害診断において、被検株に伝染性病害の可能性があり、病徴・標徴が既知病害とは異なるか、または不明の場合には病原の同定を行う必要がある。その際、被害を及ぼしている微生物が病原体であることを証明するための一般的原則、すなわち「コッホの原則」に準拠して作業を進めなければならない。コッホの原則を「植物＝病原微生物」の相互関係にあてはめると、以下の手順になる（口絵 p 304；図 2.72）。

① 特有の症状をもつ病気が発生し、その病患部から特定の微生物が検出されること
② その微生物を純粋に取り出して分離・培養できること
③ 分離・培養した微生物を、分離源と同一種の健全植物に接種したとき、自然発病と同様の症状が再現されること
④ その再現された罹病植物の症状部から、接種源と同一の微生物が再検出・再分離されること

　ただし、①~④の条件が満たされないからといって、該当症状が伝染性病害ではないと断ずるのは早計である。古くなった病患部では病原菌が消失したり、二次寄生菌（雑菌）が優先することは、ふつうに見られる現象であり、また、接種試験（病原性の確認）は植物（宿主）の感受性の高い生育ステージと好適環境条件が整わない限り、原病徴が再現できないものである。これらのことを常に念頭に置きながら、実験を進める。

　培養不可能な微生物の場合は、②③の項目の分離・培養・接種試験について、以下のように準用する。例えば、絶対寄生菌である、さび病菌、うどんこ病菌、べと病菌などは単胞子、単胞子堆あるいは単菌叢由来の接種源（1個の胞子あるいは胞子堆から植物上で増殖させ、接種源とする）を用いることによって、病原の証明に代えることが通例である。また、コナジラミ類などの微小害虫による植物被害は、直接の吸汁害のみに留まらず、植物の奇形や機能の障害を伴うことがあり、この証明にもコッホの原則を準用できる。生理障害についても応用可能であるが、再現が困難であったり、明瞭な結果が得られない症例が多い。

＊ロベルト・コッホ（Robert Koch；1843 ～ 1910）はドイツの医学者、細菌学者であり、結核菌やコレラ菌などを発見した業績でも知られる。感染症の病原体を証明するための基本方針を提唱し、この指針が植物病原微生物の実証にも使われている。

e. 選択培地：植物組織内、空中、あるいは土壌中などから特定の菌類のみを分離するために用いられる培地をいう。基本組成（炭素源および窒素源などの種類選択も重要）に特殊な基質を加えて、目的とする菌類を特異的に増殖・発色させたり、逆に目的外の菌の発育を阻害することで、多種類の菌が混在する材料から、特定の菌を効率的に選択分離できる。土壌病原菌を対象として実用化されている選択培地が比較的多い。

Ⅱ-8　機器による樹木の腐朽診断

近年、街路樹などに材質腐朽病（生立木腐朽病）による倒伏被害が問題となっている。都市部では東京オリンピック開催時期（1964年）やその後の環境保全への高まりから都市緑化や工場などの緑化が推進されたが、当時植栽された街路樹などが更新時期に達し、材質腐朽性の菌類（主に担子菌類の多孔菌目、ハラタケ目などに所属する菌類）に侵されて倒伏したり、二次的に器物を損壊する被害が顕在化してきた。このため、とくに街路樹・公園樹木等の公共的樹木の的確な腐朽診断が求められている。

1　材質腐朽の種類

菌類による樹木の腐朽性病害の種類は、腐朽部位により、幹の地際部や根が腐朽する「根株腐朽」と、幹の比較的上部が腐朽する「幹腐朽」とに、また、心材か辺材かにより「心材腐朽」および「辺材腐朽」とに大きく分けられる。さらには、それらを組み合わせ、①幹心材腐朽、②根株心材腐朽、③幹辺材腐朽、④根株辺材腐朽、と呼ばれる。

材質腐朽菌類は属種によって伝染方法や生理的な性質、宿主の発生部位や腐朽様式などが異なる。例えば、ベッコウタケ（多孔菌目多孔菌科）、ナラタケ・ナラタケモドキ（ハラタケ目タマバリタケ科）などは根株心材腐朽、カワラタケ（多孔菌科）、カワウソタケ（タバコウロコタケ目タバコウロコタケ科）などは幹心材腐朽を起こす。一方、コフキタケ（多孔菌目マンネンタケ科）は多くの場合は幹心材腐朽であるが、しばしば根株心材腐朽を併せて起こすことがある。また、腐朽材部が変色するその色調によって「褐色腐朽」と「白色腐朽」に区別される。褐色腐朽はマツオウジ（キカイガラタケ目キカイガラタケ科）などに見られ、木材成分の中のセルロースだけが分解されるタイプの腐朽であり、腐朽の進行とともに材部は褐色となる。白色腐朽は木材中のセルロースとリグニンが同時に分解されるタイプの腐朽であり、腐朽が進行すると材部は白味を増す（カワラタケ、コフキタケ、ベッコウタケなど）。

2　材質腐朽の診断

心材腐朽に侵されると、腐朽が進行して樹体を維持できなくなり、倒伏による被害が発生することがある。被害防止策を施すには腐朽の程度を知る必要があるが、外部からは心材部の腐朽状況を診断することが困難な場合が多い。

古典的診断法としては、木槌を用いて樹体をたたき、その音の違いにより内部の腐朽や空洞の状態を推察したり、成長錐（生長錐）を樹体に挿入して内部組織を取り出し、腐朽の程度を目視し、さらには組織片を培養して病原菌を確認するなどの方法が採用されていたが、職人技的な経験を要したり、診断精度が必ずしも高くない、などの問題があった。

このような実情を背景として、その後、様々な機器が開発されるようになった。腐朽の様相は樹種、原因菌および植栽環境などが異なるため、必ずしも一様ではないが、幹腐朽や根株腐

朽に関してはデータの蓄積とともに、伐採の要否などの判断が機器による診断で可能になりつつある。地域の住民にとっては、シンボル的存在である巨木や年月を経た街路樹ほど、景観のみならず、管理の協力などを通して愛着の深いものである。仮に街路樹が腐朽病害に侵され、治療が難しくて伐採せざるを得ないような場合には、科学的なデータをもとに、住民の理解を得る必要があるだろう。

　以下に、幹内部の腐朽の状態を調査する機器として開発・使用されている製品と、その調査データの事例を示す（図2.73 - 2.75）。非破壊式とは対象の樹木を傷付けない手法であり、半非破壊式とは樹皮面から内部に、ドリル等で穴をあけるが、最小限の損傷にとどめて、傷の癒合は樹木の自然治癒力に期待する手法をいう。なお、木槌を用いた打診も、音を耳で判断するのではなく、数値や画像によって判断できる簡易で安価な機器が開発されている。

（1）レジストグラフ（半非破壊式）

　直径3mm程のドリル歯を回転させながら一定速度で貫入していき、その際に得られる回転ドリル歯に対する抵抗の大小で、空洞の位置や腐朽の状態を、ある程度正確に調べることのできる機器である。また、マツやスギ等の針葉樹では年輪が記録される。

（2）γ線樹木腐朽診断器（非破壊式）

　γ線は物質を透過する際に、物質による吸収によって線量が減少し、さらに物質の厚さおよび密度によって変化する。腐朽材は内部の密度が低下している現象から、γ線の透過線量が健全材に比較して高くなるため、高く検出された部分の大きさで、腐朽割合を計測することが可能となる。測定方法は、樹幹を挟んでγ線源とγ線検出器を水平にスライドさせながら行い、刻々のγ線透過線量をパソコンに取り込み、樹木が健全である場合のγ線透過線量推定値（計算値）との比較を行い、材内部の腐朽状況を推測し、図形化するものである。

（3）ピカス、インパルスハンマー（半非破壊式）

　ピカスおよびインパルスハンマーは、幹の内部を伝わる音波の速度を計測し、空洞や腐朽等がどの程度存在しているかを想定する機器である。インパルスハンマーによる調査では、ケヤキ・サクラ類等の堅木の健全木でおよそ800～1000m/s以上の値を示し、空洞率（腐朽あるいは空洞面積／断面積）が5割以上となるのはおよそ400m/s以下、ヤナギ類やプラタナスで、同じく約200m/s以下の値を得ている。ただし、根株腐朽の診断では、音波による調査は適さない。ピカスはインパルスハンマーを発展させたもので、樋内部の腐朽状況を推測し、段階的に色分けして図形化する。他にドクターウッズも同様に音響波を図形化するものである。

　根元（根株）部分は幹と根が接続する範囲であり、本来徐々に太くなる部分である。このような形態的特徴をもつ位置で、心材腐朽に対する樹木の反応（膨らみ）を発見することは無理であろうし、木槌打診による音の変化も聞き分けが困難である。根株は形状も不定形であることに加え、腐朽が下方ほど大きいと予想されるので、地際部で機器診断を行っても、地面下にある最大の腐朽部を捉えることが難しく、これらの機器診断で得た結果は参考資料にとどめるべきである。また、根株の心材腐朽に関しては発症場所が地面下であるため、地上部の枝葉に症状が現れ、あるいはキノコが発生していない限り、診断は至難といわざるを得ない。実際には、根部罹病の可能性が疑われた場合は、根元周辺を掘削した上で、目視を主体とした診断が確実ではないかと思われる（使用が可能な場所ではレジストグラフも有効）。

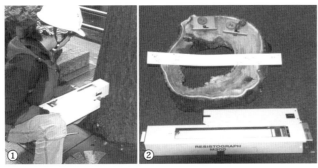

図2.73 レジストグラフ
① レジストグラフの作業状況：幹の表面からドリル歯を貫入する
② 調査幹の断面，データおよびレジストグラフの機器
③ データ（左は罹病木の腐朽部と空洞部を示す．右は健全木）：貫入時のドリル歯に対する抵抗の大きさを縦方向（高さ）に，貫入の深さを横方向に表す．データは相対的な高さとして得られ，腐朽部や空洞部では低い値を示す
〔①-③神庭正則〕

罹病木　　　　　　　　　　　　　　　　　健全木

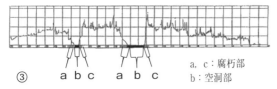
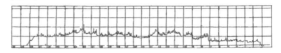

a, c：腐朽部
b：空洞部

図2.74 ガンマ線樹木腐朽診断器（GTC-γ 0.7T-ABL）〔口絵 p 305〕
① 機器の設置状況
②③ 同時に計測される測定部位の樹木の断面形状と腐朽部・空洞部の面積
〔①-③飯塚康雄〕

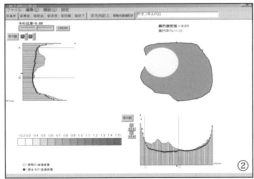
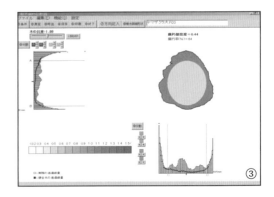

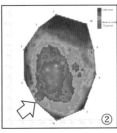
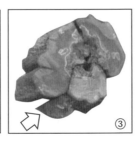

図2.75 ピカス
　　　（PICUS Sonic Tomograph）
〔口絵 p 305〕
① 設置状況（矢印は子実体の発生部位）
② データ：色分けされた腐朽部・空洞部の面積
③ 実際の断面の状況
〔①-③（有）テラテック〕

438 〔第Ⅱ編〕 第Ⅱ章 菌類病の観察・診断の基礎と実際

Ⅱ-9 害虫の被害と菌類・菌類病との関わり ～事例を見る～

1 すす病と微小害虫の寄生

「すす病」はきわめて多くの植物に発生し、枝葉や果実等に黒色粉状の菌叢が拡がり、ときにはそれが膜状になって植物表面を被い、外観を著しく損ねる（図2.76）。やがて菌膜は剥がれ、更新される。病原菌の多くは子嚢菌類であり、「すす病菌」と総称される。

すす病菌には2つのタイプがある。1つは吸器あるいはそれに類する器官を有し、植物に寄生する（図2.77）。もう1つはカイガラムシ、アブラムシ、コナジラミのような微小昆虫の排泄物や分泌物を栄養源として摂取し、植物体表面に進展するものである。山本（1942）は栄養摂取法から、これらを次の5つのタイプに分類した。すなわち、①内部寄生菌＝内生菌糸が細胞間隙を伸展し、吸器あるいは吸器様物をその細胞内に挿入して内部寄生を行う、②準外部寄生菌＝表皮細胞あるいはその直下の細胞に吸器を挿入して寄生を行う、③外部寄生菌＝表生菌糸に菌足（頭状付属枝）を生じ、表皮細胞壁を通して直接養分を摂取する、④外部腐生菌＝葉表面の表生菌糸が葉上の虫体の排泄物を摂取する、⑤外部寄生兼外部腐生菌＝表生菌糸に菌足を生じ、表皮細胞壁を通して直接養分を摂取するが、虫体の排泄物が付着した場合には、それも摂取する。

すす病の発生によって、枝葉や樹が枯死することは少ないが、光合成が妨げられ、樹勢は徐々に衰える。一般的に、すす病の発生が多いところは日陰で風通しが悪くて、植物の生育にはあまり適さず、剪定などの管理が行き届いていない。さらには、このような環境を好む微小昆虫（害虫）の繁殖場所にもなっており、これらの様々な条件が重なって、すす病が蔓延するものと考えられる。

〈参考〉山本和太郎（1942）日植病報 18：102-106.

図2.76 すす病の症状　〔口絵 p306〕
①タバココナジラミの寄生による症状（トマト）
②キジラミ類の寄生による症状（ヤブサンザシ）
③カイガラムシ類の寄生による症状（トベラ）

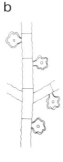

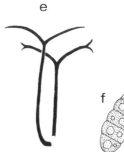

図2.77 寄生性すす病菌の例
Asterina camelliae：a. ツバキの症状　b. 菌糸と菌足
Meliola dichotoma：c. キヅタの症状　d. 菌糸と菌足　e. 剛毛　f. 子嚢胞子

〔勝本　謙〕

2　樹木の枝や幹に発生する「こうやく病」とカイガラムシの関係

晩秋、葉が散る頃になると、サクラやケヤキなどでは、枝や幹の樹皮に黒色あるいは褐色を呈し、ビロードのような菌体が貼り付いている様子が一層際立って観察される（図2.78）。これは菌類の一種が樹皮の表面に繁殖して拡がったもので、湿布薬（膏薬）を貼ったようにみえることから「こうやく病」と呼ばれる。こうやく病の発生には、カイガラムシ類の寄生と密接な関係をもっている場合が少なくない。

(1) 被害症状

樹木の枝や幹の表面を厚さ1 mm位で灰色、褐色、黒色などの色調をもったビロード状の菌糸膜が被う。菌糸膜は円形〜楕円形で、枝幹を取り囲むように拡大して、しばしば長さ10 cm以上になる。菌糸膜の表面は、はじめ平滑であるが、古くなると亀裂が入り、剥がれて脱落する。発生が多いと被害樹は美観を損ない、ときには罹病枝が衰弱枯死する。

(2) 病原菌

病原菌は担子菌類の*Septobasidium*属に所属しているが、カイガラムシ類と共生する特性を具備している。我が国では12種類が知られており、病原菌の種によって多種の樹木に寄生するものと、限られた樹種にのみ被害を現すものがある。また、共生するカイガラムシの種類が決まっている本病害種が多い。主要なこうやく病の種類とその病原菌、宿主となる樹種、菌糸膜の色調および共生するカイガラムシ類は次のとおりである。

① 灰色こうやく病（病原菌：*S. bogorience*）：各種広葉樹を侵す。菌糸膜は灰白色〜灰褐色でクワシロカイガラムシと共生する。

② 褐色こうやく病（*S. tanakae*）：各種広葉樹を侵す。菌糸膜は褐色〜暗褐色、クワシロカイガラムシと共生する。

③ 黒色こうやく病（*S. nigrum*）：宿主範囲は上記2種より狭い。菌糸膜は黒色、サクラアカカイガラムシと共生する。

④ トドマツこうやく病（*S. kameii*）：地域限定種で、トドマツニセカキカイガラムシと共生する。菌糸膜は褐色。

＊①〜③は各種の緑化樹木にしばしば発生し、④は北海道で林木を侵す。

(3) カイガラムシ類との関係

カイガラムシ類の幼虫は、こうやく病菌の担子胞子を体表に付けて移動・伝播し、病気を拡散する。幼虫の体表には菌糸が伸長する。幼虫は、菌の寄生により養分を摂取されることもあるが、ふつうは正常に吸汁活動を行いながら成長する。その際、樹皮表面を被った菌糸膜は、カイガラムシの虫体を外敵から保護することにもなっているようである。

病原菌はカイガラムシが生息していない場所

 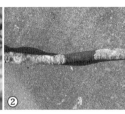   

図2.78　こうやく病の症状と子実体　　　　　　　　　　　　　　　　　　　　　〔口絵 p 306〕
①褐色こうやく病（ウメ）　②灰色こうやく病（フジ）　③褐色こうやく病（シキミ）
④黒色こうやく病（サクラ）　⑤灰色こうやく病菌の子実体（サクラ）　　〔①牛山欽司　②-⑤周藤靖雄〕

においても、枝幹に外部寄生あるいは侵入する事例があるが、カイガラムシ類が寄生した場合には、吸汁によって樹皮が損傷を受け、その部分から病原菌が侵入しやすくなり、被害がより一層広範囲に、しかも枝幹の内面深くに及ぶものが多い。

カイガラムシ幼虫の発生期に、カイガラムシ類に有効な殺虫剤を散布することによって、その密度を低下させる。また、こうやく病菌の菌糸膜をワイヤーブラシなどで剥ぎ落とし、そこに防腐癒合促進剤（一般名：チオファネートメチル塗布剤）を塗布することにより、被害を軽減できる。

3 松枯れを起こす線虫とカミキリムシ・菌類の関係

海岸や里山を優雅に彩る、アカマツやクロマツ（以下、マツ）が枯れる被害は、明治期から詳細な記録が残されている。しかし、その原因がマツノザイセンチュウ（以下、センチュウ）という、体長 0.6～1 mm 程度の線虫によってもたらされる事実が判明したのは、1960 年代末から 70 年代初頭のことであった。

永年にわたる研究が実を結び、社会問題にもなった、この線虫によるマツ枯れ被害には、「材線虫病」という病名が付されることとなった。当初、本病は瀬戸内海や九州地域など、気温の比較的高い地域に被害が集中していたが、発生域が徐々に北上し、現在では北海道を除く全域に分布するようになっている。

(1) 発病の経緯
　　～線虫とマツノマダラカミキリ～

感受性のマツ（アカマツ、クロマツ、リュウキュウマツなど）の樹体内にセンチュウが侵入すると、まず樹脂の滲出が止まり、次いで仮導管が詰まる。その結果、通水が阻害され、最初は枝ごとに針葉の黄化症状が現れ、ついには樹全体が急激に黄変～褐変、枯死する。センチュウをマツに接種すると、2～3 か月で枯死に至るほど、症状は急激に進行する（図 2.79）。

ところで、センチュウはどのようにしてマツに侵入し、そして次々と伝搬を繰り返すのか、センチュウとマツノマダラカミキリ（以下、カミキリ）の年間生活サイクルを通じた密接な関係をみてみよう。

① カミキリはマツの樹脂滲出が低下するなど、「衰弱したマツ」に好んで産卵する。そして材線虫病の被害地域において衰弱したマツには、センチュウに感染している個体が多い。ここで、センチュウとカミキリはマツを介在し、必然性をもって遭遇することになる。センチュウは主に樹脂道を通り、樹体内に蔓延増殖する。

② 秋季に孵化したカミキリの幼虫は、樹皮下の内樹皮を摂食して育つ。やがて幼虫は内側の材部に侵入して蛹室をつくり、その中で蛹となって越冬する。

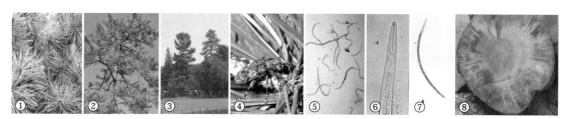

図 2.79　松枯れの被害とマツノザイセンチュウ　　　　　　　　　　　　　　　　　　　〔口絵 p 306〕
①葉の淡褐変～褐変症状　②発病初期～中期症状　③公園のシンボルツリーの被害　④マツノマダラカミキリ
⑤-⑦マツノザイセンチュウ（病原体）　⑧青変病菌により変色したアカマツの材部
〔①⑤近岡一郎　④竹内浩二　⑥⑦牛山欽司　⑧周藤靖雄〕

③蛹室には周辺からセンチュウが集まり、春季にカミキリが羽化する頃には、センチュウが蛹室内に入り、カミキリの腹部の気門（空気の取り入れ口）内に潜み込む。

④センチュウを腹部に抱えたカミキリは、マツから脱出して飛翔する。

⑤初夏、新成虫が健全なマツの若い枝の樹皮を摂食する（後食という）。このときに、センチュウはカミキリの体内から離脱し、マツに侵入する。

⑥後食したカミキリは性成熟が促され、「衰弱したマツ」に飛翔し、産卵する。

(2) センチュウの増殖と樹体内の菌類

松枯れを起因するマツノザイセンチュウは、灰色かび病菌（*Botrytis cinerea*）などでも容易に培養できる。すなわち、菌食性線虫の一種である。カミキリに寄生してマツ樹体内に侵入したセンチュウは、一部がすぐに分散移動する。はじめはマツの柔組織を摂食すると考えられている。しかし、外観的に針葉の変色・萎凋が見られる頃には、センチュウは爆発的に増大して、柔細胞を摂食できなくなっている。一方、この時期には青変菌（*Ophiostoma*属菌ほか）な

どが優先しており、センチュウが摂食する餌として重要な役割を担うようになる。

このように、松枯れにはマツノザイセンチュウ、マツノマダラカミキリ、青変菌などの菌類が相互に密接に関わり合っているのである。

4　カシノナガキクイムシとナラ・カシ類樹木の萎凋病

1980年代以降、ナラ・カシ類が集団で萎凋枯死する被害は、日本各地で発生している。このような被害は「ナラ枯れ」と総称され、病名は「ブナ科樹木 萎凋病」と命名された。2010年には本州および九州の30都府県で、本病の発生が確認されており、現在も被害は増加傾向にある。本病の発生には、体長5mm程度のカシノナガキクイムシ（*Platypus quercivorus*、以下、カシナガ）が深く関与している（図2.80）。

(1) 被害症状

枯死被害はブナ科の樹木に認められ、コナラ属、クリ属、シイ属、マテバシイ属の15種で報告されているが、ブナ属のブナとイヌブナには発生していない。被害木は7月後半から10月頃、葉が急激に萎凋して赤褐色になり、枯死

図2.80　ナラ類の急性萎凋とカシノナガキクイムシ　　　　　　　　　　　　　　　　　〔口絵 p307〕
①ミズナラの被害症状　②スダジイの被害症状　③幹表面から排出されたフラス　④被害木の周囲に堆積したフラス
⑤孔道内のカシノナガキクイムシ幼虫　⑥被害木の横断面　⑦ナラ類萎凋病の病原菌　⑧同・菌糸，分生子柄，分生子
⑨カシノナガキクイムシの雌成虫　⑩カシノナガキクイムシの菌嚢　　　　　　〔①④⑥-⑩松下範久　②③⑤竹内 純〕

する。枯死木の樹幹部には多数のカシナガが穿孔しており、穿入口から排出された大量のフラス（木屑とカシナガの糞の混合物）が地際部に堆積する。カシナガが穿入した樹幹の辺材は、孔道に沿って褐色～黒褐色に変色する。

(2) 病原菌とカシナガとの関係

本病の病原菌は子嚢菌類 *Raffaelea quercivora*（以下ラファエレア菌）で、カシナガによって媒介される。カシナガは、ナガキクイムシ科のキクイムシで、雌の背中（前胸背板）には、菌嚢（マイカンギア）と呼ばれる円形のくぼみが10個程度ある。カシナガは、この菌嚢の中にアンブロシア菌と総称される共生菌を入れて樹体内に穿孔し、孔道壁に菌嚢中の共生菌を植え付ける。

その後、カシナガは孔道内に産卵し、孵化した幼虫は孔道壁に増殖した菌を摂食しながら成長する。そして翌年の6～7月頃に成虫になり、菌嚢の中に共生菌を入れて枯死木から脱出し、新たな樹木に穿孔する。このように、カシナガは材を摂食せず、孔道内に増殖させた菌を摂食している。このようなキクイムシのグループは「養菌性キクイムシ」と呼ばれている。

ラファエレア菌は、アンブロシア菌と一緒に孔道内に持ち込まれ、孔道壁から材内に侵入する。ラファエレア菌が侵入した辺材部では、導管が機能不全になり、通水が阻害される。しかし、樹木組織の防御反応により、ラファエレア菌は孔道周辺の限られた組織にしか侵入することができない。そのため、1本もしくは少数の孔道からラファエレア菌が侵入しても、樹木が枯死することはない。

ところが、多数のカシナガが1本の樹木に集中加害すると、ラファエレア菌がそれぞれの孔道から同時に侵入するため、多数の導管が同時に機能不全を起こし、その樹木は枯死してしまうのである。

現在、本病を防除するために、被害木のくん蒸や焼却によるカシナガの駆除、健全木への粘着材の塗布、あるいはビニルシート被覆によるカシナガの侵入予防などが実施されている。また、健全木へ殺菌剤を樹幹注入する単木的な予防対策も行われている。

〈参考〉黒田慶子（2011）ナラ枯れの発生原因と対策．植物防疫 65：162-165.

5　寄生性線虫と土壌伝染性病害との相乗作用

土壌伝染性の菌類病を起因する病原菌類のうち、主に根部から侵入する代表的な種類には、*Fusarium* 属菌、*Pythium* 属菌、*Verticillium* 属菌、根こぶ病菌（*Plasmodiophora brassicae*）、疫病菌（*Phytophthora* 属菌）の特定種などがある。既述のように、これらの病原菌は宿主が存在しない場合には、厚壁胞子・微小菌核・卵胞子・休眠胞子などの耐久生存器官（耐久体）をつくって、土壌中で長期間休眠的に生存している。通常、耐久体は土壌条件や無機態の栄養源によっては発芽せず、特定の糖類・アミノ酸などにより休眠が打破され、発芽する。さらに、その後の活動にもつねに新鮮な有機態の窒素や炭素源が必要であり、土壌中においてこれらの物質を供給するのは植物根であることが、多数の病原菌で証明されている。

図2.81　ナス半身萎凋病とネコブセンチュウ
〔口絵 p307〕
①ナス半身萎凋病の激発被害
②同上株の根にネコブセンチュウ類が寄生

ノート2.17

虫えい（虫こぶ）のあれこれ

　「虫えい」とは：昆虫やダニ類などから出される何らかの刺激に対して、植物が組織分化の途上で反応し、その結果、植物の一部の細胞が異常に増殖・肥大したり、無核や巨大核、多核など核に異常が生じたり、あるいは組織分化の過程が非正常に変ずることによって、組織や器官が異常な形状を示すようになる（図2.82）。これを「虫えい」という。一般には、組織がこぶ状に肥大するものが多いので「虫こぶ」とも別称されるが、逆に、組織が縮小するものもある。これらと類似した症状は、ウイルス、菌類（「菌えい」と呼ばれる）、細菌類、線虫類などによっても生じる場合があり、診断に迷うことも少なくない。

　虫えいが形成される植物とその部位：虫えいの形成は高等植物全般にわたるが、どの植物群にも同じように形成される訳ではなく、植物の分類群と虫えい形成者にはかなりの特異性が見られる。また、虫えいは植物の成長反応の過程で生じるものであるから、虫えいが形成される植物の部位は、細胞分裂が盛んに行われている成長点や形成層、根などに限られることが多く、組織分化が完成した古い枝や葉には、通常、新たに虫えいは形成されない。虫えい形成者は新芽・新梢、新葉、髄、蕾、花、幼果、根などに産卵し、植物の成長とともに虫えいも大きくなる。

　虫えいの形状：虫えいの全体形状は形成される植物の種類や部位により異なる。芽では円錐形や球形、ロゼット状になることが多く、茎や枝では紡錘形や不規則な凸凹となり、多数が連続した場合は長大なものとなる。また、葉に形成される虫えいの種類はもっとも多く、形状も様々である。葉縁や葉身全体が上方・下方に巻かれたもの、葉全体や一部が折り畳まれたもの、葉の表面・裏面にいぼ状、角状、こぶ状、袋状、半球形などに突出したもの、葉の両面に突出して、全体としての形状が球形、円盤状、紡錘形、火膨れ状などに肥大したものなど、変化に富んでいる。

　虫えい内部：虫えいには、ひとつの虫室があって1匹、あるいは複数の幼虫が同居している場合や、複数の小さな虫室があってそれぞれ1匹ずつ入っているものがある。虫室には開放型と閉鎖型があり、前者では葉が巻かれたものや折り畳まれたものなどがあり、後者は虫えい形成者が脱出するまで外界とは遮断されている（脱出口は薄い膜状となっている）。

　虫えいを形成する昆虫・ダニ類：我が国では虫えいを形成する昆虫・ダニ類が1,400種以上記録されている。昆虫の分類群別では、タマバエによるものがもっとも多く、全体の半数近い。次いで、タマバチ、アブラムシ、キジラミ、タマワタムシ、ハバチ、スカシ

バガの順となる。その他、少数であるが、クダアザミウマ・アザミウマ、グンバイムシ、コナジラミ、カサアブラムシ、フィロキセラ、カイガラムシ類、小蛾類、ミバエ、キモグリバエ、ハモグリバエ、ハナノミ、ホソクチゾウ、ゾウムシ、コバチ類などが知られている。また、ダニ類の仲間では、フシダニによって虫えいが形成される種類が、とくに多数確認されている。

虫えいの和名：虫えいにはそれぞれ名が付けられている。「寄生植物和名＋形成部位＋形状を示す言葉＋えいであることを示すフシ」で表すことを原則とする。ただし、1属に多数の種を含んでいる植物群、例えば、ヤナギ属・ツツジ属などに対して、同一形成者が形状のよく似た虫えいを形成するときは、虫えいの和名に個々の寄生植物の和名を用いずに、一括して、ヤナギ・ツツジなどを用いる。

[例] (1) エノキハトガリタマフシ（エノキハトガリタマバエ；エノキの葉表裏・葉柄・新梢などに円錐形の尖った虫えい）
(2) ヨモギクキワタフシ（ヨモギワタタマバエ；ヨモギの茎に球形で、表面に白色の長毛が密生して綿塊のようになった虫えい）
(3) ヤナギエダコブフシ（寄生植物：シダレヤナギなど、ヤナギエダタマバエ；ヤナギ属植物の小枝に不整球形・半球形・紡錘形などに肥大した虫えい）
(4) ツツジミマルフシ（寄生植物：ヤマツツジなど、タマバエの一種；ツツジ属植物の実に不整形に肥大した虫えい）

図2.82 虫えいの各種症状 〔口絵 p308〕
①②クリの被害：メコブズイフシ（②クリタマバチ）
③④ブドウ葉の被害：ブドウハケフシ（ブドウハモグリダニ）；「毛せん病」の病名がある
⑤-⑦セイヨウバラの被害：バラハタマフシ（バラハタマバチ；⑤表面に刺がある ⑥幼虫室は数複 ⑦幼虫と虫えい）
⑧⑨ヤブニッケイ葉の被害：ニッケイハミャクイボフシ（ニッケイトガリキジラミ）
⑩イヌシデの被害：イヌシデメクレフシ（フシダニ科ソロメフクレダニ）
⑪エノキの被害：エノキハイボフシ（フシダニの一種）
⑫⑬エゴノキの被害：エゴノキハヒラタマルフシ（エゴタマバエ）　　　〔①②近岡一郎　③牛山欽司　⑩⑪竹内浩二〕

一方、ネコブセンチュウ類・ネグサレセンチュウ類・シストセンチュウ類は、主に卵の形態で土壌中に長期間耐久生存を続けるが、休眠卵が孵化する条件も特殊な有機質養分の存在であることがわかっている。

植物の根から分泌される物質には、多種の糖類、アミノ酸類、有機酸類、ビタミン類、核酸類、酵素類などが含まれており、これらの有機化合物は微生物の栄養源として、直ちに役立つものばかりである。なお、植物の種類によって分泌物の組成が異なり、また、分泌量は古い根で少なく、よく活動している新鮮な根の先端部分で多い。

多くの土壌伝染性病害は根の損傷がなくても発病するが、通常は根に付傷部が存在すると発病が助長される。根が傷付く原因としては、移植時の断根による「植え傷み」のほか、化学肥料の過剰施用による高濃度障害や土壌の過湿による「根傷み」などがある。

他方、生物的な根の付傷要因としては土壌害虫、とくに寄生性線虫によって生じる場合も決して少なくないのである。とりわけ、ネコブセンチュウ類やネグサレセンチュウ類は寄生植物の範囲がきわめて広く、直接的な線虫害とは別に、根が傷付くことによって各種土壌病原菌に侵入門戸を提供していることは間違いないが、発病の助長要因が、単に傷口ができたためだけではなく、植物根からの分泌物質の漏出量の増加が関与していることも、詳細な実験から明らかになってきた。

土壌伝染性病原菌類における耐久生存器官の発芽助長作用の及ぶ根面分泌物質の範囲は、植物の種類、生育相、栽培条件、作物の活力などによって異なる。例えば、キュウリつる割病菌の厚壁胞子・分生子の発芽状況を調査したところ、健全なキュウリ根の先端部では、48時間後の影響範囲をみると、根面から0.2mmまでであったのに対し、ネコブセンチュウのこぶの周辺では、約1mm離れた場所に存在する胞子も発芽が促進されたという。

このようにして、とくに植物根の先端部から分泌される有機化合物の刺激によって寄生性線虫の休眠卵が孵化し、根端から侵入、定着すると、その部位からさらに多量の有機化合物が分泌され、病原菌の胞子・菌核などの発芽とその後の活動がより一層促進され、根端からの宿主侵入や感染を増高させるものと考えられるようになった。

このことは、ウリ科野菜 つる割病・トマト萎凋病とネコブセンチュウ類、ナス半身萎凋病とキタネグサレセンチュウ・ネコブセンチュウ類（図2.81）、アズキ落葉病とダイズシストセンチュウ、などで既に明らかにされているが、おそらくは、他の作物・土壌伝染性病害と寄生性線虫との組み合わせにおいても、同様の現象が起こっている可能性は高いものと推察されるのである。こうした寄生性線虫との「相乗作用（synergism）」は菌類病だけではなく、各種植物の青枯病・軟腐病やニンジンこぶ病などの土壌伝染性細菌病においても確認されている。

Ⅱ-10　病名目録と新病害の登録

1　植物病名目録

有用植物の病気にはそれぞれ固有の名前が付けられていて、これを病名という。植物病名は「日本植物病名目録」（日本植物病理学会編、2000、2012）にまとめられている。

明治期以降、植物病害の研究が進み、多くの病害が報告され、また、病名が提案されてきたが、一つの病気に対して複数の病名が存在することは珍しくなかった。このため、診断や対策を講じるにあたり、かなりの混乱がみられてい

た。そこで、日本植物病理学会では、1934年以降、病名を統一することが論議され、1937年には学会として初めて「有用植物病名調査」が刊行された。その後、病名調査委員会が発足し、明治期以降の文献に基づいて、病名に関する詳細な調査が実施され、「有用植物病名目録」として食用作物、野菜等の分野別に全5巻が1960～1993年の間に順次発刊された。そして2000年には、その後の新病害を網羅するとともに、全分野を統合した「日本植物病名目録」（以下、病名目録と略記）が発刊された。

病名目録には、日本国内で発生した新病害名と、輸入検疫において発見された病害名、日本の研究者が外国に発生した病気について命名した病名などが網羅されている。植物（品目）別に病名が掲載され、各病名の項には、その読み方、英病名、異名、病原体（学名）、根拠文献（病名の初出文献、病原菌所属の文献など）、備考（接種再現の有無、特記事項など）が記述されている。次いで、2012年にはこの病名目録（2000年版）およびその後に提案された病名について、電子版としての第2版が刊行され、この内容は植物の科ごととされた。

その後に新提案された病名は、同目録の「追録」として、学会ホームページに掲載されている。追録への登載項目には、新病害名（細目は本編と同様）の他に、病名の変更、病原学名変更、病原追加、病原に関わる重要文献の追加などがある。なお、検索には農業生物資源ジーンバンク（農業生物資源研究所所管）の「日本植物病名データベース」が便利である。

2 病名採択基準

植物病名は原則的には、最初に新病害として報告した著者（発表者）の命名した病名が優先される。公表された病名は著者が申告あるいは日本植物病理学会病名委員会が文献から拾い出して整理したリストをもとに、審査を行い、公表内容が適正と判断されたものについて、「日本植物病名目録」および同追録に登載される。

病名の付け方について、病名委員会では以下の採録基準を設けている。

a. 病徴、病気の性質を的確に表す病名とする。

b. 原則として1植物ごとに1病名、1病原とする。異なった2種以上の病原によって起こる病気で、病徴による区別が困難なものについては1病名とする。

c. 同一病原が種々の植物を侵すものは、病原に共通した病名を採用する。

d. 原則として、細菌、線虫および動物による病気は「○○細菌病、○○線虫病、○○（動物名）病」とする。

e. 病名は原則として当用漢字を用いるが、その他、常用漢字以外の指定した漢字（褐・斑・萎・縞・疽・凋・叢・穎・尻）、「ひらがな」および「カタカナ」を使用する。

3 病名の付け方

植物の病名は症状の特徴や病原菌名などに基づいていることが多い。しかし、同一の病名であっても病原体が違うことがある。例えば、同じ「うどんこ病」や「さび病」であっても、植物の種類により、病原菌の種類（分類学的所属）が異なる。マツ類こぶ病とヤマモモこぶ病は、前者が菌類（さび病菌の一種）、後者は細菌である。一方で、同一の病原体による病気でも、植物や発生部位の違いにより、別の病名が付けられている場合がある。ナシ赤星病とビャクシンさび病は、宿主植物と病徴は異なるが同一種のさび病菌 *Gymnosporangium asiaticum* によるものである。また、モモ輪紋病といぼ皮病は発生部位と病徴を異にするが、同一病原菌 *Botryosphaeria dothidea*（*B. berengeriana* f.sp. *piricola*）によるものであり、発生部位により病原が同一でも異なる病名が付けられていることがある。

このように、病名だけを表記すると混乱を招く場合や、固有の病気を示す場合は、植物名と病名を組み合わせて表記する必要がある。

病名は以下の例のように、症状や標徴、病原体などから付けられる。

a. 地上部の全身症状：萎凋病、株腐病、半身萎凋病、立枯病など

b. 斑点症状：赤星病、円斑病、褐斑病、黒斑病、白星病、白斑病、斑点病など

c. 茎の症状：茎枯病、茎腐病、つる割病、茎えそ病など

d. 根部の症状：根腐病、褐色根腐病、黒点根腐病、根黒斑病、根頭がんしゅ病など

e. 花の症状：花枯病、花腐病、花腐菌核病、花腐細菌病など

f. 標徴に由来する名：青かび病、菌核病、うどんこ病、白絹病、すすかび病、そうか病、灰色かび病、葉かび病、白粉病、もち病、てんぐ巣病、こうやく病など

g. 病原群名：ウイルス病、黒穂病、疫病、うどんこ病、さび病、炭疽病、ファイトプラズマ病、べと病、変形菌病、根腐線虫病、根こぶ線虫病など

h. 病原菌属名：グノモニア輪紋病、ペスタロチア病、マルゾニナ落葉病、ペニシリウム腐敗病、ホモプシス根腐病など

i. 多犯性病原体による病名統一：青枯病、菌核病、白絹病、白紋羽病、炭疽病、灰色かび病、紫紋羽病など

j. ウイルスによる病気：ウイルス病、えそ斑点病、えそ病、モザイク病、萎縮病、黄化葉巻病、黄化えそ病など

k. ファイトプラズマによる病気：黄萎病、葉化病、ファイトプラズマ病など

l. 細菌による病気：斑点細菌病、黒腐病、条斑細菌病、褐斑細菌病、軟腐病、腐敗病、萎凋細菌病、花腐細菌病など

以上のうち、病原菌属名を病名に用いるには次の点を考慮しておく必要がある。現在、分子生物学を基礎とした分類体系の見直しが進んで、属種の統合や転属が相次いでおり、著名な属であっても、転属などにより新たな属名が採用されることがある。例えば、ペスタロチア病は病原菌属名の *Pestalotia* に由来するが、この属は現在では *Pestalotiopsis* などの数属に細分され、従来 *Pestalotia* 属に所属していた多くの種が *Pestalotiopis* 属に転属されており、病名と病原菌学名が一致しなくなった。アナモルフの属名で命名された病気の病原菌には、のちに、テレオモルフが確認される事例もでてくるであろう。また、学名のカタカナ読みは時代とともに変遷することがある。このため、菌類病の病名には、病原菌の属名を安易にカタカナ読みして採用すべきではない。その一方で、英病名においては病原菌の属名をそのまま付けることがふつうに行われている。例えば、Phytophthora rot（例：キュウリ疫病）、Valsa canker（リンゴふらん病）、Entomosporium leaf spot（カナメモチごま色斑点病）、Verticillium wilt（トマト半身萎凋病）などがある。

なお、病名では送りがなを省略する。例えば「根腐れ病」「立ち枯れ病」ではなく「根腐病」「立枯病」と表記する。

4　新病害の公表時に必要な記載事項

病名などに関する学術報告には、発生確認年月、発生場所（県名など）、宿主植物の和名・学名、発生状況、病徴、病原名、同定の根拠、ならびに病原性の証明（病徴再現）のすべてを記載することが必要である。

なお、ウイルス、ファイトプラズマ、その他の培養できない病原体（菌類などは除く）については、2種類以上の同定方法（例えば、血清診断手法と遺伝子診断手法の組み合わせ）による病原同定が望ましい。

Ⅱ-11　主な農作物・樹木類の主要病害と診断ポイントおよび対処法

上述のように、植物には様々な生育障害が発生し、それらは、病原体による伝染性の病害や、害虫・雑草、非生物的要因による生理障害（生理病）などに類別される。第Ⅰ編では、病原体の中でも菌類の系統分類に沿って、菌群ごとに形態・生態、ならびに主要な病気の症状などを記述し、この第Ⅱ編では、菌類病の特徴およびその防除法を紹介するとともに、細菌・ウイルスなどの他の病原体による病害や、害虫・生理障害の診断ポイント、菌類病との相違点などを概括してきた。

植物医科学において、本書の表題の「植物病原菌類を見分ける」意義とは、当然のことながら菌類の分類学を究めることではない。その意義はあくまでも「生育障害を診断する一環」であり、その障害の原因を明らかにするとともに、適切な対処法の構築や現地での対処、さらには効果を検証するための、端緒・基礎知見と位置づけるべきものであろう。そして、伝染性病害における診断と対処法提示の過程は、例えてみれば、主因・素因・誘因という3枚のフィルターを通すことにより、ばらばらであった図柄がひとつの実像に収斂していくようなイメージを描けよう。

ここには最終章として、主な農作物や樹木類における主要病害を取り上げ、それぞれの作目や樹種に発生した病害を、他の病害と区別するための診断ポイント、ならびに対策の概要について簡潔にまとめ、実践的な現場対応への指針事例とする。

1　診断ポイントと対策の概要（総括）

(1) 診断のポイント

対象品目・樹種における主要病害の種類と症状は、ひととおり把握しておきたい。把握のポイントは、まず、病原体の種類の大枠（菌類・細菌・ウイルス・線虫などの区別）であり、各病因による特有な症状を確認しておく（第Ⅱ編Ⅰ-2、p 351を参照）。すなわち、菌類病は多様な症状を示すが、多くの種類では病原菌の子実果、あるいは胞子の集塊が標徴として病患部に現れ、診断の有力な証拠となる。細菌病では病斑周辺の黄色ハロー、浸潤・菌泥の滲出などが見られ、表面が粗い癌腫・こぶを形成する種類もある。ウイルス病ではモザイク症状、矮化等の奇形症状が顕著である。ネコブセンチュウ類・ネグサレセンチュウ類のような土壌線虫による地上部の被害は、土壌伝染性の菌類病や細菌病と紛らわしいが、根部に表面平滑なこぶを連続的に形成したり、特有の食害痕を生じるなど、根部の症状により判別が可能となる。

症状の発生部位も診断の重要なポイントであるが、とくに地上部全体に萎凋等の症状が現れた場合には、地下部の異常の有無に留意する。一方、地上部病害の場合は、葉を例にとれば、病斑が中央あるいは端部から進展するか、大きさ・形態、病斑の周縁が明瞭か、色調、輪紋の有無、病斑上の菌体の形状・色調など、いずれも病名を推定ないし特定できるだけの有力な観察ポイントとなる。また、宿主植物の種類・品種・作型・施肥等の栽培条件に加え、病原の活動は温度・降雨等の気象条件、あるいは物理的・化学的・生物的な土壌条件（とくに土壌伝染性病害）によっても制限されるので、これら環境要因の把握も診断上の重要項目である。

なお、植物の生育異常の原因は微生物による場合だけではなく、診断を依頼されるおよそ半数は各種の生理的な障害であり、また、ダニなどの微小害虫が原因となる被害の中にも微生物病と症状が紛らわしいものも少なくない。症状の原因解明はその対策に直結するので、急を要するのはいうまでもないが、一方で、曖昧な

まま即断するのではなく、診断とはいろいろな可能性を一つひとつ潰していく作業であることも留意しておきたい。

(2) 対策（防除指針）

生育障害を診断する意義と重要性は、先述したように（Ⅱ編Ⅰ-1章，p 328 を参照）、一義的には、病名と病因を突き詰めることであるが、それに留まらず、対処法（処方箋）を提示し、さらには、その対策が現地において有効に働いているかを検証し、改善が必要であれば再度の対策を明示し、実証することをも含むものである。生産現場に限っていえば、対策を付帯できない診断は、診断のための診断という誹りを免れないだろう（ただし、対策不要という判断はあり得る）。近年は植物病害・害虫・雑草対策として、「総合的病害虫・雑草管理（IPM；Integrated Pest Management）」が強く推奨されている（詳細は、植物医科学叢書 No.4「植物医科学の世界」XI章を参照）。そこで、この中から多くの病害に共通的な対策項目を以下に挙げる。これらを防除対象の病害の特性に応じて計画的に組み合わせ、処方箋を作成し、対策を施すことになる。

a. 物理的防除法：熱利用による種苗消毒、太陽熱・蒸気・熱水利用土壌消毒（施設圃場、鉢用土が中心）、光質・色の利用、防虫資材（防虫ネットなど；ウイルス媒介虫の防除）の利用、光反射資材（マルチフィルムなど；ウイルス媒介虫の防除）の利用、袋かけなど。これら個別技術は地域・栽培形態（品種・作型など）・農家経営などによって採否が判断される要素が高い。

b. 生物的防除法：天敵微生物の利用、弱毒ウイルスの利用、対抗植物・緑肥植物の利用、ウイルスフリー株の利用など。なお、天敵微生物の導入にあたっては、施設などの栽培環境や防除体系全体の見直し、化学農薬との組み合わせなど、計画的な対策が求められる。

c. 耕種的防除法：圃場衛生（伝染源、越年源の排除・低減）、抵抗性品種・台木（接ぎ木栽培）の利用、排水・土壌の過湿防止対策、湿度低減・水滴付着防止の対策、無病種苗の確保、周辺の罹病作物・雑草の対策、適正な施肥管理、輪作・作型変更による病害の回避など。なお、被害残渣を圃場外に搬出の際に健全圃場を汚染したり、搬出場所から病原菌が圃場に流入するケースもあるので、管理作業の工程には注意が必要である。

d. 化学的防除法：農薬散布（農薬の特性・処理方法・効果的使用、散布の対象・時期・間隔の留意、効果判定など）。IPM は化学農薬を否定するものではなく、上記の物理的・生物的・耕種的防除対策との組み合わせにより、できるだけ化学農薬を低減させようという考えであり、IPM においても化学農薬は必要不可欠な防除資材であるといえる。一方で、農産物の安全・安心の観点から、化学農薬の安全使用が強く求められている（登録制度の概要については、ノート 2.11，p 392 参照）。

2 食用作物・特用作物の病害

主な食用作物・特用作物の種類と品目ごとの代表的な病害を表 2.8 に示した。

(1) イネの病害

〔診断のポイント〕（図 2.83）

葉には、紡錘形～菱形で進展時には周辺が水浸状の斑点（いもち病：通称"葉いもち"）、丸味を帯びた明瞭な輪紋円斑（ごま葉枯病）、葉の先端や周縁から波形～刃波形の斑紋（白葉枯病）などが発生する。なお、低温・降雨が連続すると、いもち病による集団枯損（"ずりこみ"症状）が起こることがある。また、葉鞘および稈に発生する症状の代表が不整長円形、淡褐色で周縁が褐色の斑紋である（紋枯病）。その他、

表2.8　主な食用作物・特用作物に発生する病害

作 物 名	代 表 的 な 病 害 （ 病 原 体 ）
イ　ネ 〔図 2.83, p 309〕	稲こうじ病（*Claviceps virens*）　いもち病*（*Pyricularia oryzae*） 黄化萎縮病（*Sclerophthora macrospora*）　ごま葉枯病*（*Cochliobolus miyabeanus*） 苗立枯病（*Fusarium* spp., *Pythium* spp., *Rhizopus* spp., *Trichoderma viride* 他） ばか苗病*（*Gibberella fujikuroi*）　紋枯病*（*Thanatephorus cucumeris*） 白葉枯病*（*Xanthomonas oryzae* pv. *oryzae*）　苗立枯細菌病（*Burkholderia plantarii*） もみ枯細菌病*（*Burkholderia gladioli* 他）　黄萎病（Phytoplasma）　萎縮病*（RDV） 縞葉枯病*（RSV）
ムギ類 〔図 2.84, p 309〕	赤かび病*（*Gibberella zeae* 他）　赤さび病*（*Puccinia recondita*） うどんこ病*（*Blumeria graminis*；分化型あり）　株腐病（*Ceratobasidium gramineum*） 立枯病*（*Gaeumannomyces graminis* var. *tritici*）　なまぐさ黒穂病（*Tilletia caries* 他） 裸黒穂病*（*Ustilago nuda*）　縞萎縮病*（WYMV 他）
ジャガイモ 〔図 2.85, p 310〕	疫病*（*Phytophthora infestans*）　乾腐病（*Fusarium solani* 他） 黒あざ病*（*Thanatephorus cucumeris*）　夏疫病*（*Alternaria solani*） 粉状そうか病 *（*Spongospora subterranea* f. sp. *subterranea*） そうか病*（*Streptomyces scabies* 他 ）　輪腐病（*Clavibacter michiganensis* subsp. *sepedonicus*） 葉巻病*（PLRV）　モザイク病*（PVX 他）
サツマイモ 〔図 2.86, p 310〕	黒斑病*（*Ceratocystis fimbriata*）　立枯病*（*Streptomyces ipomoeae*） つる割病*（*Fusarium oxysporum* f. sp. *batatas*）　紫紋羽病*（*Helicobasidium mompa*）
ダイズ 〔図 2.87, p 310〕	茎疫病（*Phytophthora sojae*）　黒根腐病（*Calonectria ilicicola*） さび病*（*Phakopsora pachyrhizi*）　紫斑病（*Cercospora kikuchii*） べと病*（*Peronospora manshurica*）　葉焼病（*Xanthomonas axonopodis* pv. *glycinea*） 斑点細菌病*（*Pseudomonas savastanoi* pv. *glycinea*）　萎黄病（ダイズシストセンチュウ）
ラッカセイ 〔図 2.88, p 311〕	汚斑病*（*Ascochyta* sp.）　褐斑病*（*Mycosphaerella arachidis*） 黒渋病（*Mycosphaerella berkeleyi*）　白絹病*（*Sclerotium rolfsii*） そうか病*（*Sphaceloma arachidis*）
トウモロコシ 〔図 2.89, p 311〕	黒穂病*（*Ustilago maydis*）　腰折病（*Pythium aphanidermatum*） ごま葉枯病*（*Cochliobolus heterostrophus*）　さび病*（*Puccinia sorghi*） すす紋病（*Setosphaeria turcica*）　根腐病（*Pythium graminicola* 他） 倒伏細菌病*（*Dickeya zeae* 他）　モザイク病*（CMV 他）
チャ 〔図 2.90, p 311〕	赤葉枯病*（*Glomerella cingulata*）　網もち病*（*Exobasidium reticulatum*） 褐色円星病*（*Pseudocercospora ocellata*）　炭疽病*（*Discula theae-sinensis*） もち病*（*Exobasidium vexans*）　輪斑病*（*Pestalotiopsis longiseta* 他） 赤焼病*（*Pseudomonas syringae* pv. *theae*）

(注) 作物名欄の〔図〕を参照；ウイルスは表中には略称で示し，索引の「ウイルス・ウイロイド」の頃に学名・和名を掲載した

畦畔に施用に除草剤のドリフト（漂流飛散）によっても葉や葉鞘に明瞭な斑点が生じる（畦畔雑草の除草剤による斑点との比較で被害推定が可能である）。

穂には、いもち病による褐変症状（"穂いもち"）が発生し、さらにその部位の症状を細分化して、"穂首いもち・枝梗いもち・籾いもち"と呼ばれ、病斑表面に病原菌の分生子が形成さ

れる。籾には表面粉状の黒色団子様の菌体（胞子の集塊）が生じる（稲こうじ病）。籾の褐変症状のうち、もみ枯細菌病は玄米に帯状の褐変を起こすことがある。他に、ごま葉枯病や紋枯病の進展により穂枯れを起こす。

上記以外に、株全体に生じる被害症状には、徒長・不稔（ばか苗病）、葉の白色かすり状斑（黄化萎縮病）、黄化・萎縮・高位分げつ・穂の

出すくみ症状（黄萎病）、新葉の褪色と細く巻く"ゆうれい症状"・奇形穂・不稔（縞葉枯病）、萎縮・多分げつ・不出穂・不稔（萎縮病）などがある。

育苗期（箱育苗）の症状では、褪緑した異常な徒長（ばか苗病）、基部に白色・緑色の菌叢または根の腐敗による萎凋枯死（苗立枯病）、葉基部の白化・褐変腐敗（もみ枯細菌病）、もみ枯細菌病の症状に類似するが、腐敗せずに乾燥枯死（苗立枯細菌病）などが発生する。

〔防除指針〕
① 被害わら・被害籾等の残渣は圃場・育苗場所の周囲に放置せず、適切に処分する。
② 播種・育苗に際しては、育苗施設や器材の消毒を徹底するとともに、無病培養土・健全種子を用いる。また、温湯・薬剤による種子消毒、薬剤による土壌処理などを行う（いもち病・ばか苗病・ごま葉枯病・苗立枯病・もみ枯細菌病など）。
③ 育苗温度は適正に保つ（病害種によっては、高温・低温が発生を助長する）。
④ 常発地では育苗場所が冠水しないよう、低湿地を避けるとともに、排水管理を行う（白葉枯病）。
⑤ 地域に発生する病害を考慮して抵抗性・耐病性品種を導入する（いもち病・縞葉枯病・白葉枯病など）。
⑥ 窒素過多とならないよう、適切な肥培管理を行い、過繁茂・軟弱化を防ぐ。
⑦ 早期・早植栽培を避ける（紋枯病）。
⑧ 発生予察情報に基づき、適期に薬剤散布を励行する。虫媒伝染性の黄萎病および萎縮病はツマグロヨコバイ、縞葉枯病はヒメトビウンカの防除が基本となる。

(2) ムギ類（図2.84）
〔診断のポイント〕
葉・葉鞘には、白粉（うどんこ病）、橙色・黒色の粉状菌体（夏胞子塊・冬胞子塊；赤さび病・黒さび病など）を生じる。穂・子実病害としては、桃色〜紅色の菌叢が蔓延したり（赤かび病）、子実内部に黒色〜黒緑色の粉状物（黒穂胞子）が充満する（黒穂病類）ものなどがある。葉鞘・桿には不整長円形で淡褐色、周縁褐色の斑紋が発生する（株腐病）。葉鞘および桿の地際部から根部が黒変する（立枯病）。

土壌中の菌類（*Polymyxa graminis*）に媒介されるウイルス病（縞萎縮病）では、新葉の葉脈に沿い、かすり状斑点が多数現われ、下葉は黄変して次第に枯れ、株はやや萎縮して分げつが減少する。

〔防除指針〕
① 被害麦わら・被害穂は畑の近くに置かないで適切に処分する。
② 連作を避けるとともに、圃場の排水を良好にする（縞萎縮病・株腐病など）
③ 健全種子を用いる。また、温湯・薬剤による種子消毒を行う（黒穂病類など）

図2.83　イネの病害　　　　　　　　　　　　　　〔口絵 p309〕
①②いもち病　③ごま葉枯病　④⑤ばか苗病　⑥紋枯病　⑦白葉枯病　⑧もみ枯細菌病　⑨萎縮病　⑩縞葉枯病
〔①⑧⑨⑩近岡一郎　②星 秀男　⑤⑦青野信男〕

④ 地域に発生する病害を考慮して抵抗性・耐病性品種を導入する（縞萎縮病・赤かび病・さび病類・うどんこ病など）
⑤ 窒素肥料を多用せず、バランスのとれた肥培管理を行う。
⑥ 適期に播種する（病害種によっては、早播きあるいは晩播きが発生を助長する）。
⑦ 発生予察情報に基づいて薬剤散布を行う。

(3) ジャガイモ（図2.85）
〔診断のポイント〕
　発病時期や発生部位に特徴があるものが多い。葉に水浸状の不整形病斑が拡がり、病斑裏面に霜状の菌体（胞子嚢など）を一面に形成、茎も萎凋腐敗し、激しい場合には塊茎内部も水浸状腐敗がみられる（疫病）。暗褐色～黒褐色の不整円状の輪紋斑では、すす状物（分生子）が生じ、のち葉枯れを起こし、貯蔵塊茎に浅い凹んだ灰黒色の斑点を形成することがある（夏疫病）。下葉が黒変腐敗し、主茎基部から黒褐色の軟化腐敗が進展し、地上部が枯れ、塊茎に は赤褐色の小斑点が生じる（軟腐病）。各種のウイルス病が発生し、葉にモザイクや奇形を生じる（モザイク病）、葉の褪色・葉巻き・奇形症状を起こす（葉巻病）。
　幼茎が腐敗したり、脇芽が肥大して多数の気中塊茎を木子のように形成、塊茎は小型化する（黒あざ病）。塊茎内部が黒褐色に腐敗し、空洞部に白色～桃色の菌叢が生じる（乾腐病）。塊茎表面がやや隆起し、黄褐色の粉状物（休眠胞子塊）を露出、周辺には表皮が残る（粉状そうか病）。塊茎表面に周辺部がやや隆起し、中央部がやや凹んだ、かさぶた状の大小の病斑を生じる（そうか病）。また、国内植物検疫対象病害として、塊茎内部の維管束が輪のように連続して黄褐変する輪腐病がある。
〔防除指針〕
① 健全種いもを使用する。発生圃場産のジャガイモは種いもに用いない（土壌伝染性病害・ウイルス病）。また、種いも消毒を行う（黒あざ病など）。
② 排水不良圃場には栽培しない。

図2.84　ムギ類の病害　　　　　　　　　　　　　　　　　　　　　　　　　　　〔口絵 p309〕
①赤かび病　②赤さび病　③うどんこ病　④立枯病　⑤なまぐさ黒穂病　⑥縞萎縮病　〔①⑥石川成寿　②-⑤近岡一郎〕

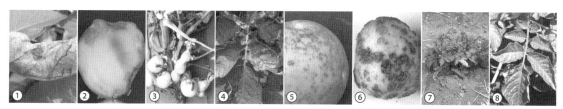

図2.85　ジャガイモの病害　　　　　　　　　　　　　　　　　　　　　　　　　　　　〔口絵〕
①②疫病　③黒あざ病　④夏疫病　⑤粉状そうか病　⑥そうか病　⑦葉巻病　⑧モザイク病
　　　　　　　　　　　　　　　　　〔①②星 秀男　③⑤青野信男　⑥⑦近岡一郎　⑧牛山欽司〕

③ 土壌pHを調べた上で、過度の石灰施用を避ける（そうか病）。
④ 罹病株残渣はできるだけ圃場外に搬出して処分する。
⑤ 圃場の土壌消毒（土壌伝染性病害）または薬剤散布（地上部病害）を行う。

(4) サツマイモ
〔診断のポイント〕（図2.86）
　著しい生育不良となり、葉の黄変～紫褐変、根の黒腐れ・脱落、地下茎には黒褐色の円形～不整形の凹んだ病斑を形成して、被害が大きい（立枯病）。下葉から黄化・萎凋・落葉、茎の地際部は縦に裂開（"つる割れ"症状）・枯死し、発病の品種間差異が顕著である（つる割病）。茎地際部の周辺に赤紫色の厚い菌糸膜を生じ、地際部の茎や塊根に赤紫色の菌糸束が網目状に絡みつき、あるいは菌糸膜がフェルト状に貼り付き、激しいと塊根内部まで軟化腐敗する（紫紋羽病）。貯蔵中には、塊根にやや凹んだ大型の黒斑を生じ、腐敗が内部に進展、病斑中央には毛状物（子嚢殻の先端）が突出する（黒斑病）。
〔防除指針〕
① 健全な種いもを用いて採苗する。また、種いも消毒を行う（つる割病・黒斑病）。
② 土壌pHを調べた上で、過度の石灰施用を避ける（立枯病）。
③ 抵抗性品種を選ぶ（つる割病・立枯病）
④ 圃場の土壌消毒を行う（土壌伝染性病害）。

(5) ダイズ
〔診断のポイント〕（図2.87）
　葉表に黄色の不整斑、葉裏の不整角斑上に灰色菌叢（胞子嚢柄・胞子嚢の集塊）を形成する（べと病）。葉裏に淡褐色・粉状の菌体（夏胞子の集塊）が生じ、落葉を起こす（さび病）。葉に暗褐色小円斑を多数生じ、周辺は黄色となる（葉焼病）。葉・茎・莢・種子等に暗緑色水浸状で、周囲に黄色ハローのある小角斑を多数生じ、のち黒褐色となる（斑点細菌病）。
　幼茎の地際部に赤褐色の条斑を生じ、のち細根が腐朽し、葉には黄化した小斑を多数生じ、茎地際部に赤色の粒点（子嚢殻）や白色の分生子集塊を形成する（根黒斑病）。茎の地際部や枝の分岐部などに水浸状の条斑が進展し、茎葉は萎凋枯死する（茎疫病）。ダイズシストセンチュウによる株の黄化や枯死被害は、萎黄病と名付けられている。

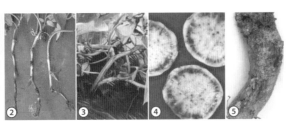

図2.86　サツマイモの病害　〔口絵 p310〕
①黒斑病　②立枯病　③④つる割病
⑤紫紋羽病
　〔②青野信男　③⑤牛山欽司　④近岡一郎〕

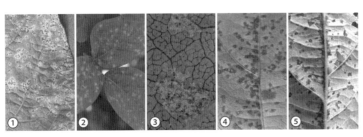

図2.87　ダイズの病害　〔口絵 p310〕
①さび病　②③べと病　④⑤斑点細菌病
　　　　〔①青野信男　②③近岡一郎〕

〔防除指針〕
① 無病種子を用いる。また、薬剤による種子消毒を行う（紫斑病など）。
② 常発・多発圃場では抵抗性（耐病性）品種を導入する（さび病など）。
③ ブロックローテーション（輪作）を行うとともに、圃場の排水を良好にする。
④ 罹病残渣は圃場外に搬出して処分する。
⑤ 適宜、登録薬剤の散布を行う。

(6) ラッカセイ
〔診断のポイント〕（図2.88）
　葉には、周囲に黄色ハローをもつ褐色不整円斑を生じ、表面に灰白色のすすかび状物（分生子の集塊）を形成（褐斑病）、黒褐色の不整円斑を生じ、病斑裏面に小黒点（分生子座）を形成（黒渋病）、輪郭が不鮮明な褐色〜黄色斑紋を生じ、病斑上には小粒点（分生子殻）を形成（汚斑病）、いずれも発病が激しいと落葉する。葉・茎・莢に淡褐色・かさぶた状の小斑が連なる（そうか病）。
　茎葉全身の萎凋を起こし、株元には白色絹糸状の菌糸がまとわりつき、淡褐色アブラナ種子様の菌核を多数形成する（白絹病）。他に、根こぶ線虫類やコガネムシ類による根の被害により、地上部の茎葉が萎凋枯死する。

〔防除指針〕
① 罹病残渣は圃場外に搬出して処分する。
② 圃場の排水を良好にする。
③ 未熟有機物の施用を控える（白絹病）
④ 病害の常発・多発圃場では輪作を行うのが望ましい（全般）。
⑤ 適宜、登録薬剤を散布する。

(7) トウモロコシ
〔診断のポイント〕（図2.89）
　葉・葉鞘には、淡褐色・長円斑が多数発生（ごま葉枯病）、淡褐色・紡錘状の斑点が葉脈に沿って進展し、表面にすすかび状物（分生子の集塊）が被う（すす紋病）、橙色の粉状物（夏胞子堆）が多数生じ、のち黒色の冬胞子堆を形成（さび病）、等の症状を起こし、いずれも葉枯れを起こす。種実に黒粉（黒穂胞子）が充満し、肥大し、特異な菌えい（こぶ）となる（黒穂病）。葉鞘が暗褐色に腐敗し、のち稈内部にも進行し茎折れを起こす（腰折病）。同属菌に

図2.88　ラッカセイの病害
〔口絵 p310〕
①汚斑病　②褐斑病　③白絹病
④⑤そうか病　　〔①-⑤近岡一郎〕

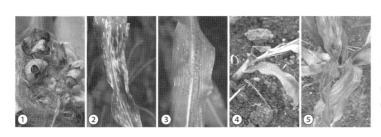

図2.89　トウモロコシの病害
〔口絵 p311〕
①黒穂病　②ごま葉枯病　③さび病
④倒伏細菌病　⑤モザイク病
〔①②-④近岡一郎　⑤青野信男〕

よる根腐病は稈および根を侵し、萎凋枯死させる。葉鞘に淡褐色水浸状の不整斑を生じ、のち茶褐色に腐敗し、罹病部から折れ、葉鞘内の種実も腐敗する（倒伏細菌病）。

また、数種のウイルス病が発生するが、モザイク病は葉脈に沿ったモザイク条斑や黄緑色輪点等を現し、生育阻害を起こす。

〔防除指針〕
① 罹病残渣は圃場外に搬出して処分する。
② 圃場の排水を良好にする。
③ 病害の常発・多発圃場では輪作を行うのが望ましい（全般）。
④ 常発・多発圃場では抵抗性（耐病性）品種を導入する（ごま葉枯病・すす紋病・根腐病・黒穂病）。
⑤ 適宜、登録薬剤による防除を行う。

(8) チャ
〔診断のポイント〕（図2.90）

葉に茶褐色の縮れたような不整斑を生じ、病斑上に小黒点（分生子層）を多数形成する（炭疽病）。葉に濃淡のある褐色の輪紋斑を生じ、病斑上に小黒点（分生子層）を散生、病葉は落葉しやすく、摘採による傷口から感染した茎は黒褐色に枯れる（輪斑病）。葉先や葉縁から茶褐色の不整斑を形成、周囲の葉脈は褐変、枝では褐色の斑点を形成する（赤葉枯病）。水浸状の小斑を生じ、茶褐色で周辺褐色の円斑〜不整斑を生じ、中肋に沿って拡大すると流動型病斑を形成、病葉は落葉しやすい（赤焼病）。葉裏に円状〜長円状の膨らみを生じ、白粉（担子器の集塊）で被われる（もち病）。

〔防除指針〕
① 病葉・病枝は剪除し、罹病残渣は処分する。
② 圃場の排水を良好にする。
③ 適宜、登録薬剤による防除を行う。

3　野菜の病害

主な野菜類の種類と品目ごとの代表的な病害を表2.9に示した。

(1) アブラナ科野菜
〔診断のポイント〕（図2.91）

アブラナ科野菜（キャベツ・ハクサイ・コマツナ・ダイコンなど）には、科全体または品目のグループに共通的な病害が多いので、植物の分類や品目の近縁関係を把握しておくと診断や対処に役立つ。キャベツ萎黄病とダイコン萎黄病のように、葉の症状は類似していても病原菌の分化型が異なる場合もある。

コマツナなど施設・露地の作型がある品目では、それぞれで発生しやすい病害を区分けしておく。主に露地栽培で発生する病害には、白さび病・炭疽病・白斑病・黒斑細菌病・モザイク病・根こぶ病などがふつうに発生し、施設・露地いずれにも発生する病害には、べと病・萎黄病などがある。

根部が侵され、全身症状を発現する病害（萎黄病・根こぶ病など）では、品種の種類（抵抗性品種＝YR品種・CR品種）を把握し、葉の萎凋・黄化症状（萎凋の仕方、茎導管部の褐変

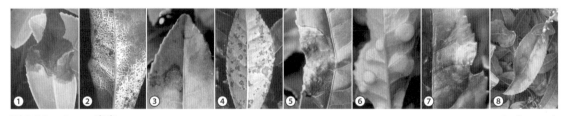

図2.90　チャの病害　　　　　　　　　　　　　　　　　　　　　　　　　　〔口絵 p311〕
①赤葉枯病　②網もち病　③④褐色円星病　⑤炭疽病　⑥もち病　⑦輪斑病　⑧赤焼病　　〔①⑧外側正之　②‐⑦西島卓也〕

表 2.9　主な野菜類に発生する病害

作 物 名	代 表 的 な 病 害 （ 病 原 体 ）
キャベツ 〔図 2.91, p 312〕	萎黄病*（*Fusarium oxysporum* f. sp. *conglutinans*）　菌核病*（*Sclerotinia sclerotiorum*） 黒すす病（*Alternaria brassicicola*）　尻腐病（*Rhizoctonia solani*） 根こぶ病*（*Plasmodiophora brassicae*）　べと病*（*Peronospora parasitica*） 黒腐病*（*Xanthomonas campestris* pv. *campestris*） 黒斑細菌病*（*Pseudomonas cannabina* pv. *alisalensis* 他） 軟腐病*（*Pectobacterium carotovorum*）
ハクサイ 〔図 2.91, p 312〕	黄化病（*Verticillium longisporum* 他）　菌核病*（*Sclerotinia sclerotiorum*） 黒斑病（*Alternaria brassicae* 他）　根こぶ病*（*Plasmodiophora brassicae*） 白斑病（*Pseudocercosporella capsellae*）　ピシウム腐敗病（*Pythium aphanidermatum* 他） べと病*（*Peronospora parasitica*）　黒斑細菌病*（*Pseudomonas cannabina* pv. *alisalensis* 他） 軟腐病*（*Pectobacterium carotovorum*）　えそモザイク病（TuMV）
コマツナ 〔図 2.91, p 312〕	萎黄病*（*Fusarum oxysporum* f. sp. *conglutinans*, f. sp. *rapae*）　白さび病*（*Albugo macrospora*） 炭疽病*（*Colletotrichum higginsianum*） べと病*（*Hyaloperonospora brassicae*；異名 *Peronospora parasitica*）　モザイク病*（TuMV 他）
ダイコン 〔図 2.91, p 312〕	萎黄病*（*Fusarium oxysporum* f. sp. *conglutinans*）　菌核病*（*Sclerotinia sclerotiorum*） 黒斑病（*Alternaria brassicae* 他）　白さび病*（*Albugo macrospora*） べと病*（*Peronospora parasitica*）　黒腐病*（*Xanthomonas campestris* pv. *campestris*） 黒斑細菌病*（*Pseudomonas cannabina* pv. *alisalensis* 他）　軟腐病*（*Pectobacterium carotovorum*） モザイク病*（TuMV 他）　根腐線虫病（キタネグサレセンチュウ他）
キュウリ 〔図 2.92, p 312〕	うどんこ病（*Podosphaera xanthii*）　褐斑病*（*Corynespora cassiicola*） 菌核病*（*Sclerotinia sclerotiorum*）　炭疽病*（*Colletotrichum orbiculare*） つる枯病*（*Didymella bryonia*）　つる割病（*Fusarium oxysporum* f. sp. *cucumerinum*） 灰色かび病（*Botrytis cinerea*）　べと病*（*Pseudoperonospora cubensis*） ホモプシス根腐病（*Phomopsis sclerotioides*）　褐斑細菌病（*Xanthomonas cucurbitae*） 斑点細菌病*（*Pseudomonas syringae* pv. *lachrymans*）　黄化えそ病（MYSV 他） 黄化病（BPYV）　退緑黄化病（CCYV）　モザイク病（CMV 他） 根こぶ線虫病（サツマイモネコブセンチュウ他）
ホウレンソウ 〔図 2.93, p 313〕	萎凋病*（*Fusarium oxysporum* f. sp. *spinaciae*）　株腐病*（*Rhizoctonia solani*） 立枯病*（*Pythium aphanidermatum*）　べと病*（*Peronospora farinosa*） えそ萎縮病（BBWV-2）　モザイク病（CMV 他）
レタス 〔図 2.94, p 313〕	菌核病*（*Sclerotinia sclerotiorum*）　すそ枯病（*Rhizoctonia solani*） 根腐病（*Fusarium oxysporum* f. sp. *lactucae*）　灰色かび病（*Botrytis cinerea*） 腐敗病（*Pseudomonas cichorii* 他）　軟腐病（*Pectobacterium carotovorum*） 斑点細菌病（*Xanthomonas axonopodis* pv. *vitians*）　モザイク病（CMV 他）
ニンジン 〔図 2.95, p 313〕	うどんこ病*（*Erysiphe heraclei*）　菌核病（*Sclerotinia sclerotiorum*） 黒斑病（*Alternaria radicina*）　しみ腐病（*Pythium sulcatum*）　黒葉枯病*（*Alternaria dauci*） そうか病（*Sphaceloma* sp.）　根腐病（*Rhizoctonia solani*）　斑点病（*Cercospora carotae*） こぶ病（*Rhizobacter dauci*）　根頭がんしゅ病（*Agrobacterium tumefaciens*） 軟腐病（*Pectobacterium carotovorum*）　モザイク病（CeMV 他） 根こぶ線虫病（サツマイモネコブセンチュウ他）
トマト 〔図 2.96, p 313〕	萎凋病*（*Fusarium oxysporum* f. sp. *lycopersici*）　うどんこ病*（*Oidiopsis sicula*, *Oidium* sp. ） 疫病*（*Phytophthora infestans*）　褐色根腐病（*Pyrenochaeta lycopersici*） 白絹病*（*Sclerotium rolfsii*）　すすかび病（*Pseudocercospora fuligena*） 根腐萎凋病（*Fusarium oxysporum* f. sp. *radicis-lycopersici*）　灰色かび病*（*Botrytis cinerea*） 葉かび病（*Passalora fulva*）　半身萎凋病*（*Verticillium dahliae*）　輪紋病（*Alternaria solani*） 青枯病*（*Ralstonia solanacearum*）　かいよう病（*Clavibacter michiganensis* subsp. *michiganensis*） 黄化萎縮病（TbLCV 他）　黄化葉巻病*（TYLCV）　黄化えそ病（TSWV）　モザイク病（CMV 他） 根腐線虫病（キタネグサレセンチュウ他）　根こぶ線虫病（サツマイモネコブセンチュウ他）

表 2.9　主な野菜類に発生する病害（続）

作物名	代表的な病害（病原体）
ナス〔図 2.97, p 314〕	うどんこ病*（*Podosphaera xanthii* 他）　褐色腐敗病（*Phytophthora capsici*） 褐色円星病*（*Paracercospora egenula*）　褐紋病（*Phomopsis vexans*） 菌核病（*Sclerotinia sclerotiorum*）　黒枯病（*Corynespora cassiicola*） すすかび病（*Mycovellosiella nattrassii*）　根腐疫病（*Phytophthora glovera*） 灰色かび病（*Botrytis cinerea*）　半身萎凋病*（*Verticillium dahliae*） 青枯病*（*Ralstonia solanacearum*）　えそ斑点病（*Broad bean wilt virus*） 根腐線虫病（キタネグサレセンチュウ他）　根こぶ線虫病（サツマイモネコブセンチュウ他）
イチゴ〔図 2.98 p 314〕	萎黄病*（*Fusarium oxysporum* f. sp. *fragariae*）　萎凋病（*Verticillium dahliae*） うどんこ病*（*Podosphaera aphanis* var. *aphanis*）　疫病（*Phytophthora cactorum*） グノモニア輪斑病（*Gnomonia comari*）　蛇の目病（*Mycosphaerella fragariae*） 炭疽病*（*Glomellera cingulata* 他）　灰色かび病*（*Botrytis cinerea*） 輪斑病*（*Dendrophoma obscurans*）　根腐線虫病（クルミネグサレセンチュウ他）
ネギ・タマネギ〔図 2.99, p 314〕	萎凋病（*Fusarium oxysporum* f. sp. *cepae*）　菌糸腐敗病（*Botrytis byssoidea*） 黒腐菌核病*（*Sclerotium cepivorum*）　紅色根腐病（*Pyrenochaeta terrestris*） 黒斑病*（*Alternaria porri*）　さび病*（*Puccinia allii*）　小菌核腐敗病（*Botrytis squamosa*） 白色疫病（*Phytophthora porri*）　白絹病（*Sclerotium rolfsii*）　白かび腐敗病（*Botrytis porri* 他） 葉枯病*（*Stemphylium botryosum*）　べと病*（*Peronospora destructor*） 軟腐病（*Pectobacterium carotovorum* 他）　腐敗病（*Pseudomonas viridiflava* 他） 萎縮病*（SYSV）　えそ条斑病（IYSV）

（注）作物名欄の〔図〕を参照；ウイルスは表中には略称で示し，索引の「ウイルス・ウイロイド」の項に学名・和名を掲載した

の有無、根のこぶの有無などをもとにして識別する。ダイコン肥大根の墨入り症状には、べと病・黒腐病・黒斑細菌病などが関与していることがある。また、肥大根表面の薄墨色のリングは白さび病菌による。

　地上部に症状を発現する病害（白さび病・炭疽病・白斑病・黒腐病・黒斑細菌病・モザイク病など）では、初発時期を確認し、病斑など罹病部の葉位と発生部位（表裏の違い）、色調と形態・大きさ、病斑上の菌体（標徴）などを指標として類別する。また、白色の発疱（白さび病）、モザイク・奇形症状（モザイク病）、結球部や肥大根の頭部などの軟腐症状（軟腐病など）、菌核と白色綿状の菌叢（菌核病）などで容易に類別できる種類も多い。

〔防除指針〕

① 地上部病害は、品目による栽培様式に合わせた予防対策を講じる。コマツナ等の露地葉物では白さび病・炭疽病対策として雨除け栽培は予防効果が高い。ダイコン モザイク病には光反射マルチによる有翅アブラムシの飛来防止が有効である。

② 土壌伝染性病害（萎黄病・黄化病・根こぶ病など）は輪作、土壌消毒が欠かせない。キャベツ萎黄病対策としては抵抗性品種が安定した効果を発揮し、高温期に作付けする実用品種はほとんどが YR 品種である。キャベツ・ブロッコリー・ノザワナなどには根こぶ病抵抗性品種（CR 品種）がある（ただし、根こぶ病菌はレース分化しており、圃場に分布するレースを確認しておく必要がある）。ダイコンの線虫対策にはアフリカンマリーゴールドとの輪作が有効である。

③ 圃場の排水をよくする（黄化病・根こぶ病など土壌伝染性病害）。

④ 施設（コマツナ）では通風・換気し、過剰な

灌水を控える（べと病など）。
⑤ 適宜、薬剤散布を実施する。
⑥ 罹病株の抜き取り・残渣処理（萎黄病・黄化病・根こぶ病・白さび病など）は有効であるが、圃場外に搬出の際に健全圃場を汚染してしまうことや、搬出場所から病原菌が圃場に流入するケースもあるので、圃場との距離や雨水の流れなどに注意が必要である。

(2) キュウリ
〔診断のポイント〕（図 2.92）
全身症状を示す病害（つる割病・ホモプシス根腐病・根こぶ線虫病）では、地上部の萎凋・黄化症状は共通しているが、接ぎ木の有無（カボチャ台に接ぎ木してあれば、つる割病は発生しない）、茎導管部の褐変や地際茎の裂開と菌叢の発生、根の褐変腐敗または部分的黒変、あるいはゴール形成により区別できる。

地上部病害は、主に施設栽培（菌核病・灰色かび病）、露地栽培（炭疽病）で発生するもの、あるいは共通（うどんこ病・べと病・褐斑病・つる枯病・斑点細菌病・褐斑細菌病）するものに分けられる。これらは初発時期および発生部位（葉・茎・果実）、病斑の色調・形状・大きさ、穿孔の有無、菌叢の発生状況、ならびに分生子塊・黒色小粒点・菌核・菌泥の有無などにより、ほぼ確実に診断が可能である。

ウイルス病（モザイク病・黄化えそ病・黄化病・退緑黄化病）の種類を病徴観察だけで診断することは至難であり、媒介虫（アブラムシ・

図 2.91　アブラナ科野菜の病害
〔口絵 p 312〕
①キャベツ萎黄病　②ハクサイ菌核病
③チンゲンサイ白さび病
④コマツナ炭疽病
⑤ブロッコリー根こぶ病
⑥コマツナべと病　⑦キャベツ黒腐病
⑧ブロッコリー黒斑細菌病
⑨ハクサイ軟腐病
⑩コマツナモザイク病
〔②星秀男　⑧近岡一郎　⑨青野信男〕

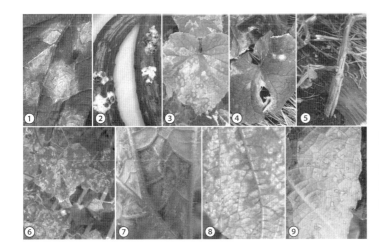

図 2.92　キュウリの病害
〔口絵 p 312〕
①褐斑病　②菌核病　③炭疽病
④⑤つる枯病　⑥⑦べと病
⑧⑨斑点細菌病
〔①⑤⑨牛山欽司　②④⑧近岡一郎
③星秀男　⑥竹内純〕

アザミウマ・コナジラミ）の生息状況を調べるとともに、生物検定または抗血清・遺伝子診断を行う。

〔防除指針〕
① 施設では通風換気を十分に行い、過湿防止に努める。
② 罹病茎葉・果実等は早めに摘除し、罹病株残渣は圃場外に搬出して処分する。
③ 施設では太陽熱利用または土壌くん蒸剤（接触型殺線虫剤を含む）で土壌消毒を行う（ホモプシス根腐病・根こぶ線虫病）
④ 適宜、薬剤散布を実施する。
⑤ キュウリおよび周辺作物・雑草のウイルス媒介虫を防除する（各種ウイルス病）

(3) ホウレンソウ
〔診断のポイント〕（図2.93）

土壌伝染性病害（株腐病・萎凋病・立枯病）は、いずれも比較的高温期の作型で発生しやすく、地上部の症状も類似している。発病生育ステージ、導管褐変の有無、根の変色・腐敗状況などで判別できるが、最終的には病原菌の検出（罹病部組織の検鏡、組織分離）を行ったほうがよい。なお、萎凋病の病原菌には分化型として、f. sp. *spinaciae* が提案されている。

べと病は病原菌のレースにより明白な品種間差異が認められるので、栽培品種を確認するとともに、葉裏に生じるビロード状の菌叢（胞子嚢）により容易に診断できる。また、えそ萎縮病、ならびにモザイク病（複数の病原ウイルスがある）を病徴のみで同定することは難しいの

で、生物検定または抗血清・遺伝子診断を行う。

なお、表示した病害以外では、全身症状を現すもの（土壌伝染性病害）として、バーティシリウム萎凋病・根腐病・疫病などが、また、地上部病害として、斑点病・褐斑病・炭疽病・斑点細菌病などが挙げられるが、いずれも発生は局地限定的であり、病徴の目視観察のみによる判別は難しいので、病原菌の検出・確認を行うのが望ましい。

〔防除指針〕
① 土壌伝染性病害の発生地では高温期の作型を避けるか、土壌くん蒸剤で消毒する。
② 施設栽培では、休閑期に太陽熱利用の土壌消毒を行う（土壌伝染性病害）。
③ 抵抗性品種を利用する（べと病）。
④ 光反射フィルムマルチ栽培を行う（えそ萎縮病・モザイク病）。
⑤ 適宜、薬剤散布を実施する。

(4) レタス
〔診断のポイント〕（図2.94）

地上部の菌類病（菌核病・灰色かび病）は、病患部に生じる標徴（菌核または菌叢）により判別できる。細菌に起因する腐敗病（3種の病原菌が関与）と斑点細菌病は、葉のみに病徴を発現して目視のみでは識別し難いが、土壌伝染する軟腐病は、主として髄部が軟化腐敗を起こし、異臭を放つので判りやすい。

土壌伝染性病害のうち、すそ枯病は、収穫期近くに地際の葉柄から褐変腐敗を起こし、罹病組織を検鏡すれば識別可能である。また、根腐

図2.93 ホウレンソウの病害
〔口絵 p 313〕
①萎凋病 ②株腐病 ③立枯病
④べと病
〔①星 秀男 ②牛山欽司 ④青野信男〕

病はサラダナ類に発生しやすく、発病の品種間差異が大きく、主根の維管束部が褐変腐敗してときに空洞化するが、異臭はない。

CMVおよびLMVともに葉脈透化・葉脈緑帯や、えそ性小斑点、株の矮化、萎縮・奇形などを発現するが、レタスの葉はもともと縮れているので、モザイク症状は見分けにくく、両ウイルスの判別は生物検定または抗血清・遺伝子診断に拠らなければならない。

〔防除指針〕
① 抵抗性品種を利用する（根腐病）。
② 健全種子を用いる（LMV）。また、媒介アブラムシ類を防除する（CMV・LMV）。
③ 下葉かきを励行する（灰色かび病）。
④ マルチ栽培を行う（菌核病）。
⑤ 適宜、薬剤散布を実施する。

(5) ニンジン
〔診断のポイント〕（図2.95）

根部に発生する病害（しみ腐病・根腐病・菌核病・軟腐病・根頭がんしゅ病・こぶ病・根こぶ線虫病；黒斑病は茎葉にも発生）の中には、収穫時まで気付かない種類も多いが、発生時期（作型）、発生部位（根冠部・上〜下位、表面のみか内部まで進行）、病斑の色調・形状・大きさ（しみ腐病と根腐病の区別には病原菌の確認が必要）、陥没または隆起、こぶの形状・大きさ（根頭がんしゅ病とこぶ病の区別には病原細菌の確認を要す）、菌核形成の有無、軟化腐敗や悪臭などの所見により識別する。

地上部病害の黒葉枯病および黒斑病は、茎葉の症状だけでは判別できないので、病原菌を検出するとともに、根部症状の有無を調べるとよい（黒斑病は根冠部からの黒変、軟化と空洞化を起こす）。そうか病は茎葉に淡褐色、かさぶた状のごく小さな斑点を多発する。また、斑点病は7〜9月の高温期に、黒葉枯病と混発することがある。

〔防除指針〕
① 輪作するか、土壌くん蒸剤（接触型殺線虫剤を含む）で消毒を行う（土壌伝染性病害）。
② 罹病植物残渣は圃場内に放置せず、外に持ち出して処分する。
③ 圃場の排水をよくする。
④ 未熟有機物施用を控える（根腐病）。
⑤ 適宜、薬剤散布を実施する。

(6) トマト
〔診断のポイント〕（図2.96）

土壌伝染性病害（萎凋病・褐色根腐病・白絹病・根腐萎凋病・半身萎凋病・青枯病・根こぶ線虫病）では初発時期、接ぎ木の有無（台木の種類）、葉の萎凋症状と黄化・褐変症状、茎の髄部・導管褐変の有無、地際茎の菌叢・菌核、茎・根の導管部からの白濁菌泥溢出、根の褐変腐敗・こぶ症状などから総合的に判断する。

茎葉や果実に発生する病害（うどんこ病・疫病・かいよう病・灰色かび病・葉かび病・すすかび病・輪紋病）は、発生時期および発生部位（葉・茎・果実）、患部の病徴や標徴（とくに菌叢の発生密度と色調）によってほぼ診断できるが、施設栽培で発生したかいよう病は茎葉や果

図2.94
レタスの病害
〔口絵 p313〕
①菌核病
②灰色かび病
〔①青野信男〕

図2.95
ニンジンの病害
〔口絵 p313〕
①うどんこ病
②黒葉枯病

実の表面には病徴を現さず、茎の髄部のみが褐変腐敗を起こすことが多いので紛らわしい。目視で菌叢が確認できないサンプル（かいよう病を除く）は、発病初期～中期の新鮮な症状が見られる検体を1～3日間程度湿室に置いてから罹病部の表面や組織内を検鏡観察するとよい。

ウイルス病（黄化萎縮病・黄化葉巻病・黄化えそ病・黄化病・モザイク病）では、黄化葉巻病がやや特徴的な新葉の黄化・葉巻き症状を示すほかは、モザイク・黄化・萎縮・壊疽・奇形葉等の類似症状を茎葉や果実に現すので、ウイルスの種類を目視で判定することは難しく、生物検定または抗血清・遺伝子診断に拠る。

〔防除指針〕
① 罹病株の抜き取り（白絹病・青枯病・半身萎凋病）、あるいは罹病茎葉・果実を摘除（疫病・灰色かび病など）するとともに、罹病植物残渣は圃場外へ搬出処分する。
② 抵抗性品種の利用（葉かび病・モザイク病・萎凋病・半身萎凋病・根こぶ線虫病など）、また、接ぎ木栽培を行う（土壌伝染性病害全般；台木品種により、対象病害が異なる）。
③ 施設では通風・換気を十分に行い、多灌水を控える（疫病・灰色かび病・葉かび病）。
④ 土壌くん蒸剤（接触型殺線虫剤を含む）または太陽熱利用（施設）による土壌消毒を行う（土壌伝染性病害）。
⑤ ウイルス媒介虫（アブラムシ類・アザミウマ類・タバココナジラミ）を防除する。
⑥ 適宜、薬剤散布を実施する。

(7) ナス
〔診断のポイント〕（図2.97）

施設栽培で発生しやすい病害（灰色かび病・黒枯病・菌核病・すすかび病）、主に露地栽培で発生する病害（褐紋病・褐色腐敗病・褐色円星病・褐色斑点病・えそ斑点病）を仕分けしておくと、診断の参考になる。

全身症状を発現する病害（半身萎凋病・青枯病・根腐疫病・根腐線虫病・根こぶ線虫病）では、接ぎ木の有無および台木品種の種類、初発時期、葉の萎凋・黄化症状、茎導管部の褐変の有無、茎・根の導管部からの白濁菌泥溢出の有無、根の褐変腐敗症状などで識別する。

茎葉または果実などの病害（うどんこ病・褐色斑点病・褐色腐敗病・褐色円星病・褐紋病・菌核病・黒枯病・すすかび病・灰色かび病・えそ斑点病）では、初発時期および発生部位を確認し、葉については病斑（罹病部）の葉位、色調と大きさ、輪紋や穿孔の有無、菌叢や黒色小粒点の有無などを、また、茎・果実では色調と大きさ、軟腐症状、あるいは密生菌叢や黒色小

図2.96　トマトの病害　〔口絵 p 313〕
①②萎凋病　③うどんこ病　④疫病
⑤白絹病　⑥灰色かび病　⑦半身萎凋病
⑧青枯病　⑨黄化葉巻病
　　　　　〔①-③⑥⑨星 秀男　⑤青野信男
　　　　　　　　　　　　　　　⑦近岡一郎〕

粒点・菌核の有無などを判別指標とする。

〔防除指針〕

① 罹病株の抜き取り（半身萎凋病・青枯病・根腐疫病など）、あるいは罹病茎葉・果実等を摘除（地上部病害）するとともに、作付け終了後の罹病株残渣は圃場外に搬出して適正に処分する。
② 土壌伝染性病害（線虫を含む）は輪作（露地）を行うか、土壌くん蒸剤（接触型殺線虫剤を含む）または太陽熱利用（施設）により土壌消毒する。
③ 田畑転換栽培を行う（半身萎凋病）。
④ 圃場の排水をよくする（青枯病・根腐疫病・褐色腐敗病など）。
⑤ 接ぎ木栽培を行う（根腐疫病・青枯病・根腐線虫病など）。
⑥ 施設では適度に通風・換気し、過剰な灌水を控える。また、露地では畦間灌水を避ける。
⑦ マルチ栽培（ポリエチレンフィルムまたは敷わら；菌核病・褐色腐敗病など）を行う。
⑧ 窒素過多にならないよう適正な施肥を行う。また、「肥切れ」を防ぐ（褐色円星病）。
⑨ 適宜、薬剤散布を実施する。

(8) イチゴ

〔診断のポイント〕（図 2.98）

　全身症状を発現する病害（萎黄病・萎凋病・疫病・炭疽病・根腐線虫病）では、初発時期、萎れ、黄化のほか、小葉の大きさの不揃い（萎黄病）、根冠部の導管褐変（萎黄病・萎凋病）または外側からの褐変（疫病・炭疽病）、外葉の葉柄に長い赤褐色の条斑（萎凋病）、根の褐変腐敗状況などによって区別できる。なお、疫病・炭疽病は根冠部を侵して全身萎凋を起こすが、葉・葉柄・ランナーにも病斑を生じることが多い。なお、ウイルス病は、経済品種ではほぼ無病徴であり、目視診断は困難である。

　地上部病害では、発生時期（本圃・採苗床・仮植床）、発生部位（葉・ランナー・果実）を確認する。うどんこ病および灰色かび病は、病患部に生じる標徴（菌叢の形状・色調）から診断は容易である。炭疽病・輪斑病・グノモニア輪斑病・蛇の目病は、病斑の色調と大きさ、病斑上の粘性分生子塊、小黒点粒（分生子殻）の有無などによりほぼ区別できるが、標徴が見られない場合は正確を期して、湿室処理および検鏡観察を行う必要がある。

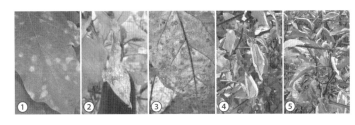

図 2.97　ナスの病害　　　〔口絵 p 314〕
①②うどんこ病　③褐色円星病
④半身萎凋病　⑤青枯病
　　　〔①②④星 秀男　③青野信男　⑤牛山欽司〕

図 2.98　イチゴの病害　　　〔口絵 p 314〕
①②萎黄病　③うどんこ病　④⑤炭疽病　⑥灰色かび病　⑦輪斑病　　〔①②石川成寿　③-⑥星 秀男　⑦牛山欽司〕

〔防除指針〕
① 親株は健全なもの（萎黄病・炭疽病などは無病徴感染している場合があるので、検定済の株）を使用する。
② 本圃・採苗床・仮植床は無病地を選定する。発生地では土壌くん蒸剤（接触型殺線虫剤を含む）または太陽熱利用（施設）により土壌消毒を行う。また、ポット育苗の場合は用土を新しいものにするか、土壌消毒したものを使用する（萎黄病・疫病・萎凋病・炭疽病・根腐線虫病）。
③ 圃場（採苗床・仮植床）の排水を良好にする（疫病・炭疽病）。
④ 下葉かきを励行する（灰色かび病）。
⑤ 採苗床および仮植床はビニルハウス内に設置するとともに、頭上灌水やスプリンクラー灌水は避ける（炭疽病）
⑥ 適宜、薬剤散布を実施する。

(9) ネギ・タマネギ
〔診断のポイント〕（図 2.99）
　主として軟白部（ネギ）・りん茎（タマネギ）または根が侵される土壌伝染性病害（萎凋病・黒腐菌核病・白絹病・紅色根腐病・小菌核腐敗病・軟腐病）では、地上部の二次的症状はいずれも下葉から黄変、萎凋して識別し難いが、初発時期、根の変色状況、あるいは軟白部やりん茎における腐敗状況、菌核形成とその色調・形状・大きさ、異臭の有無などによって診断が可能である。
　地上部病害では、さび病はきわめて特徴的な病斑（夏胞子堆）を生じる。黒斑病と葉枯病は病徴がやや類似するので、発生時期の確認とともに、ルーペないし顕微鏡（分生子の形態）観察を要する。また、白色疫病・べと病で病斑部に菌叢が認められない場合は、数日間湿室に置いてから検鏡するとよい。なお、Botrytis 属菌による葉身の斑点症状（ネギ；白かび腐敗病・白斑葉枯病など、タマネギ；菌糸腐敗病・灰色かび病・灰色腐敗病など）はいずれも酷似し、目視判別できないので、病原菌の検鏡確認が必要である。なお、萎縮病およびえそ条斑病は病徴が明らかに異なるが、他の感染ウイルスも存在するので、ウイルス検定は必要となる。

〔防除指針〕
① 罹病植物残渣は圃場に放置せず、外に搬出して処分する。
② 圃場の排水をよくする（小菌核腐敗病・白色疫病・べと病・軟腐病・腐敗病など）。
③ 多発地では作型変更または輪作するか、土壌くん蒸剤で消毒する（土壌伝染性病害）。
④ 媒介虫（アブラムシ類・ネギアザミウマ）の防除を徹底する（萎縮病・えそ条斑病）。
⑤ 適宜、薬剤散布を実施する。

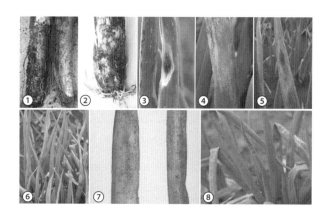

図 2.99　ネギの病害　　　　　〔口絵 p 314〕
①②黒腐菌核病　③黒斑病　④さび病　⑤葉枯病
⑥⑦べと病　⑧萎縮病
　〔①②近岡一郎　③牛山欽司　④⑤星 秀男　⑧橋本光司〕

4 果樹の病害

主な果樹類の種類と品目ごとの代表的な病害を表2.10に示した

(1) カンキツ

〔診断のポイント〕（図2.100）

生育期の枝葉および果実に発生する病害（黒点病・小黒点病・そうか病・かいよう病）は、カンキツの種類・品種・系統によって発生の有無・程度が異なるものがあり、診断の目安となる。これらの4病害は葉・果実における病斑の形状・色調・大きさ、隆起・陥没の度合い、コルク化の有無などで判定するが、同じ病害でもカンキツの種類や発生時期・環境条件によって症状がかなり変化し、かつ相互に類似すること

表2.10　主な果樹類に発生する病害

作物名	代表的な病害（病原体）
カンキツ 〔図2.100, p315〕	青かび病*（*Penicillium italicum*）　黒腐病（*Alternaria citri*）　黒点病*（*Diaporthe citri*） 小黒点病*（*Alternaria citri* 他）　そうか病*（*Elsinoë fawcettii*） 灰色かび病*（*Botrytis cinerea*）　緑かび病*（*Penicillium digitatum*） かいよう病（*Xanthomonas citri* subsp. *citri*） 温州萎縮病（SDV）　ステムピッティング病（CTV）　エクソコーティス病（CEVd）
リンゴ 〔図2.101, p315〕	赤星病*（*Gymnosporangium yamadae*）　うどんこ病*（*Podosphaera leucotricha*） 疫病*（*Phytophthora cactorum* 他）　黒星病（*Venturia inaequalis*） 白紋羽病（*Rosellinia necatrix*）　炭疽病*（*Glomerella cingulata* 他） 斑点落葉病*（*Alternaria alternata*）　腐らん病*（*Valsa ceratosperma*） 輪紋病（*Botryosphaeria dothidea*）
ナ　シ 〔図2.102, p316〕	赤星病（*Gymnosporangium asiaticum*）　萎縮病（チャアナタケモドキ＝*Fomitiporia torreyae* 他） うどんこ病*（*Phyllacttinia mali*）　疫病（*Phytophthora cactorum* 他） 枝枯病（*Botryosphaeria dothidea*）　黒星病*（*Venturia nashicola*） 黒斑病（*Alternaria alternata*）　白紋羽病（*Rosellinia necatrix*）　胴枯病（*Phomopsis fukushii*） 輪紋病（*Botryosphaeria berengeriana* f. sp. *pyricola*）
モ　モ 〔図2.103, p316〕	いぼ皮病（*Botryosphaeria berengeriana* f. sp. *persicae*）　黒星病（*Cladosporium carpophilum*） 縮葉病*（*Taphrina deformans*）　せん孔病（*Pseudocercospora circumscissa* 他） 炭疽病（*Colletotrichum gloeosporioides* 他）　胴枯病（*Leucostoma persoonii*） 灰色かび病（*Botrytis cinerea*）　灰星病*（*Monilinia fructicola*） せん孔細菌病*（*Xanthomonas arboricola* pv. *pruni* 他）
ウ　メ 〔図2.104, p316〕	がんしゅ病（*Valsa ambiens*）　環紋葉枯病*（*Grovesinia pruni*） 黒星病*（*Cladosporium carpophilum*）　縮葉病（*Taphrina mume*） 白紋羽病（*Rosellinia necatrix*）　変葉病*（*Blastospora smilacis*） かいよう病*（*Pseudomonas syringae* pv. *morsprunorum* 他）　輪紋病（PPV）
ブドウ 〔図2.105, p316〕	うどんこ病*（*Erysiphe necator*）　晩腐病*（*Glomerella cingulata* 他） 褐斑病*（*Pseudocercospora vitis*）　黒とう病（*Elsinoë ampelina*） さび病（*Phakopsora meliosmde - myrianthae* 他）　白腐病（*Coniella castaneicola* 他） すす点病（*Zygophiala jamaicensis*）　つる割病（*Phomopsis viticola*） 苦腐病（*Greeneria uvicola*）　灰色かび病（*Botrytis cinerea*）　房枯病（*Fusicoccum aesculi* 他） べと病*（*Plasmopara viticola*）
カ　キ 〔図2.106, p317〕	うどんこ病*（*Phyllactinia kakicola*）　角斑落葉病*（*Pseudocercospora kaki*） 黒星病（*Fusicladium levieri*）　すす点病（*Zygophiala jamaicensis*） 炭疽病*（*Colletotrichum gloeosporioides*）　葉枯病（*Pestalotiopsis longiseta* 他） 円星落葉病*（*Mycosphaerella nawae*）

（注）作物名欄の〔図〕を参照；ウイルス・ウイロイドは表中には略称で示し，索引の「ウイルス・ウイロイド」の項に学名・和名を掲載した

も多いので、最終的な判断では病原菌の確認が不可欠である。

　一方、主として収穫後・流通中の果実に発生する病害（青かび病・緑かび病・黒腐病・灰色かび病）および貯蔵末期に多発する軸腐病（黒点病と同一病原菌に起因する果実病害）は、ポストハーベスト病害（貯蔵病害・市場病害）として問題になるが、これらは果実表面に密生する菌叢の形状や色調、あるいは腐敗症状によりほぼ識別できる。

　ステムピッティング病は枝幹の木質部にピッティングを生じ、エクソコーティス病はカラタチ台木の樹皮に亀裂ができて剝皮する。また、温州萎縮病は発芽直後の新葉の先端が巻き、黄色味を帯びて叢生し、成葉は舟型葉・スプーン型葉となって萎縮する。

〔防除指針〕
① 罹病落葉や剪定罹病枝は園内に放置せず、外に搬出して処分する。
② 収穫・貯蔵果は傷付かないように取り扱うとともに、高温多湿とならない場所に置く。発病果は速やかに除去する。
③ 適宜、薬剤散布を実施する。
④ 軽症のウイルス罹病樹（ステムピッティング病・エクソコーティス病・温州萎縮病など）は樹勢の維持に努める。重症株は伐採して優良な苗木（ウイルスフリー）に改植する。

(2) リンゴ
〔診断のポイント〕（図 2.101）
　主として葉（新梢を含む）および果実に発生する病害（赤星病・うどんこ病・黒星病・炭疽

図 2.100　カンキツ類の病害　　　　〔口絵 p 315〕
①青かび病　②③緑かび病
④黒点病（黒点状の症状）
⑤小黒点病（網目状病斑の進展）
⑥⑦そうか病
⑧⑨灰色かび病（灰色菌叢と粉状の分生子の集塊）
　　　　　〔①-⑤⑦-⑨牛山欽司　⑥近岡一郎〕

図 2.101　リンゴの病害　　　　〔口絵 p 315〕
①②赤星病　③うどんこ病　④⑤疫病　⑥炭疽病　⑦斑点落葉病　⑧⑨腐らん病
　　　　　　　　　　　　　〔①②近岡一郎　③-⑨飯島章彦〕

病・斑点落葉病など）は、品種間差異、発生時期、病斑の形状・色調・大きさ、病斑上における標徴（菌叢・胞子堆・粘質の分生子塊）、早期落葉の有無などにより識別する。なお、輪紋病は果実（"輪紋"症状）と枝幹（"いぼ皮"症状）に発生。また、疫病（3種類の病原菌が関与）では果実または根部が侵されるが、それぞれの病原菌が異なる。

腐らん病は枝幹に発生し、病患部には黒色の小粒点（分生子殻）が多数形成され、そこから上部が生育不良を起こし、やがて枯れる。白紋羽病は根および幹の地際部が侵されるため、樹全体の生育が悪く、葉は小型化して淡黄色となり、早期落葉・落果を起こす。一部の土壌を掘り上げ、根の表面・表皮下における白色・扇状（鳥の羽状）の菌糸束を確認するとよい。

高接病は数種のウイルスが関与して、生育不良を起こし、被害樹の枝幹に亀裂を生じ、台木の幹・根の樹皮に壊疽、木質部にピッティングが見られる。また、モザイク病（葉のモザイク症状：病原未確認）や、奇形果（くぼみ・凹凸症状）、さび果（コルク化・さび症状）、斑入り果（着色むら・さび症状）など、果実のみに特有の病徴を現す、接ぎ木伝染性病害（病原未確認のものもある）について判別する。

〔防除指針〕
① 園地近くのビャクシン類（中間宿主）を除去する（赤星病）。
② 罹病落葉・果実および剪定罹病枝は園内に放置せず、外に搬出して処分する。
③ 病患部の粗皮削りを行うとともに、薬剤を塗布する（輪紋病・腐らん病）。
④ 罹病樹は適正な整枝を行うともに、罹病根の切除、ならびに薬剤による根部の治療処理を実施する（白紋羽病）。
⑤ 適宜、薬剤散布を実施する。
⑥ 高接ぎする際には、ウイルスフリー母樹から採取された穂木を用いる。

(3) ナシ
〔診断のポイント〕（図 2.102）

黒星病・黒斑病・胴枯病・萎縮病などはとくに発病の品種間差異が顕著である。葉（新梢を含む）および果実に発生する病害（赤星病・黒星病・黒斑病・疫病）は発生時期および部位別病徴・標徴（菌叢・胞子堆）によって区別できる。うどんこ病は葉のみに発生（梅雨明け頃から発生し、秋期に閉子嚢殻を多量形成）し、これも目視診断は容易である。

枝枯病および胴枯病は、主に枝幹に発生するが、ときには無袋の果実を侵すことがある。両者の太枝や幹における症状は酷似するので、病原菌の確認が必要である。また、輪紋病は葉・果実に同心輪紋症状を、枝幹には"いぼ皮"症状を示す。なお、'幸水'などの高樹齢化や樹勢の衰えに伴ってしばしば問題となる萎縮病は、木材腐朽菌の一種（チャアナタケモドキなど）に起因する。はじめは側枝・亜主枝の単位で生育不良・萎凋・枯死が起こり、他の枝幹病害と似るところもあるが、枝幹の表面には陥没・亀裂・いぼ皮などの所見が認められない（まれに子実体を形成）。

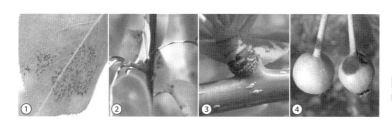

図 2.102　ナシの病害〔口絵 p 316〕
① うどんこ病　② - ④ 黒星病
〔① 星 秀男　② - ④ 青野信男〕

白紋羽病は根および幹の地際部が侵される。罹病成木は樹全体の新梢の生育が劣り、着蕾・着果不良を起こし、葉が生気を失って、樹勢が年ごとに衰弱する。根や地際幹の表面ないし表皮下の白色、扇状（鳥の羽状）菌糸束を確認すれば診断できる。この菌糸束を検鏡すると菌糸は隔壁部近くで膨大している。

　えそ斑点病（病原未確認；接ぎ木伝染性の病害）は二十世紀や新高など、特定品種のみの葉に、えそ性の小斑点を多数生じる。

〔防除指針〕

① 園地近くのビャクシン類（中間宿主）を除去する（赤星病）。
② 罹病落葉・果実および剪定罹病枝は園内に放置せず、外に搬出して処分する。
③ 病患部の粗皮削りを行うとともに、薬剤を塗布する（輪紋病・胴枯病）。
④ 罹病樹は適正な整枝を行うとともに、被害根の切除、ならびに薬剤による根部の治療処理を実施する（白紋羽病）。
⑤ 草生栽培を行う（疫病）。
⑥ 適宜、薬剤散布を実施する。

(4) モ　モ

〔診断のポイント〕（図2.103）

　縮葉病は春期の新葉のみに発生し、きわめて特徴的な症状を現す。せん孔病およびせん孔細菌病はともに葉の病斑部が脱落するが、後者は枝や果実にも発生する。また、炭疽病・灰色かび病・黒星病・灰星病は、葉・芽・花・新梢など（病害の種類により発生部位が異なる）にも発生することがあるが、とくに果実の被害が経済的にも大きい。これらの病害では発生部位を確認するとともに、発生時期および果実の生育ステージ、葉・果実上の病斑の形状・色調・大きさ、病斑上の標徴（菌叢の色調や密度、粘性の分生子塊）によりほぼ識別できよう。なお、炭疽病を除いて、発病の品種間差異はあまりないようである。

　いぼ皮病は枝幹にいぼを生じ、古い病患部には小黒点粒（分生子殻）が形成される。胴枯病も枝幹に赤褐色でやや隆起した病斑ができ、やがて癌腫状を呈するが、樹皮は剥がれやすくなり、樹皮を剥ぐと発酵臭がして、分生子殻の底面が樹皮側に見える。

〔防除指針〕

① 罹病落葉・果実および剪定罹病枝は園内に放置せず、外に搬出して処分する。
② 病患部の粗皮削りを行ったあと、薬剤を塗布する（いぼ皮病・胴枯病）。
③ 適宜、薬剤散布を実施する。

(5) ウ　メ

〔診断のポイント〕（図2.104）

　主として葉のみに発生する病害（縮葉病・変葉病・環紋葉枯病）は発生時期および病徴・標徴（菌叢・胞子堆・分生子）の目視観察により容易に診断できる。また、黒星病・かいよう病は、葉や新梢のほか果実にも発生するが、黒星病では果面に緑黒色・すすかび状の菌叢（分生子の集塊）を生じ、激しいと果実が裂けて、かいよう病の症状と似るが、果肉に穿孔すること

図2.103　モモの病害　〔口絵 p316〕
①縮葉病　②③灰星病　④せん孔細菌病
〔①星　秀男　②-④飯島章彦〕

はない。一方、かいよう病では果面に紫紅色のハローを伴う小斑または果肉部に深く穿孔するものがあるが、標徴は見られない。

がんしゅ病は枝幹の病患部にざらざらした粒状の小突起を生じ、癌腫状を呈する。白紋羽病は根および幹の地際部が侵され、その表面や表皮下に生じる白色・鳥の羽状の菌糸束が診断の目安となる。

また、輪紋病は我が国においては、2009年に発見されたウイルス病で、葉に退緑斑点・斑紋、黄色輪紋が主な症状で、花弁の斑入り・奇形、果実の退緑斑紋なども起こす。植物防疫法による「緊急防除」が適用され、発生地域の指定・罹病樹等の伐採・3年間の経過観察などが行われている。

〔防除指針〕
① 罹病落葉・果実および剪定罹病枝は園内に放置せず、外に搬出して処分する。
② 病患部の粗皮削りを行うとともに、薬剤を塗布する（がんしゅ病）。
③ 罹病樹は被害根の切除、ならびに薬剤による根部の治療処理を行う（白紋羽病）。
④ 罹病樹は伐採する（輪紋病）。
⑤ 適宜、薬剤散布を実施する。

(6) ブドウ
〔診断のポイント〕（図2.105）

発生部位別に区分けしてみると、絞り込みやすくなる。例えば、主として枝葉に発生する代表的な病害としては、褐斑病・さび病・つる割病があり、果実（果房・果粒・穂軸）の被害が中心となる病害には、晩腐病（ときに花穂・葉にも発生）・灰色かび病（同）・すす点病（枝にも発生するが、枝では被害はない）・房枯病がある。また、枝葉と果実の両方に発生する病害として、うどんこ病・黒とう病・白腐病・苦腐病・べと病が挙げられる。

それぞれの病害ごとに、発生しやすい品種が異なるので、それらを見極めるとともに、各部位における発生時期、病斑の形状・色調・大きさ、標徴（菌叢の発生密度および色調・分生子層・粘質の分生子塊・分生子殻など）によってほぼ目視判別が可能であるが、標徴を形成しないで類似した症状を現すものについては、病原菌の確認が必要となる。

なお、ファンリーフ病、えそ果病、味無果病など、ウイルス病（接ぎ木伝染性；病原未確認の種類もある）に起因する葉・果実の障害が見られるが、目視診断の難しいものも多い。

図2.104　ウメの病害　〔口絵 p316〕
①環紋葉枯病　②黒星病　③変葉病
④かいよう病　〔②④飯島章彦　③星 秀男〕

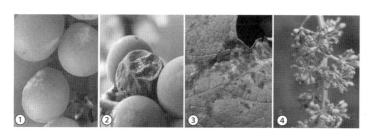

図2.105　ブドウの病害　〔口絵 p316〕
①うどんこ病　②晩腐病　③褐斑病
④べと病　〔①④飯島章彦　②牛山欽司〕

469

〔防除指針〕
① 罹病落葉・果実および剪定罹病枝は園内に放置せず、外に搬出して処分する。
② 施設では多湿にならないよう、通風換気を十分に行う。
③ 袋かけを行う。また、簡易な雨除け栽培としてもよい（晩腐病など）。
④ 適宜、薬剤散布を実施する。
⑤ 改植時にウイルスフリー苗木を導入する。

(7) カキ
〔診断のポイント〕（図2.106）
　葉に発生する病害には、角斑落葉病・円星落葉病・葉枯病（まれに枝・果実にも発生）・うどんこ病などがある。前3者はやや類似しているが、ふつうは病斑の形状・色調・大きさ・標徴などによってほぼ識別できるが、念のために病原菌（角斑落葉病＝秋に葉表病斑に子座・分生子；円星落葉病＝秋に葉裏に未熟な子嚢殻形成、越冬落葉上に5月頃、子嚢殻・子嚢胞子形成；葉枯病＝葉表の黒色分生子層・分生子）を検鏡確認しておくとよい。また、うどんこ病は夏には"薄墨"症状を呈する。各病害には発病の品種間差異が認められ、例えば、'富有'は角斑落葉病および円星落葉病に対する感受性が高いが、うどんこ病の発生は少ない。
　枝・葉および果実に発生する病害には、黒星病・炭疽病・すす点病などがあり、発生時期や各部位における病斑の形状・色調・大きさ、標徴（分生子層・粘質の分生子塊など）、または葉病斑部の穿孔の有無で容易に診断できよう。

〔防除指針〕
① 罹病落葉は園内に放置しない。とくに円星落葉病は、罹病落葉のみが第一次伝染源となるので、深めの穴を掘り、土中に埋める。
② 剪定罹病枝は園内に放置せず、外に搬出して処分する。
③ 適宜、薬剤散布を実施する。

5 花卉の病害
　主な花卉類の種類と品目ごとの代表的な病害を表2.11に示した。

(1) キク
〔診断のポイント〕（図2.107）
　葉には、不整角斑を多数生じる褐斑病・黒斑病と標徴（胞子堆）が明瞭なさび病類が発生する。さび病類は、葉表のほこり状の夏胞子（褐さび病）、葉裏の褐色の夏胞子集塊・黒色の冬胞子集塊（黒さび病）、同じくベージュ色〜白色の冬胞子塊（白さび病）により区別できる。葉縁から黒斑が拡がり腐敗を起こす（斑点細菌病）。また、褪緑色、壊疽斑（葉や茎）、矮化・生育不良などによりウイルス・ウイロイド病を区分けする（えそ斑紋病・茎えそ病・わい化病など）。
　茎葉の萎凋を伴う病害のうち、萎凋病は茎の維管束が明瞭に褐変し、立枯病は地際部がややくびれ、維管束が侵される。半身萎凋病は葉の片側、あるいは茎の片側の葉に黄褐変症状が現れ、茎維管束は断面は片側が淡く褐変する。根頭がんしゅ病は主に茎地際部に表面が粗いこぶを形成するので区別できる。その他には、地上

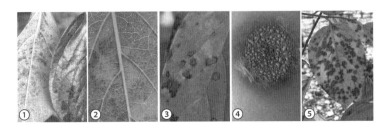

図2.106　カキの病害〔口絵 p 317〕
①②うどんこ病　③角斑落葉病
④炭疽病　⑤円星落葉病
　　〔①近岡一郎　②星　秀男　④青野信男〕

表 2.11　主な花卉類に発生する病害

作 物 名	代 表 的 な 病 害 （ 病 原 体 ）
キ ク 〔図 2.107, p 317〕	萎凋病*（*Fusarium oxysporum*）　うどんこ病（*Erysiphe* sp.） 褐さび病*（*Phakopsora artemisiae*）　褐斑病（*Septoria obesa*） 黒さび病*（*Puccinia tanaceti* var. *tanaceti*）　黒斑病（*Septoria chrysanthemella*） 白さび病*（*Puccinia horiana*）　立枯病（*Rhizoctonia solani*）　半身萎凋病*（*Verticillium dahliae*） 根頭がんしゅ病（*Rhizobium radiobacter*）　斑点細菌病（*Pseudomonas cichorii*） えそ斑紋病（INSV）　茎えそ病（CSNV）　わい化病（CSVd 他）
ガ － ベ ラ 〔図 2.108, p 317〕	うどんこ病*（*Podosphaera xanthii*）　疫病（*Phytophthora nicotianae*） 菌核病*（*Sclerotinia sclerotiorum*）　根腐病*（*Phytophthora cryptogea* 他） 半身萎凋病*（*Verticillium dahliae*）　モザイク病*（CMV 他） 根こぶ線虫病（サツマイモネコブセンチュウ他）
カーネーション 〔図 2.109, p 318〕	萎凋病（*Fusarium oxysporum* f. sp. *dianthi*）　菌核病*（*Sclerotinia sclerotiorum*） 茎腐病*（*Rhizoctonia solani*）　さび病*（*Uromyces dianthi*）　立枯病*（*Fusarium avenaceum* 他） 斑点病（*Alternaria dianthi*）　萎凋細菌病*（*Burkholderia caryophylli*） 斑点細菌病*（*Burkholderia andropogonis*）
バ ラ 類 〔図 2.110, p 318〕	うどんこ病*（*Podosphaera pannosa*）　黒星病*（*Diplocarpon rosae*） さび病*（*Kuehneola japonica* 他）　白紋羽病（*Rosellinia necatrix*） 灰色かび病*（*Botrytis cinerea*）　斑点病*（*Mycosphaerella rosicola*） 根頭がんしゅ病（*Rhizobium* spp.）
ユ リ 類 〔図 2.111, p 318〕	疫病（*Phytophthora nicotianae* 他）　乾腐病（*Fusarium oxysporum* f. sp. *lilii*） 白絹病（*Sclerotium rolfsii*）　炭疽病（*Colletotrichum liliacearum*）　葉枯病*（*Botrytis elliptica*） モザイク病*（LMoV 他）
チューリップ 〔図 2.112, p 319〕	褐色斑点病*（*Botrytis tulipae*）　球根腐敗病*（*Fusarium oxysporum* f. sp. *tulipae*） 灰色かび病*（*Botrytis cinerea*）　葉腐病*（*Rhizoctonia solani*） かいよう病*（*Curtobacterium flaccumfaciens* pv. *oortii*）　えそ病（TNV-D 他） モザイク病*（TBV 他）
トルコギキョウ 〔図 2.113, p 319〕	株腐病（*Rhizoctonia solani*）　菌核病（*Sclerotinia sclerotiorum*）　茎腐病（*Fusarium avenaceum*） 炭疽病*（*Colletotrichum acutatum*）　根腐病*（*Pythium irregulare* 他） 灰色かび病*（*Botrytis cinerea*）　えそモザイク病*（CMV）　モザイク病（BBWV 他）
スミレ類 〔図 2.114, p 319〕	疫病（*Phytophthora cactorum* 他）　黒かび病*（*Pseudocercospora violae*） 黒点病（*Mycocentrospora acaerina*）　そうか病*（*Sphaceloma violae*） 根腐病（*Thielaviopsis basicola*）　灰色かび病*（*Botrytis cinerea*） 斑点病（*Septoria violae*）　モザイク病*（CMV）
シクラメン 〔図 2.115, p 320〕	萎凋病*（*Fusarium oxysporum* f. sp. *cyclaminis*）　炭疽病*（*Colletotrichum gloeosporioides*） 灰色かび病*（*Botrytis cinerea*）　軟腐病（*Pectobacterium carotovorum*） 葉腐細菌病*（*Pantoea agglomerans*）
シャクヤク・ ボ タ ン 〔図 2.116, p 320〕	うどんこ病（*Erysiphe paeoniae*）　褐斑病*（*Pseudocercospora variicolor*） 白紋羽病*（*Rosellinia necatrix*）　根黒斑病*（*Cylindrocarpon destructans*） 灰色かび病*（*Botrytis cinerea*） 斑葉病*（ボタンでは「すすかび病」; *Graphiopsis chloroceohala*） 葉枯線虫病*（イチゴセンチュウ他）

〈注〉作物名欄の〔図〕を参照；ウイルス・ウイロイドは表中には略称で示し，索引の「ウイルス・ウイロイド」の項に学名・和名を
　　　掲載した

部の生育不良や萎凋枯死を引き起こす線虫病と
して、根部に平滑な小こぶが連続的に生じる根
こぶ線虫病、ならびに根を加害して根部の褐変

腐敗をもたらす根腐線虫病などが発生する。
〔防除指針〕
① 挿し芽は健全な繁殖用親株から採穂する。

② 罹病茎葉・花器などを発病初期に摘除し、また、栽培終了後の罹病株残渣も圃場外に持ち出して処分する。
③ 施設栽培では頭上灌水・多灌水を避けるとともに、通風・換気を十分に行い、多湿にならないように管理する。
④ 圃場・鉢土の排水を良好にする。
⑤ 茎葉の菌類病には、登録薬剤を散布する。
⑥ 土壌伝染性病害、線虫病やウイルス病のように、回復の見込みのない罹病株は早期に除去処分する。
⑦ 作付け前に太陽熱（施設の地床栽培）、あるいは薬剤（露地・施設栽培；用土）または蒸気（用土）による土壌消毒を行う。

(2) ガーベラ
〔診断のポイント〕（図 2.108）
　地上部には花器・花柄・葉の白粉（うどんこ病）、葉柄・花柄基部の水浸状腐敗（疫病）、白色菌叢と黒色菌核・腐敗枯死（菌核病）、葉のモザイク・奇形・矮化・生育不良（モザイク病などのウイルス病）などの病害が発生し、開花異常にはホコリダニ類やアザミウマ類などの微小害虫が関与する。
　全身の症状には、急激な萎れと株枯れ（根腐病）、株の部分的な褐変・維管束の淡褐変と生育不良（半身萎凋病）、萎凋・株枯れ・根に多数のこぶ（根こぶ線虫病）などがある。

〔防除指針〕
① 圃場・鉢土の排水を良好にする。
② 施設では通風・換気を十分に行い、多湿にならないように管理する。
③ 罹病茎葉は発病初期に摘除する。また、罹病株残渣は圃場外に持ち出して処分する。
④ 適宜、登録薬剤を散布する。
⑤ 土壌伝染性病害、線虫病や、モザイク病等のウイルス病罹病株は早期に除去処分する。
⑥ 作付け前に太陽熱（施設の地床栽培）、あるいは薬剤（露地・施設栽培；用土）または蒸気（用土）による土壌消毒を行う。

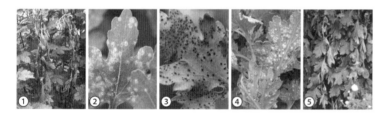

図 2.107　キクの病害　〔口絵 p 317〕
①萎凋病　②褐さび病　③黒さび病
④白さび病　⑤半身萎凋病
〔①牛山欽司　④星 秀男〕

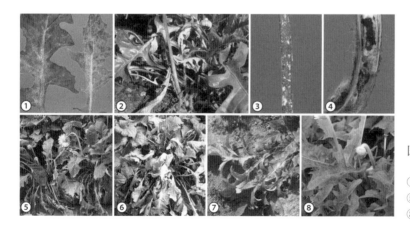

図 2.108　ガーベラの病害
〔口絵 p 317〕
①うどんこ病　②‐④菌核病
⑤根腐病　⑥⑦半身萎凋病
⑧モザイク病

(3) カーネーション

〔診断のポイント〕（図2.109）

　葉の症状には、褐色または黒色の胞子堆（さび病；黒さび病は特定系統に発生）、黒色～暗褐色で中央淡褐色の円斑、病斑上にすす状の分生子（斑点病）、水浸状不整斑・葉身枯れ（斑点細菌病）などがある。また、白色菌叢と黒色菌核を生じ、株の腐敗枯死に至る（菌核病）。

　株全体の萎凋症状と枯死には、導管褐変（萎凋病）、茎地際部のくびれと腐敗（茎腐病）、茎地際部の枯れ上がり（立枯病）、罹病茎の水差しで菌泥の溢出（萎凋細菌病）などが診断の目安となる。その他、モザイク症状など各種ウイルス病による症状が発生する。

〔防除指針〕

① 採穂用親株は健全なものを選ぶ。または、ウイルスフリー苗（培養苗）を導入する。
② 圃場・鉢土の排水を良好にする。
③ 施設では通風・換気を十分に行う。
④ 罹病茎葉は発病初期に摘除する。
⑤ 適宜、登録薬剤を散布する。
⑥ 土壌伝染性病害、線虫病や、モザイク病等のウイルス病罹病株は早期に除去処分する。
⑦ 作付け前に太陽熱（施設の地床栽培）、あるいは薬剤（露地・施設栽培；用土）または蒸気（用土）による土壌消毒を行う。

(4) バラ類

〔診断のポイント〕（図2.110）

　バラ属植物は系統や種によって各種病害に対する感受性が異なるので、分類・所属を確認しておくとよい。また、露地・施設での発生病害の違いを把握しておく。例えば、黒星病は露地のセイヨウバラに常発し、斑点病はノイバラ系の種や品種に多い。うどんこ病は施設栽培で大発生することがある。

　葉では、白粉・新梢の奇形（うどんこ病；花蕾にも発生）、周縁不明瞭は灰黒色の円斑・黄変・落葉（黒星病；若い茎にも黒斑を発生）、小型角斑と表面のすすかび状物（斑点病；分生

図2.109　カーネーションの病害
〔口絵　p318〕
①②菌核病　③茎腐病　④さび病
⑤立枯病　⑥⑦萎凋細菌病　⑧斑点細菌病
〔①②近岡一郎　③⑤牛山欽司　⑦青野信男〕

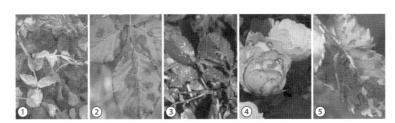

図2.110　バラ類の病害
〔口絵　p318〕
①うどんこ病　②黒星病　③さび病
④灰色かび病　⑤斑点病

子の集塊）、さび病は病原菌の種類により標徴が異なり、淡黄色の夏胞子塊や黒色の冬胞子が集合するので、目視やルーペで容易に判別できる。葉のモザイク・細葉・矮化奇形症状は各種ウイルス病で現れる。

　花弁や花蕾には褐色・紅色等の小斑点を多数生じ、湿潤が続くと水浸状に拡がり、灰色粉状の分生子の集塊を形成する（灰色かび病）。

　土壌伝染性病害として、茎基部や根部の癌腫（根頭がんしゅ病）、同じく白色の菌糸膜と根の腐敗（白紋羽病）などを生じる。

〔防除指針〕

① うどんこ病・黒星病は種や栽培品種間で感受性の差異が大きいので、栽培目的に適した種や品種を選ぶ。

② 罹病茎葉・花器などを発病初期に摘除する。

③ 施設栽培では通風・換気を十分に行い、多湿にならないように管理する。

④ 登録農薬は種類が豊富なので、目的にあった農薬を選択する。根頭がんしゅ病には微生物農薬が登録されている。

(5) ユリ類

〔診断のポイント〕（図 2.111）

　葉の病害としては、紡錘斑～不整褐斑（葉枯病）、淡褐色長円状の病斑・黒色の分生子層を産生（炭疽病）の症状があるが、葉枯病は花蕾にも褐斑を生じ、開花不良をもたらす。茎・地際部や先端部に暗褐色・水浸状の腐敗を生じて倒伏・株枯れを起こす（疫病）。葉茎にモザイク症状や奇形・矮化症状を発現し、激しいと褐変枯死する（モザイク病）。

　土壌伝染性病害の症状として、地際部や球根に白色の光沢ある菌糸束の蔓延・淡褐色の小菌核を多数形成し、株枯れに至る（白絹病）。根や球根に小褐斑と腐敗、維管束の褐変を起こす（乾腐病）。他にネダニ類による根や盤茎の食害により著しい生育不良・株枯れが頻発する。

〔防除指針〕

① 健全球を植え付ける。

② 圃場・鉢土の排水を良好にする。

③ 施設では通風・換気を十分に行う。

④ 用土は新しいものを使用するか、蒸気または薬剤で消毒する。

⑤ 発病初期に葉の摘除を行うとともに、回復の見込みのない株は抜き取り処分する。

⑥ 適宜、登録薬剤を散布する。

⑦ 土壌伝染性病害の多発地では輪作を行う。

(6) チューリップ

〔診断のポイント〕（図 2.112）

　葉や花弁に多数の色抜けした小斑点を生じて葉枯れや花枯れを起こす（褐色斑点病）。灰色かび病は褐色斑点病と類似症状を呈するが、病斑が拡大し、分生子集塊が豊富に形成することから区別できる。また、各種ウイルス病が発生し、花弁の色割れ（斑入り）や花冠の奇形、葉のモザイク・捩れ（以上、モザイク病）、葉の壊疽・葉枯れ・矮化（えそ病）を現す。

　土壌伝染性病害では、萌芽時に葉に褐色の斑点を生じ、病斑部が破れて奇形葉になり、激しいと萌芽せず、土壌中で腐敗する（葉腐病）、

図 2.111　ユリ類の病害
〔口絵 p 318〕
①②葉枯病　③④モザイク病

葉茎に水浸状の病斑が拡がり、葉腐れ・株腐れを起こす（疫病）、萌芽時の新葉や生育期の地際茎が侵されて矮化・枯死を誘発し、罹病部に白色〜桃色の菌叢と分生子の集塊を形成する（茎枯病）、などの症状が見られる。また、開花期以降に葉枯れや球根腐敗を起こし、白色菌叢が球根に充満する（球根腐敗病）、葉表皮の剥離裂開と葉肉崩壊による"爆裂"や、花弁の"火膨れ"（かいよう病）、などの症状が複合的に発生する。他に、ネダニ類による根・盤茎の食害による球根腐敗および株枯れが起こる。

貯蔵球根を侵す病害には、上記の疫病（水浸状の腐敗）、球根腐敗病（白色菌叢が特徴）、かいよう病（黄色の染み状の斑点）のほか、黒腐病（黒変が内部に進む）などがある。

〔防除指針〕
① 圃場・鉢土の排水を良好にし、水が滞留しないようにする。
② 貯蔵時に健全球根を厳選するとともに、作付け時にも再度チェックする。
③ 罹病茎葉・花器などを発病初期に摘除し、また、栽培終了後の罹病株残渣も圃場外に持ち出して処分する。
④ 適宜、地上部病害の薬剤散布を行う。
⑤ 土壌伝染性病害は、鉢土栽培では用土を新しいものに替える。また、地床栽培では輪作するか、太陽熱（施設栽培）または薬剤で土壌消毒を行う。

(7) トルコギキョウ（ユーストマ）
〔診断のポイント〕（図2.113）

茎葉の病害では、葉にはじめ網目状の黄変を生じ、葉や茎には橙色の分生子粘塊を輪紋状に形成して、茎罹病部から上方は枯死する（炭疽病）。花弁や花蕾に脱色した小斑点を多数生じ、茎や葉では水浸病斑上に淡灰褐色の分生子の集塊を密生し、茎に発生すると上部の茎葉は萎凋枯死する（灰色かび病）。茎葉に水浸状病斑が拡がり、すぐに白色菌叢が蔓延し、黒色菌核を形成する（菌核病）。ウイルスによる病害は、葉のモザイク、茎葉の壊疽、矮化、株枯れなどの症状を生じる（えそ病・えそモザイク病・モ

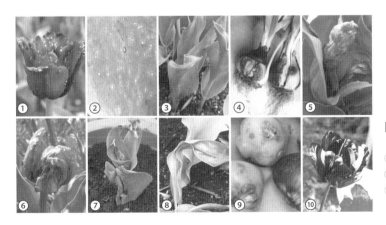

図2.112　チューリップの病害
〔口絵 p319〕
①②褐色斑点病　③④球根腐敗病
⑤⑥灰色かび病　⑦葉腐病
⑧⑨かいよう病　⑩モザイク病
〔④⑧・⑩牛山欽司〕

図2.113　トルコギキョウ（ユーストマ）の病害
〔口絵 p319〕
①炭疽病　②根腐病　③④灰色かび病
⑤えそモザイク病

ザイク病）が、これらの病徴は非常に酷似していて、目視診断は難しい。

土壌伝染性病害では、地際部の茎および葉が腐敗・枯死する（株腐病）、根と茎地際部が褐変腐敗し、のち髄部も腐敗、萎凋枯死し、罹病部に白色菌糸が拡がり、淡桃色の分生子集塊が形成される（茎腐病）、苗や採花期までの中下位の葉が萎れ、のち株枯れを起こし、根は褐変腐敗する（根腐病）などの症状がある。その他には、線虫による被害も大きい。

〔防除指針〕
① 水を停滞させないなど、栽培土壌や施設の環境を整備する。
② 健全苗を育成・定植する。
③ 発病初期に摘除や抜き取り処分行う。罹病残渣は適正に処分する。

(8) スミレ類（パンジー、ビオラ）
〔診断のポイント〕（図 2.114）

葉に円状の病斑を生じる病害には、黒かび病、黒点病、斑点病などがある。黒かび病は淡灰褐色で周縁赤褐色となり、表面にすすかび状物（分生子の集塊）を生じ、黒点病は葉、花柄および葉柄に紫色を帯びた眼点状の小斑点を多数形成する。斑点病は病斑上に小黒点（分生子層）を散生する。そうか病は白色・かさぶた状の小斑が葉・花柄などに多数生じる。密植する花壇では花弁に脱色あるいは褐色小斑点を多数生じ、花弁や葉の枯死部には淡灰褐色・粉状の分生子の集塊が多数生じる（灰色かび病）。花弁の色割れや葉のモザイク・捻れ・奇形症状はモザイク病による。

育苗時や植栽で過湿状態が続くと、葉や株の急激な腐敗が起こる（疫病）。地下部の病害として、根が黒変、茎葉が萎凋枯死する根腐病が発生する。

〔防除指針〕
① 育苗時の過灌水を控えるとともに、地床栽培では排水をよくする。
② 密植を避け、株間の通風を図る。
③ 病葉等の摘除や、下葉かきを励行する。モザイク病罹病株は抜き取る。
④ 適宜、登録農薬を散布する。

(9) シクラメン
〔診断のポイント〕（図 2.115）

地上部の病害として、葉に円状の斑点が進展し、病斑上に小黒点（分生子層）を輪紋状に形成し、湿潤時には鮭肉色の分生子の粘塊が溢出する（炭疽病）。花弁に染み状の小斑を多数形成し、葉柄や花柄の基部には水浸状の腐敗を生じ、罹病部には淡灰色・粉状の分生子集塊を密生する（灰色かび病）。葉の生気が失せ、葉柄基部から軟化腐敗が進行し、塊茎内にも及んで株枯れに至る（葉腐細菌病）。

土壌伝染性病害の萎凋病は下葉から黄変萎凋し、塊茎の導管部が褐変するので、診断は容易である。また、軟腐病は葉腐細菌病と類似の症状を示すが、腐敗部には特有の異臭があることから区別できる。

〔防除指針〕
① 育苗用土は消毒したものを用いる。
② ポットごとの底面吸水や、ドリップ灌水を行い、頭上灌水は避ける。

図 2.114　スミレ類（パンジー・ビオラ）の病害
〔口絵 p 319〕
①黒かび病　②そうか病
③灰色かび病　④モザイク病
〔①②牛山欽司〕

③ 摘葉作業に用いるピンセット等の器具はこまめに消毒する。
④ 病株（鉢）や、病葉・病花・病蕾などは見つけしだい、速やかに除去処分する。
⑤ 発生前またはごく初期から、登録薬剤を散布あるいは土壌灌注する。

(10) シャクヤク・ボタン
〔診断のポイント〕（図2.116）

葉には、開花後期から白粉を円状〜全面に生じる（うどんこ病；ボタンでは通常は発生しない）。円形〜不整形の褐斑上にすすかび状物（分生子の集塊）が密生する（褐斑病）。花蕾や花茎が萎凋褐変し、淡灰褐色・粉状の分生子集塊を密生する（灰色かび病；症状は立枯病と類似する）。葉に不整円斑を生じ、病斑上に暗緑黒色のすす状物（分生子柄と分生子の集塊）を密生する（同一病原菌によるシャクヤク斑葉病およびボタンすすかび病）。葉に葉脈に囲まれた淡褐色斑を生じ、また、芽の奇形を起こすことがある（葉枯線虫病）。

地下部の病害として、白紋羽病と根黒斑病が広く発生する。いずれも株の萎凋や生育不良を起こし、枯死に至る。前者は茎地際部と根部に白色の菌糸束・菌糸膜が被い、後者は根部や茎地際部にやや凹んだ黒色の病斑を形成することで区別できる。

〔防除指針〕
① 罹病株や罹病残渣は早期に処分する。
② 植栽地の排水を良好にする。
③ 適宜、登録農薬を散布する（うどんこ病・灰色かび病）。
④ 新規植栽前に土壌消毒を行う（白紋羽病・根黒斑病）。

図2.115 シクラメンの病害 〔口絵 p 320〕
①②萎凋病 ③④炭疽病
⑤⑥灰色かび病 ⑦⑧葉腐細菌病
〔②牛山欽司〕

図2.116 シャクヤク・ボタンの病害 〔口絵 p 320〕
①うどんこ病 ②褐斑病 ③白紋羽病
④⑤根黒斑病 ⑥灰色かび病
⑦斑葉病 ⑧葉枯線虫病
〔②牛山欽司 ⑤⑧近岡一郎〕

6　樹木・花木の病害

主な樹木・花木類の種類とそれぞれの代表的な病害を表2.12に示した。

(1) マツ
〔診断のポイント〕（図 2.117）

葉に生じる病害（褐斑葉枯病・すす葉枯病・赤斑葉枯病・葉枯病・葉さび病・葉ふるい病・ペスタロチア葉枯病など）は、葉の黄変、葉枯れ、落葉などを起こす。罹病部にそれぞれ特徴的な菌体（すすかび状物、黄粉の集塊、黒色粘塊など）を生じるので、ルーペ観察すると区別できる。発生時期もそれぞれ特徴があるので把握しておく。葉ふるい病は落葉上に、黒色のやや隆起した長円形で、縦に裂け目のある子嚢盤を生じることから判別できる。

こぶ病は枝・幹に癌腫状のこぶを形成し、黄色粉状の胞子がこぶの裂け目から溢れ出る。材線虫病は太枝単位で萎れ・枝枯れが進行するこ

図 2.117　マツ類の病害　　〔口絵 p 321〕
①-③褐斑葉枯病　④⑤こぶ病　⑥⑦葉枯病
⑧葉さび病　⑨⑩葉ふるい病
〔①-⑨周藤靖雄　⑩牛山欽司〕

表2.12　主な樹木・花木類に発生する病害

作物名	代表的な病害（病原体）
マツ類 〔図 2.117, p 321〕	褐斑葉枯病*（*Lecanosticta acicola*）　こぶ病*（*Cronartium orientale*） すす葉枯病（*Rhizosphaera kalkhoffii*）　赤斑葉枯病（*Dothistroma septospora*） 葉枯病*（*Pseudocercospora pinidensiflorae*）　葉さび病*（*Coleosporium asterum* 他） 葉ふるい病*（*Lophodermium pinastri*）　ペスタロチア葉枯病（*Pestalotiopsis disseminata* 他） 材線虫病（マツノザイセンチュウ）
ツツジ類 〔図 2.118, p 321〕	うどんこ病*（*Erysiphe izuensis*）　褐斑病*（*Septoria azaleae*） さび病*（*Chrysomyxa ledi* var. *rhododendri*）　花腐菌核病*（*Ovulinia azaleae*） ペスタロチア病*（*Pestalotiopsis maculans* 他）　葉斑病（*Pseudocercospora handelii*） もち病*（*Exobasidium japonicum, E. cyindrosporum* 他）
サクラ類 〔図 2.119, p 322〕	うどんこ病（*Podosphaera* spp.）　こふきたけ病*（*Ganoderma applanatum*） 白紋羽病（*Rosellinia necatrix*）　さめ肌胴枯病*（*Botryosphaeria dothidea*） せん孔褐斑病*（*Pseudocercospora circumscissa*）　てんぐ巣病*（*Taphrina wiesneri*） 胴枯病（*Valsa ambiens*）　ならたけ病（*Armillaria mellea*）　灰星病（*Monilinia fructicola*） ならたけもどき病（*Armillaria tabescens*）　幼果菌核病*（*Monilinia kusanoi*） べっこうたけ病*（*Perenniporia fraxinea*）　根頭がんしゅ病（*Rhizobium* spp.）
ハナミズキ 〔図 2.120, p 322〕	うどんこ病*（*Erysiphe pulchra*）　白紋羽病*（*Rosellinia necatrix*） とうそう病*（*Elsinoë corni*）　斑点病*（*Pseudocercospora cornicola*） 紫紋羽病（*Helicobasidium mompa*）　輪紋葉枯病*（*Haradamyces foliicola*）

（注）作物名欄の〔図〕を参照

とがあり、やがて、樹全体が萎凋するように褐変・枯死する。葉の黄変には、葉基部に寄生するマツカキカイガラムシや、スギノハダニなどのハダニ類も関与することがあるので、寄生の有無を確認するとよい。

〔防除指針〕
① 葉に発生する病害は病葉を早めに摘除するとともに、落葉を集めて処分する。
② こぶ病菌・葉さび病菌はさび病菌の一種であり、前者はナラ・カシ類、後者はキハダなどと宿主交替するので、近隣にこれら中間宿主を植栽しない。
③ すす葉枯病・葉ふるい病は樹勢が衰えると発生しやすいので、まず樹勢回復を図る。
④ 葉の病害には登録薬剤を散布する。
⑤ 材線虫病には樹体注入剤が予防的に有効である。ただし、罹病株は回復せず、伝染源となるので、早期に伐倒・処分する。

(2) ツツジ類
〔診断のポイント〕（図 2.118）
ツツジ科植物内の分類（系統や属、および属内の所属）を把握しておくとよい。葉では、白粉（うどんこ病）、黄色の胞子集塊（さび病）、小角斑（褐斑病はオオムラサキの系統に発生が多い；葉斑病は分生子が叢生し、すすかび状になり、シャクナゲ類にも発生）、肥厚・肥大・奇形（もち病；病原菌の種により症状が異なるので病原菌の判別可能）、不整形大型褐斑（多数の黒色分生子層）などが区別点となる。
花腐菌核病は花弁・蕾に小斑点および腐敗を生じ、長さ数 mm で、かさぶた状の薄い黒色菌核を形成する。

〔防除指針〕
① 罹病葉や落葉の除去処分を徹底する。
② 罹病部は白粉が生じないうちに、早めに摘除する（もち病）。
③ 適宜、登録薬剤を散布する。

(3) サクラ類
〔診断のポイント〕（図 2.119）
葉・果実の病害は白粉（うどんこ病）、小褐斑と病斑部の脱落（せん孔褐斑病）、新葉・幼果の腐敗（幼果菌核病）、分生子集塊の色調の違い（幼果菌核病は薄桃色、灰星病は灰色を帯びる）、発生時期などにより区分できる。てんぐ巣病は小枝が叢生し、開花期に小葉が密生するので診断が容易であり、'ソメイヨシノ'に特異的に発生し、ヤマザクラ系などには被害を起こさない。
枝幹病害（胴枯病類・がんしゅ病・こうやく病類など）は種類が多いが、症状や標徴（子実果・分生子角の色および形状）などが診断の手がかりとなる。材質腐朽菌類（コフキタケ・ナ

図 2.118 ツツジ類の病害
〔口絵 p 321〕
①うどんこ病 ②褐斑病 ③④さび病
⑤花腐菌核病 ⑥ペスタロチア病
⑦⑧もち病

ラタケ・ベッコウタケなど）は倒木などの被害を起こすが、子実体の形状や発生部位などにより類別できる。

〔防除指針〕
① 叢生した枝や罹病した枝葉は切除し、周辺に放置しないで適切に処分する。
② 材質腐朽病予防として、草刈り器などで、地際の根などを傷つけない。また、剪定痕には癒合剤の塗布を励行する。
③ 葉の病害は登録薬剤を散布する。

(4) ハナミズキ
〔診断のポイント〕
葉の病害は、白粉に被われ、波打ちなどの奇形葉や苗木の生育阻害（うどんこ病）、紅色〜褐色の小斑点と穿孔（とうそう病）、褐色の小角斑（斑点病）、輪紋状斑と葉枯れ（輪紋葉枯病）、発生時期などで区別できる。

苗木・成木ともに、株全体の萎凋に伴う被害は白紋羽病が多く、紫紋羽病も発生する。両者はいずれも根部の腐敗を生じるが、罹病部に貼り付く菌糸束の色調（白色、赤紫色）の違いで容易に類別できる。なお、シイノコキクイムシなどの穿孔性害虫によって、枝先が枯死する被害が発生するが、穿孔口や孔道を確認することにより、枝枯れ性の病害と区別する。

〔防除指針〕
① 罹病落葉は周辺に放置せず、深めの穴に埋めるなど、適切に処分する。
② 葉の病害は登録薬剤を散布する。
③ 白紋羽病・紫紋羽病の罹病樹は伐採し、その根株を丁寧に除去処分する。

図 2.119　サクラ類の病害〔口絵 p 322〕
①こふきたけ病　②③さめ肌胴枯病
④せん孔褐斑病　⑤幼果菌核病
⑥⑦てんぐ巣病　⑧ならたけもどき病
⑨べっこうたけ病
〔②③周藤靖雄　⑧竹内 純　⑨牛山欽司〕

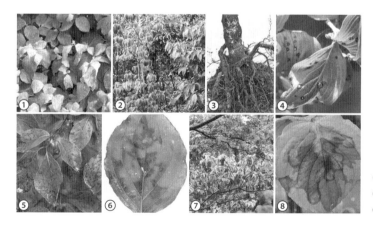

図 2.120　ハナミズキの病害
〔口絵 p 322〕
①うどんこ病　②③白紋羽病
④とうそう病　⑤⑥斑点病
⑦⑧輪紋葉枯病
〔③牛山欽司〕

参考文献・参考図書一覧

I　植物病原菌類・菌類病関係（菌類・植物病害全般を含む）

Agrios,G.N.（2005）Plant Pathology（5th ed.）. Elsevier. ＝豊富な写真と図版を掲載. 大学の教科書として定評.

Barnett, H.L. & Hunter, Barry B.（1998）Illustrated gerera of Imperfect fungi. APS PRESS.
　＝不完全菌類の属の解説と豊富な図版.

Braun, U., Cook, R.T. A.（2012）Taxonomic manual of the Erysiphales（powdery mildews）. CBS Biodiversity Series No.11. CBS Utrecht.
　＝うどんこ病菌のモノグラフ. 新分類体系をさらに修正提案. 多くの図版、種の形態・測定値を掲載.

Cannon, P.F. & Kirk, P.M.（2007）Fungal families of the world. CABI.

土壌微生物研究会編（1992）土壌微生物実験法. 養賢堂

Dugan, Frank M.（2006）The identification of fungi. An illustrated introduction with keys, glossary, and guide to literature. APS Press.
　＝菌群ごとの解説と図版, 簡潔な分類検索表, 該当文献（モノグラフ等）を掲載.

江塚昭典・安藤康夫（1994）チャの病害. 日本植物防疫協会.

Gallegly Mannon E. & Hong C.（2008）Phytophthora － Identifying species by Morphokogy and DNA fingerprints － . APS Press.
　＝疫病菌のモノグラフ. 写真が豊富で形態の記載も充実.

ゴルファーの緑化促進協力会〔編〕（2007）緑化樹木腐朽病害ハンドブック －木材腐朽菌の見分け方とその診断. 日本緑化センター.
　＝木材腐朽菌65種のカラー写真が豊富. 菌の生態や判別ポイントを解説.

濱屋悦次〔編〕（1990）応用植物病理学用語集. 日本植物防疫協会.

Hanlin, Rhichard T.（1989）Illustrated genera of Ascomycetes vol.1. APS Press.
　＝子嚢菌類の属の解説と豊富な図版.

Hanlin, Rhichard T.（1998）Illustrated genera of Ascomycetes vol.2. APS Press. ＝上記の続編.

Hiratsuka N., Sato S., Katsuya K., Kakishima M., Hiratsuka Y., Kaneko S., Ono Y., Sato T., Harada Y., Hiratsuka T. & Nakayama K.（1992）The rust flora of Japan. Tsukuba Shuppankai.
　＝さび病菌のモノグラフ. 本邦で記録されたすべての種を網羅.

本間保男・佐藤仁彦・宮田 正・岡崎正規〔編〕（1997）植物保護の事典. 朝倉書店.

堀 大才・岩谷美苗（2002）図解　樹木の診断と手当て -木を見る・木を読む・木と語る-. 農山漁村文化協会.

堀江博道・難波成任・西尾　健（2008）植物医科学（上）（難波成任監修）. 養賢堂.

堀江博道・高野喜八郎・植松清次・吉松英明・池田二三高（2001）花と緑の病害図鑑. 全国農村教育協会.
　＝花卉・植木・家庭用果樹の主要害害を網羅. 各病害に数点の写真, 主要病原菌の図版も掲載し, 診断を重視.

細辻豊二他（1999）改訂新版 芝生の病虫害と雑草. 日本植物防疫協会.

池上八郎・勝本 謙・原田幸雄・百町満朗（1996）新編植物病原菌類解説. 養賢堂.

伊藤一雄（1971）樹病学体系 I. 農林出版.

伊藤一雄（1973）樹病学体系 II. 農林出版.

伊藤一雄（1974）樹病学体系 III. 農林出版.

伊藤誠哉（1936）大日本菌類誌　第一巻 藻菌類. 養賢堂. ＝卵菌類等を網羅. 図版が豊富.

伊藤誠哉（1938）第二巻 担子菌類　第一号 銹菌目　層生銹菌科. 養賢堂.
　＝さび病菌のモノグラフ. 図版が豊富.

伊藤誠哉（1950）第二巻 担子菌類　第三号 銹菌目　柄生銹菌科・不完全銹菌科. 養賢堂.
　＝さび病菌のモノグラフ. 図版が豊富.

梶原敏宏他〔編〕（1986）作物病害虫ハンドブック. 養賢堂.

柿島 真（1982）日本産黒穂菌類の分類学的研究. 筑波大学農林学研究 1. 1- 124.
　＝本邦の黒穂病菌を網羅. 形態と分布の記載, 文献が豊富.

勝本 謙（1996）菌学ラテン語と命名法. 日本菌学会関東支部.
　＝学名の命名の仕方, 学名の由来などをわかりやすく記述. 電子版が発行されている.

Kirk, Paul M., Cannon, Paul F., Minter, David W. & Stalpers, Joost A.（2001）Dictionary of the fungi（9th.ed.）. CAB International.
　＝分類体系, 菌類の用語解説, 科, 属などの解説など.

Kirk, Paul M., Cannon, Paul F., Minter, David W. & Stalpers, Joost A.（2008）Dictionary of the fungi（10th.ed.）. CAB International. ＝同上.

岸 國平〔編〕（1998）日本植物病害大事典. 全国農村教育協会.
　＝「病名目録」（初版）登録の病害を網羅. 病害ごとに症状, 病原, 伝染の項目を記述し, 1～数点の写真を掲載.

岸 國平・我孫子和雄（2002）野菜病害の見分け方 －診断と防除のコツ－. 全国農村教育協会.
　＝野菜類の病害の症状や病原の解説. 写真が豊富.

小林享夫〔編〕（1988）カラー版解説 庭木・花木・林木の病害. 養賢堂.

小林享夫・佐藤邦彦・佐保春芳・陣野好之・寺下隆喜茂・鈴木和夫（1986）新編 樹病学概論. 養賢堂.

参考文献・参考図書一覧

小林享夫・勝本 謙・我孫子和雄・阿部恭久・柿島 真（1992）植物病原菌類図説．全国農村教育協会．＝我が国で報告された植物病原菌類の属の形態の図版，特徴を掲載．1990年頃までの参考図書が豊富．

Kobayashi, T.（2007）Index of fungi inhabiting woody plants in Japan －Host, Distribution and Literature－ 日本産樹木寄生菌目録 －宿主，分布および文献－．全国農村教育協会．
＝2000年までの文献に基づき，我が国において樹木類に記録された菌名，病名，宿主植物名，文献名を網羅．

国立科学博物館〔編〕（2008）菌類の不思議 形とはたらきの驚異の多様性．東海大学出版会．
＝菌類全般について基礎から最新情報まで分かりやすく記述．写真や図版も豊富．

駒田 旦・小川 奎・青木孝之（2011）フザリウム －分類と生態・防除－．全国農村教育協会．
＝植物寄生以外のFusarium属菌についても充実した情報を網羅．

是永龍二・小泉銘冊（2001）ひと目でわかる果樹の病害虫 第1巻（改訂版）ミカン・ビワ・キウイ．日本植物防疫協会．

松田 明（1977）野菜の土壌病害．農山漁村文化協会．
＝土壌病害の診断，伝染方法，発病条件，防除法の具体例について，試験成績を基にした総説．

日本菌学会〔編〕（1996）菌学用語集．メディカルパブリシャー．

日本菌学会〔編〕（2013）菌類の事典．朝倉書店．
＝菌類の系統・分類，生態，資源・利用，有害性（病気），民俗・文化など，菌類に関する基礎・応用の広範囲の情報を掲載．

日本植物病理学会〔編〕（2000）日本植物病名目録．日本植物防疫協会．
＝病名登録された病名を全登載．食用作物，野菜など，作物・植物の大分類ごとに構成．

日本植物病理学会〔編〕（2012）日本植物病名目録 第2版（CD版）．日本植物病理学会．
＝上記の改訂増補版．構成は植物の科名順．

日本植物病理学会〔編〕（1995）植物病理学事典．養賢堂．

日本緑化センター〔編〕（2006）最新・樹木医の手引き（改訂3版）．日本緑化センター．

野村幸彦（1997）日本産ウドンコ菌科の分類学的研究．養賢堂．＝うどんこ病菌のモノグラフ．

農山漁村文化協会〔編〕（加除式）農業総覧・農業技術体系 作物編．農山漁村文化協会．

農山漁村文化協会〔編〕（加除式）農業総覧・農業技術体系 野菜編．農山漁村文化協会．

農山漁村文化協会〔編〕（加除式）農業総覧・農業技術体系 果樹編．農山漁村文化協会．

農山漁村文化協会〔編〕（加除式）農業総覧・農業技術体系 花卉編．農山漁村文化協会．

農山漁村文化協会〔編〕（加除式）病害虫防除・資材編．農山漁村文化協会．

農山漁村文化協会〔編〕（加除式）原色病害虫診断防除編．農山漁村文化協会．

農山漁村文化協会〔編〕（加除式）花卉病害虫診断防除編．農山漁村文化協会．

奥田誠一他（2004）最新植物病理学．朝倉書店．

大畑貫一他〔編〕（1995）作物病原菌研究技法の基礎 －分離・培養接種－．日本植物防疫協会．

大木 理（2007）植物病理学．東京化学同人．

大谷吉雄（1988）伊藤誠哉 日本菌類誌 第三巻 子のう菌類 第二号 ウドンコキン目他．養賢堂．
＝うどんこ病菌他のモノグラフ．

Rossman, Amy Y., Palm, Mary E., Farr, Dasid F.,Spielman, Linda J.（1987）A literature guide for the identification of plant pathogenic fungi. ASP Press.

坂神泰輔・工藤 晟（1995）ひと目でわかる果樹の病害虫 第3巻 リンゴ・マルメロ・カリン・モモ・スモモ・アンズ・プルーン・ウメ・オウトウ・ハスカップ．日本植物防疫協会．

坂神泰輔・工藤 晟（2003）ひと目でわかる果樹の病害虫 第2巻（改訂版）ナシ・ブドウ・カキ・クリ・イチジク．日本植物防疫協会．

佐藤仁彦・本間保男・山下修一〔編〕（2001）植物病害虫の事典．朝倉書店．

佐藤昭二・後藤正夫・土居養二〔編〕（1983）植物病理学実験法．講談社サイエンティフィク．

Seifert, K., Morgan- Jones, G., Games, W. & Kendrick, B.（2011）The genera of Hyphomycetes. CBS Biodiversity Series No.9. CBS- KNAW Fungal Biodiversity Centre, Netherlands.
＝糸状不完全菌類の属を網羅，図版，参考文献，検索表が豊富．

植物防疫講座第3版編集委員会〔編〕（1997）植物防疫講座 －病害編－ 第3版．日本植物防疫協会．

植物病原菌類談話会〔編〕（2010）現場で使える植物病原菌類解説 －分類・同定から取り扱いまで－．植物病原菌類談話会．
＝植物病原菌類・菌類病研究の各分野の専門家・生産現場の研究員等による講演要旨をまとめた実用的事例集．

杉山純多〔編〕（2005）菌類・細菌・ウイルスの多様性と系統．バイオディバーシティ・シリーズ4．裳華房．
＝菌類の分類に関する解説書．器官，形態や生活環も詳しい．

Sutton, B.C.（1980）The Coelomycetes. Commonwealth Agricultural Bureauxd.
＝分生子果不完全菌類の属を網羅．図版，参考文献，検索表が豊富．

鈴木和夫（1999）樹木医学．朝倉書店．

高松 進（2012）2012年に発行される新モノグラフにおけるうどんこ病菌分類体系改訂の概要．三重大学大学院生物資源学研究科紀要38：1- 73．
＝ Braun, U. & Cook, R.T.A.（2012）のうどんこ病菌分類体系改訂内容の概説および我が国に発生するうどんこ病菌属種を抜粋．うどんこ病菌分類に関わる主要な文献リストを掲載．

田中寛康〔編〕（1990）市場病害ハンドブック．日本植物防疫協会．

徳永芳雄（1979）植物病原菌学．博友社．＝植物病原菌類を網羅的に解説．図版が豊富．

椿 啓介（1998）不完全菌類図説 ―その採集から同定まで―．アイピーシー．

宇田川俊一・椿 啓介・堀江義一・箕浦久兵衛・渡辺昌平・横山竜夫・山崎幹夫・三浦宏一郎（1978）菌類図鑑（上・下）．講談社サ
　　イエンティフィク．
　　＝菌類の代表種の記述と引用文献が豊富．

von Arx, J. A.（1981）The genrea of fungi sporulating in pure culture. J.Cramer.
　　＝菌類の主要属の解説．図版が豊富．

von Arx, J. A.（1987）Plant pathogenic fungi. J.Cramer. ＝植物病原菌類の主要属の解説．図版が豊富．

脇本 哲〔編〕（1994）総説植物病理学．養賢堂．

渡邊恒雄（1993）土壌糸状菌 培養株の検索と形態．ソフトサイエンス社．

渡邊恒雄（1998）植物土壌病害の事典．朝倉書店．

Watanabe, T.（2010）Pictorial atlas of soil and seed fungi：morphologies of cultured fungi and key to species. 3rd.
　　ed. CRC Press

山口 昭・大竹昭郎（1986）果樹の病害虫 ―診断と防除―．全国農村教育協会．

米川勝美・萩秋啓子・瀧川雄一・堀江博道・有江 力〔編〕（2006）植物病原アトラス．ソフトサイエンス社．

Ⅱ 生理障害・害虫・農薬・関連図書（読み物）

●生理障害（生理病）関係

藤原俊六郎・安西徹郎・加藤哲郎（1996）土壌診断の方法と活用（付）作物栄養診断／水質診断．農山漁村文化協会．

熊沢喜久雄（1993）植物栄養学大要（改訂増補）．養賢堂．

前田正男〔編〕（1968）作物の要素欠乏・過剰症 ―診断と対策― 付 塩類高濃度障害・ガス障害．農山漁村文化協会．
　　＝生産現場における各種障害の症例に基づいて，作物ごとに診断と対策を概説．

森 敏他〔編〕（2001）植物栄養学．文永堂．

野内 勇〔編〕（2001）大気環境変化と植物の反応．養賢堂．

清水 武（1990）原色 要素障害診断事典．農山漁村文化協会．

渡辺和彦（2002）原色 野菜の要素欠乏と過剰症 症状・診断・対策．農山漁村文化協会．

行本峰子・浜田虔二（1985）原色作物の薬害．全国農村教育協会．

●害虫関係

池田二三高（2006）菜園の害虫と被害写真集．日本植物防疫協会．

小林富士雄・滝沢幸雄〔編〕（1991）カラー版解説 緑化木・林木の害虫．養賢堂．

植物防疫講座第3版編集委員会〔編〕（1995）植物防疫講座 ―害虫・有害動物編―．第3版．日本植物防疫協会．

梅谷献二・岡田利承〔編〕（2004）日本農業害虫大事典．全国農村教育協会．

吉田敏治・渡辺 直・尊田望之（1989）：図説 貯蔵食品の害虫 ―実用的識別法から防除法まで―．全国農村教育協会．

湯川淳一・桝田 長〔編〕（1996）日本原色 虫えい図鑑．全国農村教育協会．

●農薬関係

JA全農肥料農薬部（隔年改訂）クミアイ農薬総覧．全国農村教育協会．

本山直樹〔編〕（2001）農薬学事典．朝倉書店．

日本植物防疫協会〔編〕（2011）農薬ハンドブック2011．日本植物防疫協会．

日本植物防疫協会〔編〕（2011）農薬取締法令・関連通達集 追補修正版．日本植物防疫協会．

農林水産省消費・安全局〔監修〕（毎年改訂）農薬要覧．日本植物防疫協会．

農林水産省消費・安全局；農林水産消費安全技術センター〔監修〕（毎年改訂）農薬概説．日本植物防疫協会．

農林水産消費安全技術センター〔監修〕（毎年改訂）農薬適用一覧表．日本植物防疫協会．

農薬用語辞典編集委員会〔編〕（2009）農薬用語辞典．日本植物防疫協会．

Shibuya index 研究会〔編〕（2012）Shibuya index（2012）Index of pesticides. 全国農村教育協会．

植物防疫講座第3版編集員会〔編〕（1997）植物防疫講座 ―雑草・農薬・行政編― 第3版．日本植物防疫協会．

●関連図書（読み物）

原田幸雄（1993）キノコとカビの生物学 変幻自在の微生物．中央公論社．

岸 國平（2002）植物のパラサイトたち ―植物病理学の挑戦― 八坂書房．

Money, Nicholas P.〔ニコラス・マネー；小川 真訳〕（2007）不思議な生きもの カビ・キノコ ―菌学入門．築地書館．

Money, Nicholas P.〔ニコラス・マネー；小川 真訳〕（2008）チョコレートを滅ぼしたカビ・キノコの話 ―植物病理学入門．築地書館．

中村重正（2000）菌食の民俗誌 マコモと黒穂菌の利用．八坂書房．

日本植物防疫協会〔編〕（1996）植物の病気 ―研究余話―．日本植物防疫協会．

大木 理（1994）植物と病気．東京化学同人．

Pavord, Anna〔アンナ・パヴォード；白幡節子訳〕（2001）チューリップ ―ヨーロッパを狂わせた花の歴史―．大修館書店．

■ 植物病名の索引

*本索引は「植物別の病名」および「一般病名」（植物名のない総称としての病名）からなる.
*数値（植物病名・病原体等の索引）は該当のページ，斜体はカラー写真掲載（口絵）ページ，太字は解説などの主要ページを示す.

【植物別の病名】

〔ア〕
アイリスさび斑病 ——— 226
アオキ白星病 —— *034*, 087, **175**
　炭疽病 — *022*, 088, 149, 216
アオダモうどんこ病 ——— 129
アオハダ黒紋病 —— *029*, **164**
アオビユ白さび病 ——— 107
アカクローバー葉枯病 ——— 235
アカシアがんしゅ病 ——— 145
　紅粒がんしゅ病 ——— 144
　炭疽病 ——— 149
アカメガシワさび病 ——— 089
アキノキリンソウ白粉病 ——— 241
アケビうどんこ病 ——— 128
　とうそう病 ——— 090
アサガオ白さび病 ——— 107
　灰色かび病 ——— 227
　輪紋病 ——— 208
アジサイ褐斑病 ——— 241
　そうか病 — *059*, 090, **222**
　炭疽病 ——— 149
　灰色かび病 ——— 227
　葉化病 ——— *278*
　輪紋病 ——— 090, 208
アシダンセラ赤斑病 — *061*, **229**
アズキ葉焼病 ——— 090
　落葉病 ——— 446
アスター萎凋病 ——— 095
　さび病 —— *039*, 089, 187
アスパラガス褐斑病 ——— 241
　茎枯病
　　051, 090, 209, *294*, 399
　立枯病 ——— 095
　斑点病 ——— 235
アセビ褐斑病 —— *052*, 210
アブラギリ赤衣病 ——— 089
アボガド炭疽病 ——— 149
アマドコロさび病 ——— 193
アマリリス赤斑病
　　054, 090, **212**
アメリカイワナンテン褐斑病 ——
　　032, 088, 170, **172**
　紫斑病 ——— 245
アラカシうどんこ病 ——— 127
　すす葉枯病 ——— 213
　白斑病 —— *034*, 087, **174**
　紫かび病 —— *010*, **126**
アルストロメリア根茎腐病 ——
　005, 085, 104, **105**, *291*, 395
アルファルファ黒あし病 ——— 141
　葉枯病 ——— 235
　雪腐小粒菌核病 ——— 199
アロエ輪紋病 — *018*, 087, **143**
アワしらが病 ——— 086
　苗立枯病 ——— 230
アンズ赤衣病 —— 089, 200
　うどんこ病 ——— 131
　環紋葉枯病 —— 087, 159

胴枯病 —— 087, 155
灰星病 —— 087, 161
イイギリさび病 —— 089, 189
イグサ紋枯病 ——— 096
イソツツジさび病 ——— 089
イタヤカエデうどんこ病 ——— 133
イタリアンライグラスうどんこ病
　　——— 119
イチゴ萎黄病
　062, 095, 231, *314*, 353, 458
　萎凋病 —— 236, 458
　うどんこ病
　　086, **131**, *292*, *314*, 458
　疫病 —— 085, 458
　グノモニア輪斑病 ——
　　087, 154, 458
　黒斑病 —— *059*, 225
　蛇の目病 ——— 458
　炭疽病 —— *022*, 088,
　　090, 149, 216, *314*, 399, 458
　軟腐病 —— 086, 113, 421
　根腐線虫病 ——— 458
　灰色かび病 ——
　　091, 227, **228**, *314*, 458
　芽枯病 ——— 096
　輪斑病 —— *314*, 458
イチジク赤衣病 —— 089, 200
　株枯病 —— *016*, 086, **134**
　黒かび病 ——— 113
　さび病 —— 089, 191
　そうか病 ——— 090
　胴枯病 ——— 090
イチョウ赤衣病 ——— 200
　すす点病 ——— 237
　すす斑病
　　063, 091, 232, *293*, *301*, 402
　灰色かび病 —— 087, 159
　ペスタロチア病 —087, 090, 173
　べっこうたけ病 ——— 198
イヌエンジュさび病 ——— 194
　灰斑病 ——— 212
イヌビエ黒穂病 ——— 088
イネ萎縮病 —— *309*, 451
　稲こうじ病
　　017, 087, **142**, 451
　いもち病 —— *065*, 088,
　　234, 235, *309*, 389, 451
　黄萎病 ——— 451
　黄化萎縮病 —— 086, 451
　疑似紋枯病 ——— 096
　ごま葉枯病
　　030, 088, 168, *309*, 451
　ささら病 ——— 086
　縞葉枯病 —— *309*, 451
　白葉枯病 —— *309*, 451
　心枯線虫病 ——— *279*
　すじ葉枯病 ——— 088
　苗腐病 ——— 085
　苗立枯病 — 086, 114, 230, 451
　苗立枯細菌病 ——— 451

ばか苗病
　087, **142**, *290*, *309*, 383, 451
　もみ枯細菌病 —— *309*, 451
　紋枯病 —— *048*, 089,
　　096, **199**, *294*, *309*, 451
イリス類 さび斑病 ——— 226
イロハモミジうどんこ病 ——— 133
インゲンマメ アファノマイセス根腐病
　　——— 102
　さび病 ——— 089
　炭腐病 ——— 208
　炭疽病 ——— 217
　根腐病 —— 087, 230
　綿腐病 ——— 104
インドゴムノキ枝枯病 ——— 207
インパチエンス アルタナリア斑点病
　　——— 225
　灰色かび病 ——— 227
ウスノキさび病 ——— 089
ウダイカンバがんしゅ病 ——— *020*
ウツギさび病 ——— 193
ウドそうか病 —— 088, 221
ウメうどんこ病 — *014*, 086, **131**
　枝枯病 —— 088, 166
　かいよう病 —— *316*, 465
　褐色こうやく病 ——— *306*
　がんしゅ病 —— 157, 465
　環紋葉枯病 —— *027*, 087,
　　159, 160, *290*, *316*, 465
　黒星病 —— 091, *316*, 465
　縮葉病 —— 086, 117, 465
　白紋羽病 —— 087, 163, 465
　すす点病 ——— 237
　ならたけ病 ——— 196
　灰星病 —— 087, 161
　変葉病 —— *038*, 089,
　　186, 187, *298*, *316*, 465
　幹心腐病 ——— 197
　輪斑病 —— *278*, 465
ウリカエデがんしゅ病 — *021*, 147
ウリハダカエデうどんこ病 ——— 133
ウルシさび病 —— 089, 192
　白紋羽病 ——— 163
ウワミズザクラふくろ実病 ——— 117
エキザカム株枯病 —— 087, 140
エゴノキ褐斑病 ——— 244
エゾマツ葉さび病 ——— 089
エダマメ立枯病 ——— 095
エノキうどんこ病 —— 129, 300
　裏うどんこ病 — 086, 131, 300
　環紋葉枯病 ——— 160
エビネ炭疽病 ——— 217
　根黒斑病 ——— *061*
エンコウカエデうどんこ病 ——— 133
エンジュさび病 — *044*, 089, 195
　べっこうたけ病 —— 089, 198
エンドウ アファノミセス根腐病
　　——— 102
　褐斑病 ——— 207
　褐紋病 ——— 207

茎腐病 ──── 096
こうがいかび病 ──── 086, 114
さび病 ──── 089, 195
根腐病 ──── 087
エンバクいもち病 ──── 235
オウトウがんしゅ病 ──── 145
黒かび病 ──── 113
さび病 ──── 089
胴枯病 ──── 087, 155
灰星病 ──── 161
幼果菌核病 ──── 087, 161
オオキンケイギクうどんこ病 ── 132
オオムギいもち病 ──── 235
うどんこ病 ──── *010*, 119
黒さび病 ──── 089
すす紋病 ──── 088
なまぐさ黒穂病 ──── 088, 179
裸黒穂病 ──── 088, 180, 429
斑葉病 ──── 088
オオムラサキツツジうどんこ病
──── 128
褐斑病 ──── *053*
花腐菌核病 ──── *028*
オオモミジうどんこ病 ──── 133
オクラうどんこ病 ──── 091, 133
疫病 ──── 104
立枯病 ──── 095
半身萎凋病 ──── 236
輪紋病 ──── 206
オモダカ黒穂病 ──── 088

〔カ〕
カーネーション萎凋病 ── 095, 471
萎凋細菌病 ──── *318*, 471
菌核病 ──── *318*, 471
茎腐病 ── 096, 246, *318*, 471
さび病 ── 089, 194, *318*, 471
すす点病 ──── 237
立枯病 ────
087, 142, 230, *318*, 471
根腐病 ──── 105
斑点病 ──── 471
斑点細菌病 ──── *318*, 471
ガーベラうどんこ病 ────
292, *317*, 471
疫病 ──── 471
菌核病 ────
028, 088, 161, *317*, 471
紫斑病 ──── *067*, 091, *241*
根腐病 ──── *317*, 471
根こぶ線虫病 ──── *279*, 471
灰色かび病 ──── 227
半身萎凋病 ── 236, *317*, 471
モザイク病 ──── *317*, 471
カイドウ赤星病 ──── 089, 189
カエデ赤衣病 ──── 200
うどんこ病 ── *015*, 086, *133*
がんしゅ病 ──── 145
環紋葉枯病 ──── 087
紅粒がんしゅ病 ──── 144
黒紋病 ──── 164
こふきたけ病 ──── 197, 090
小黒紋病 ──── 165
胴枯病 ──── 087

ならたけ病 ──── 196
ならたけもどき病 ──── 197
べっこうたけ病 ──── 198
幹心腐病 ──── 089
幹辺材腐朽病 ──── 090
カキうどんこ病 ────
086, 130, *317*, 465
角斑落葉病 ────
245, *293*, *317*, 465
黒星病 ──── 465
すす点病 ──── 091, 237, 465
炭疽病 ──── *317*, 465
胴枯病 ──── 166
葉枯病 ──── 219, 465
円星落葉病 ── *293*, *317*, 465
輪紋葉枯病 ──── 221
ガザニア炭疽病 ──── 216
葉腐病 ──── 246
カシ萎凋病 ──── 442
かわらたけ病 ──── 198
がんしゅ病 ──── 145
毛さび病 ──── 188
こふきたけ病 ──── 197
さめ肌胴枯病 ──── 166
すす点病 ──── 237
すす葉枯病 ──── 090, 213
ならたけもどき病 ──── 197
白斑病 ──── **174**
ビロード病 ──── 399
ペスタロチア病 ──── 219
べっこうたけ病 ──── 198
円斑病 ──── 398
紫かび病 ── 086, 126, **127**
カツラ赤衣病 ──── *049*
カナメモチ赤衣病 ──── 200
疫病 ──── 103
ごま色斑点病 ────
090, 219, *296*, 448
白紋羽病 ──── 163
カナリーヤシ黒つぼ病 ────
035, **178**, 404, 430
カブ萎黄病 ──── 231
うどんこ病 ──── 127
黒斑病 ──── 225
白さび病 ──── 107
根くびれ病 ──── 085, 102
根こぶ病 ──── 099, *290*
白斑病 ──── 245
カボチャうどんこ病 ──── 132
疫病 ──── 103
こうがい毛かび病 ──── 114
つる枯病 ──── 168
白斑病 ──── 091, 234
べと病 ──── 111
綿腐病 ──── 104
カモジグサうどんこ病 ──── 119
カラコギカエデうどんこ病 ── 133
カラマツ根株心腐病 ──── 090
葉さび病 ──── 190
カランコエ斑点病 ──── 236
カリフラワーべと病 ──── *007*
カリン赤星病 ──── 089, 188
白かび斑点病 ── *033*, 088, **173**
カルミア褐斑病 ──── *070*, 245

カンキツ青かび病 ────
064, 091, **233**, *315*, 402, 465
赤衣病 ──── 200
温州萎縮病 ──── 465
エクソコーティス病 ──── 465
かいよう病 ──── 465
黒腐病 ──── 465
こうじかび病 ──── 226
黒点病 ────
087, 210, *315*, 398, 465
軸腐病 ──── 087
小黒点病 ── 153, *315*, 465
すす点病 ──── 237
ステムピッティング病 ──── 465
そうか病 ────
032, 088, 170, *315*, 465
ならたけ病 ──── *295*
灰色かび病 ── 227, *315*, 465
緑かび病 ──── *064*, 091,
233, *297*, *315*, 402, 465
カンバがんしゅ病 ──── 087, 230
黒粒枝枯病 ──── 087, 156
さび病 ──── 089
胴枯病 ──── 153
キイチゴさび病 ──── 089, 191
キウイフルーツ 果実軟腐病 ── 166
ペスタロチア病 ── 087, 173
キキョウ茎腐病 ──── *294*
葉枯病 ──── 236
半身萎凋病 ──── *066*, 236
キク萎凋病 ── *291*, *317*, 471
うどんこ病 ──── 471
えそ斑紋病 ──── 471
褐さび病 ──── *042*, 089,
190, *298*, *317*, 399, 471
褐斑病 ──── 211, 471
茎えそ病 ──── 471
黒さび病 ──── *043*, 089,
193, **194**, *298*, *317*, 399, 471
黒斑病 ──── 090, 211, 471
白さび病 ──── *043*, 089,
193, *298*, *317*, 399, 471
炭腐病 ──── 090, 208
立枯病 ──── 471
花腐病 ──── *292*
半身萎凋病 ────
091, 236, *317*, 471
斑点細菌病 ──── 471
わい化病 ──── 471
ギシギシ白粉病 ──── 245
キツネノボタンうどんこ病 ── 127
キヌサヤエンドウ アファノミセス根腐病
──── *276*
キビ黒穂病 ──── 088
ギボウシ白絹病 ── *071*, 247, *295*
炭疽病 ──── 216, 217
キミガヨラン斑点病 ──── 090
キャベツ萎黄病 ── *062*, 091, 095,
231, 289, 312, 353, 387, 457
えそモザイク病 ──── *278*
株腐病 ────
048, 089, 199, *290*, 430
菌核病 ── 088, 161, *295*, 457
黒腐病 ──── *277*, 312, 457

■ 植物病名の索引

キャベツ黒すす病 —226, 399, 457
　こうがいかび病 ————114
　黒斑病 ————225
　黒斑細菌病 ————457
　尻腐病 ————457
　軟腐病 ————457
　根こぶ病 ————
　　002, 100, *288*, 418, 457
　べと病 ————109, 457
キュウリうどんこ病 ————
　　014, 132, 389, 457
　疫病 ————387, 397, 448
　黄化病 ————457
　黄化えそ病 ————457
　褐斑病 ————*068*, 091, 241,
　　242, *293*, *312*, 389, 398, 457
　褐斑細菌病 ————457
　環紋葉枯病 ————160
　菌核病 ——
　　028, 088, 161, *312*, 457
　こうがいかび病 ————086
　黒点根腐病 ————172
　退緑黄化病 ————457
　炭疽病 —*056*, 218, *312*, 457
　つる枯病 ——
　　031, 088, 168, *291*, *312*, 457
　つる割病 ——
　　095, 231, *291*, 395, 396, 457
　灰色疫病 ————103
　灰色かび病 ——227, *292*, 457
　斑点細菌病 ————*312*, 457
　べと病 ——
　　007, 111, *293*, *312*, 419, 457
　ホモプシス根腐病 ——*291*, 457
　モザイク病 ————457
　綿腐病 ————085, 104
キョウチクトウ赤衣病 ————200
　雲紋病 ————*070*, 245
　炭疽病 ————149
キリうどんこ病 ————131
　てんぐ巣病 ————399
　胴枯病 ————153
キリシマツツジうどんこ病 ——128
キルタンサス白絹病 ————*071*
キンギョソウ疫病 ————104
　根腐病 ————106
キンセンカ炭疽病 ————216
クスノキこふきたけ病 ————197
　炭疽病 ————149, 399
クズ赤渋病 ————086, **112**
クチナシさび病 ————089
クヌギ毛さび病 —*039*, 089, 187
　しみ葉枯病 ————*024*, **154**
　葉枯病 ————090
　紫かび病 ————126
グミ微粒菌核病 ————090, 208
グラジオラス乾腐病 ————095
　黒穂病 ————088
　赤斑病 ————091, 228
クリ萎縮病 ————153
　かわらたけ病 ————198
　黒粒枝枯病 ————087, 156
　毛さび病 ————089, 187
　紅粒がんしゅ病 ————087, 144

黒色実腐病 ————166
黒斑胴枯病 ————087
コリネウム枝枯病 ——
　　025, 087, 156, **157**
　すす葉枯病 ————090, 213
　炭疽病 ————149
　胴枯病 —*023*, 087, 152, **153**
　ならたけ病 ————196
　ならたけもどき病 ————197
　にせ炭疽病 ——087, 154, **155**
　葉枯病 ————219
　斑点病 ——*055*, 090, 213
　ペスタロチア病 ————219
　幹枯病 ————087, 147
クリスマスローズ根黒斑病 —*061*
クルクマさび斑病 ——
　　064, 091, 234
クルミ黒粒枝枯病 ——
　　087, 155, **156**
　紅粒がんしゅ病 ————144
　白かび葉枯病 ————088
クロッカス乾腐病 ————095
クワ赤衣病 ————200
　赤渋病 —*038*, 089, 186, *298*
　裏うどんこ病 ——
　　013, 086, 130, *300*
　環紋葉枯病 ————160
　紅粒がんしゅ病 ————144
　根腐病 ————087, 145
　紫紋羽病 ————088, 176
クワイ黒穂病 ————088
ケイトウ根腐病 —*003*, 085, **101**
　輪紋病 ————207
ゲッケイジュ炭疽病 ————149
ケムリノキうどんこ病 —086, 129
ケヤキうどんこ病 ————130
　紅粒がんしゅ病 ————144
　こふきたけ病 ————090, 197
　白星病 ————211, *293*
　そうか病 ————090
　ならたけ病 ————196
　べっこうたけ病 ——089, 198
ケンチャヤシ褐斑病 ——
　　017, 087, 141, **142**
コウゾ紅粒がんしゅ病 ————144
コウライシバ カーブラリア葉枯病
　　————*061*
コクチナシ白紋羽病 ————*029*
　根こぶ線虫病 ————*279*
コスモスうどんこ病 ——
　　014, 086, 132
　炭疽病 —090, 216, *292*, 397
コナラうどんこ病 ————128
　裏うどんこ病 ————086
　毛さび病 ————089, 187
　円斑病 —*049*, 090, 206
　紫かび病 ————*010*, 126
コバノギボウシ炭疽病 ————*056*
コブシうどんこ病 ——086, 128
　裏うどんこ病 ————130
　環紋葉枯病 ————160
　斑点病 —*052*, 090, 210, *296*
ゴボウ萎凋病 ————095
　うどんこ病 ————132

黒あざ病 ————096, 246
コマツナ萎黄病 ————095, 231,
　276, *288*, *290*, 353, 387, 457
　うどんこ病 ————127
　白さび病 —*006*, 107, *289*, 457
　炭疽病 —*056*, 217, *312*, 457
　苗立枯病 ————*071*, 247, *291*
　根こぶ病 ————*002*, 099
　白斑病 ————*070*, 245
　べと病 —*007*, 109, *312*, 457
　モザイク病 ————*312*, 457
コムギ赤かび病 ————143
　赤さび病 ————193, 399
　網なまぐさ黒穂病 ————*036*
　いもち病 ————235
　うどんこ病 —*010*, 119, 126
　黄化萎縮病 ————086
　黄斑病 ————088, 230
　黒さび病 ————089
　なまぐさ黒穂病 —088, **178**, 429
　裸黒穂病 ————088, **180**, 429
　麦角病 ————087, 142
　雪腐小粒菌核病 ——
　　048, 089, 199, 200

〔サ〕
ザイフリボクごま色斑点病 ——219
サクユリ葉枯病 ————*060*
　モザイク病 ————*278*
サクラ赤衣病 ————200
　うどんこ病 ——086, 131, 478
　かわらたけ病 ————198
　がんしゅ病 ————145
　黒色こうやく病 ————*306*
　こふきたけ病 ——
　　090, 197, *322*, 478
　根頭がんしゅ病 ————478
　さび病 ————089
　さめ肌胴枯病 —166, *322*, 478
　白紋羽病 ————163, 478
　すす点病 ————237
　せん孔褐斑病 ————*322*, 478
　デルメア枝枯病 ————088
　てんぐ巣病 ————*009*, 086,
　　117, *290*, *322*, 399, 478
　胴枯病 ————087, 157, 478
　ならたけ病 ————196, 478
　ならたけもどき病 ——
　　197, *322*, 478
　灰色こうやく病 ————*306*
　灰星病 ————161, 478
　フォモプシス枝枯病 ————153
　べっこうたけ病 —198, *322*, 478
　幹心腐病 ————089, 197
　幹辺材腐朽病 ————197
　紫紋羽病 ————176
　幼果菌核病 ——
　　027, 087, 161, *322*, 478
サクラソウ黒穂病 ——
　　036, 088, **179**, *299*
ザクロ褐斑病 ——
　　054, 090, 211, 212
　斑点病 ————245
ササ赤衣病 ——

(上巻 p002～249；下巻 p270～480)

044, 089, 194, *298*
黒穂病 ——————— 180
黒やに病 ——————— 087
さび病 ——————— 193
すす点病 ——————— 237
てんぐ巣病 ——— 087, 144
サザンカ赤衣病 ——— 089, 200
　菌核病 ——————— 087, **159**
　炭疽病 ——————— 149
　ペスタロチア病 ——— 090, 220
　もち病
037, 089, 180, **181**, 398, 431
　輪紋葉枯病 ——————— 232
サツキもち病 ——————— 430
サツマイモ黒斑病
086, **135**, *310*, 451
　炭腐病 ——————— 208
　立枯病 ——————— *310*, 451
　つる割病
095, *310*, 383, 387, 395, 451
　軟腐病 ——— 086, 113, 421
　紫紋羽病
035, 088, 176, *295*, *310*, 451
サトイモ汚斑病 ——————— 241
サヤヌカグサいもち病 ——— 235
サラダナ根腐病 ——————— 383
　べと病 ——————— 109
サルスベリうどんこ病
012, 086, **129**
　環紋葉枯病 ——————— 087
サルナシさび病 ——————— 089
サルビア褐斑病 ——————— 225
　黒斑病 ——————— 398
サワグルミ黒粒枝枯病 ——— 156
サワラさび病 ——————— 089
　樹脂胴枯病 ——— 090, 221
サンシュユとうそう病 — 090, 424
サンセベリア腐敗病
005, 086, 106
サンダーソニア白絹病 ——— 071
　根腐病 — *005*, 086, 105, 106
サントウサイ白斑病 ——— *070*, **245**
シイノキ ペスタロチア病 ——— 219
　べっこうたけ病 ——————— 198
　紫かび病 ——— 086, 126
シウリザクラふくろ実病 ——— 117
シオン黒斑病 ——— 211, *293*
シキミ褐色こうやく病 ——— *306*
シクラメン萎凋病 —095, *320*, 471
　炭疽病 ——— *320*, 471
　軟腐病 ——————— 471
　灰色かび病
060, 091, 227, **228**, *320*, 471
　葉腐細菌病 ——— *320*, 471
シソ菌核病 ——————— *295*
シデコブシ裏うどんこ病 ——— 130
シナノグルミ黒粒枝枯病 ——— *024*
ジニア立枯病 ——————— 106
シネラリア褐斑病 ——— 090, 206
シノブヒバさび病 ——————— 089
シバ カーブラリア葉枯病
091, 228
　葉腐病（ラージパッチ）
096, 246

フェアリーリング病 ——————— 413
雪腐小粒菌核病 ——— *048*, 199
シモツケうどんこ病 ——————— 086
シャガ黄化腐敗病 ——————— 419
ジャガイモ疫病
004, 085, 103, *310*, 419, 451
　塊茎褐色輪紋病 ——————— 101
　乾腐病 ——————— 451
　黒あざ病
089, 096, 199, *310*, 451
　そうか病 ——— *310*, 451
　夏疫病 — 091, 226, *310*, 451
　軟腐病 ——————— 451
　葉巻病 ——— *310*, 451
　半身萎凋病 ——————— 236
　粉状そうか病 ——— *002*, 085,
100, **101**, *310*, 418, 451
　モザイク病 ——— *310*, 451
シャクナゲさび病 ——————— 089
　葉斑病 ——— 091, 244
シャクヤクうどんこ病
128, *320*, 471
　褐斑病 ——— *320*, 471
　白紋羽病 ——— *320*, 471
　根黒斑病
061, 091, 229, **230**, *320*, 471
　灰色かび病 ——— 227, *320*, 471
　葉枯線虫病 ———*275*, *320*, 471
　斑葉病
068, 091, 242, **294**, *320*, 471
ジャノヒゲ炭疽病 ——— *056*, 217
シャリンバイごま色斑点病
057, 090, 219, *293*, *301*
　さび病 ——— *038*, 089, 186
　紫斑病 ——————— 245
シュッコンアスター斑点病
065, 236
シュロ黒つぼ病 ——————— 088
シュンギク炭疽病 ——————— 216
　てんぐ巣病 ——————— 278
　べと病 ——— 086, 109
ショウガいもち病 ——————— 235
　根茎腐敗病 ——————— 085
シラカシうどんこ病 ——————— 127
　毛さび病 ——————— 187
　紫かび病 ——— 126, *300*
シラカンバ黒粒枝枯病 ——— *024*
　灰斑病 ——————— 398
シラベ ネクトリアがんしゅ病 —
021, 147
シロクローバ火ぶくれ病
086, 112
ジンチョウゲ赤衣病 ——————— 200
　疫病 ——————— 104
　黒点病 — *057*, 090, 219, *297*
　白紋羽病 ——— 087, 163
シンビジウム黄斑病 ——————— 398
スイートクローバー葉枯病 ——— 235
スイートピー灰色かび病 ——— 227
　炭疽病 ——— *056*, 216, 218
スイカ黒点根腐病
033, 087, 172
　炭腐病 ——— *050*, 090, 208
　炭疽病 ——————— 397

つる枯病 ——— 088, 168
つる割病 ——————— 095
べと病 ——————— 111
緑斑モザイク病 ——————— *278*
綿腐病 ——— 104, 397
スイセン乾腐病 ——————— 095
　黒かび病 ——————— 227
　斑点病 ——— 090, 212
スギ暗色枝枯病 ——— 088, 170
スグリがんしゅ病 ——————— 145
スターチス褐斑病 ——— *293*, *296*
　褐紋病 ——————— 090
　株腐病 ——————— 246
　炭疽病 ——————— 149
　葉枯病 ——————— 236
ステンフィリウム斑点病 ——— 235
ストック萎凋病 ——————— 095
　菌核病 ——————— 088
　立枯病 ——————— 230
　苗立枯病 ——— *071*, *291*
ストローブマツ枝枯病 ——— 146
スベリヒユ白さび病 ——————— 107
ズミ ペスタロチア病 ——— 220
スミレ疫病 ——————— 471
　黒かび病 ——— *319*, 471
　黒穂病 ——— 088, 179
　黒点病 ——————— 471
　そうか病 — 090, *319*, 471
　根腐病 ——————— 471
　灰色かび病
091, 227, *319*, 471
　葉枯病 ——————— 236
　斑点病 ——— *053*, 211, 471
　べと病 ——————— 086
　モザイク病 ——— *319*, 471
スモモうどんこ病 ——————— 131
　かわらたけ病 ——————— 198
　環紋葉枯病 ——— 087, 159
　すす点病 ——————— 237
　灰星病 ——————— 161
　ふくろ実病 — 086, **117**, 397
セイヨウアサガオ白さび病 ——— 107
セイヨウキヅタ褐斑病 ——— 172
　炭疽病 ——————— *284*
セイヨウキンシバイさび病
041, 089, 189, *270*
セイヨウサンザシごま色斑点病 —
057, 090, 219
セイヨウシャクナゲ葉斑病
070, *297*, 398
セイヨウナシくもの巣病 ——— 246
　黒星病 ——————— 175
　胴枯病 ——— 087, **154**, 210
　腐らん病 ——————— 157
ゼラニウム褐斑病 ——————— 225
　灰色かび病 ——————— 227
　葉枯病 ——————— 236
セルリー斑点病 — *067*, 091, **241**
セントポーリア疫病 ——————— *293*
　褐斑病 ——————— 241
ソヨゴ黒紋病 ——————— 164
ソライロアサガオつる割病 ——— 095
ソラマメ褐斑病 ——————— 206
　黒根病 ——————— 091

■ 植物病名の索引

ソラマメさび病 —— *044*, 089, *195*
　立枯病 —— 230
　火ぶくれ病 —— 086, 112

〔タ〕
ダイコン萎黄病 ——
　　095, 231, *276*, 353, 387, 457
　うどんこ病 —— 127
　円形褐斑病 —— 234
　菌核病 —— *028*, 457
　黒腐病 —— 457
　黒しみ病 —— 091, 229
　黒斑病 —— 225, 226, 457
　黒斑細菌病 —— 457
　白さび病 —— *006*, 107, 457
　立枯病 —— 104
　軟腐病 —— 457
　根腐病 —— 096, 246
　根腐線虫病 —— *279*, 457
　根くびれ病 —— *003*, 085, *102*, 419
　バーティシリウム黒点病 —— 091, 236
　腐敗病 —— 086, 107
　べと病 —— *007*, 109, 457
　モザイク病 —— *278*, 457
ダイジョ灰色かび病 —— 087, 159
ダイズ萎黄病（シスト線虫病）——
　　　　279, 451
　茎疫病 —— 451
　茎枯病 —— 090
　黒根腐病 —— 087, 141, 451
　さび病 —— 089, 191, *310*, 451
　紫斑病 —— 091, 241, 398, 451
　炭腐病 —— 090, 208
　立枯病 —— 095
　炭疽病 —— 218
　根腐病 —— 096
　葉腐病 —— 089, 096
　葉焼病 —— 451
　斑点病 —— 241
　斑点細菌病 —— *310*, 451
　べと病 —— 086, 109, *310*, 451
　輪紋病 —— 206
タカナうどんこ病 —— 127
タケ赤衣病 —— 089, *194*
　すす点病 —— 237
タネツケバナうどんこ病 —— 127
タブノキ白粉病 —— *055*, 090, *215*
タマネギ萎縮病 —— 458
　疫病 —— 085
　えそ条斑病 —— 458
　乾腐病 —— 095, 387
　菌糸腐敗病 —— 227, 458
　黒かび病 —— 091
　黒腐菌核病 —— 091, 247, 458
　黒穂病 —— 088
　紅色根腐病 —— 090, 211, 458
　黒斑病 —— 226, 458
　さび病 —— 192, 458
　小菌核腐敗病 —— 228, 458
　白絹病 —— 458
　白色疫病 —— 458
　白かび腐敗病 —— 458
　軟腐病 —— 458
　葉枯病 —— 088, 235, 458

腐敗病 —— 458
べと病 —— 086, 109, *288*, 458
タラノキさび病 —— 089
　そうか病 —— *059*, 088, *221*
タラヨウ黒紋病 —— 164
ダリア斑葉病 —— 088
チドリソウ褐色斑点病 —— *049*, 206
チモシーいもち病 —— 235
チャ赤衣病 —— 089, 200
　赤葉枯病 ——
　　088, 149, 216, *311*, 451
　赤焼病 —— *311*, 451
　網もち病 —— 089, *311*, 451
　褐色円星病 —— 245, *311*, 451
　紅粒がんしゅ病 —— 087, 144
　炭疽病 —— *311*, 451
　もち病 ——
　　037, 089, 181, *311*, 451
　輪斑病 —— 221, *311*, 398, 451
　輪紋葉枯病 —— 232
チャンチンさび病 ——
　　　　041, 089, *190*
チューリップ疫病 —— *004*, 103
　えそ病 —— 471
　かいよう病 —— *319*, 471
　褐色斑点病 —— *319*, 471
　球根腐敗病 —— 095, *319*, 471
　黒かび病 —— *060*, 091, *227*
　根腐病 —— 105, 106
　灰色かび病 —— *319*, 471
　葉腐病 —— 096, *319*, 471
　モザイク病 —— *278*, *319*, 471
チンゲンサイしり腐病 —— *071*
　白さび病 —— 107, *312*
　腐敗病 —— *005*, 086, 107
ツガ葉さび病 —— 089
　葉ふるい病 —— 087
　幹心腐病 —— 089
ツケナ黒斑病 —— 225
ツタ褐色円斑病 ——
　　052, 090, *210*, *296*
　さび病 —— 089, 191
ツタウルシさび病 —— 192
ツツジうどんこ病 —— *321*, 478
　褐斑病 ——
　　053, 090, *211*, *321*, 478
　髪毛病 —— 089
　さび病 —— *321*, 478
　花腐菌核病 —— *028*, 087,
　　161, *295*, *321*, 397, 478
　ペスタロチア病 ——*220*, *321*, 478
　もち病 —— *037*, 089
　　181, *321*, 398, 430, 431, 478
　葉斑病 —— 244, 478
ツバキ菌核病 —— *026*, 087, *159*
　紅粒がんしゅ病 —— 087, 144
　炭疽病 —— 088, 149, *284*
　ペスタロチア病 —— 090, 220
　もち病 —— *037*, 089, 180, *290*
　輪紋葉枯病 —— *063*, 232
ツブラジイ紫かび病 —— 126
ツワブキそうか病 —— 090
テーブルヤシ茎腐病 —— 091
デルフィニウムうどんこ病 ——

　　　　011, 127
褐色斑点病 —— *049*, 090, *206*
立枯病 —— 246
テンサイ立枯病 —— 096
　根腐病 —— 096
　葉腐病 —— 096
　斑点病 —— 235
デンドロビウム炭疽病 —— 216
トウカエデうどんこ病 —— *015*, 133
　首垂細菌病 —— *277*, 403
トウガラシうどんこ病 —— 091, 133
　黒かび病 —— 235, 236
　立枯病 —— 143
　白斑病 —— 236
　斑点病 —— 241
トウガンつる割病 —— 095
トウゴクミツバツツジ ペスタロチア病 ——
　　　　058
トウモロコシ青かび病 —— 233
　糸黒穂病 —— 088
　いもち病 —— 235
　黒穂病 —— *037*, 088, 179,
　　180, *299*, *311*, 404, 430, 451
　腰折病 —— 104, 451
　ごま葉枯病 —— 088, *311*, 451
　さび病 —— *311*, 451
　すす紋病 —— 451
　倒伏細菌病 —— *311*, 451
　根腐病 —— 451
　斑点病 —— 086, 112
　モザイク病 —— *311*, 451
トチノキがんしゅ病 —— 145
トドマツこうやく病 —— 440
　てんぐ巣病 —— 089
トネリコ赤衣病 —— 200
　うどんこ病 —— 129
　がんしゅ病 —— 145
　紅粒がんしゅ病 —— 144
トベラすす病 —— *306*
トマト青枯病 ——
　　　　273, *313*, 403, 457
　アルターナリア茎枯病 ——
　　　　059, 091, 225
　萎凋病 —— *062*, 091, 095, 231,
　　313, 353, 387, 395, 446, 457
　うどんこ病 —— *313*, 457
　疫病 —— *004*, 085,
　　103, 104, *289*, *313*, 419, 457
　黄化病 —— 462
　黄化萎縮病 —— 457
　黄化えそ病 —— 357, 397, 457
　黄化葉巻病 ——
　　　　278, *313*, 357, 457
　かいよう病 —— *277*, 457
　褐色根腐病 ——
　　053, 090, *210*, 387, 396, 457
　褐色輪紋病 —— 091
　環紋葉枯病 —— 160
　菌核病 —— 088, *161*, *292*, *295*
　茎腐病 —— 088
　紅色根腐病 —— 090, 211
　さび斑病 —— *064*, 234
　白絹病 —— *313*, 457
　すす病 —— *306*

（上巻 p 002 〜 249；下巻 p 270 〜 480）

すすかび病 ——————— 244, 457
根腐萎凋病 —— *062*, 095, 231,
　291, 353, 383, 387, 396, 457
根腐線虫病 ——————— *279*, 457
根こぶ線虫病 ——————— 457
灰色かび病 —— *060*, 091, 227,
　228, *289*, *294*, *297*, *313*, 457
葉かび病 ——————— *069*, 091,
　243, *297*, 387, 398, 457
葉腐病 ——————— 089, 096, 199
半身萎凋病
　066, 091, 236, *289*, *291*,
　313, 387, 395, 448, 457
斑点病 ——————— 236
モザイク病 ——————— *278*, 457
輪紋病
　091, *289*, 383, 398, 457
綿腐病 ——————— 104
ドラセナ疫病 ——————— 104
炭疽病 ——————— 149, *293*
トルコギキョウえそモザイク病 —
　319, 471
褐斑病 ——————— 236
株腐病 ——————— 471
菌核病 ——————— 471
茎腐病 ——————— 471
炭疽病
　090, *216*, *297*, *319*, 399, 471
根腐病
　005, 086, 105, *319*, 471
灰色かび病 ——————— *319*, 471
モザイク病 ——————— 471

〔ナ〕
ナギイカダこうじかび病 ——— 227
ナシ赤衣病 ——————— 200
赤星病
　040, 089, 188, *287*, *292*,
　294, *298*, 398, 426, 428, 465
萎縮病 ——————— 465
うどんこ病
　086, 131, *316*, 465
疫病 ——————— *004*, 103, 465
えそ斑点病 ——————— 468
枝枯病 ——————— 088, 166, 465
黄色胴枯病 ——————— 087
がんしゅ病 ——————— 087, 145
黒星病
　035, 088, 175, *316*, 465
紅粒がんしゅ病 ——————— 087, 144
黒斑病 ——————— 091, 225, 465
白紋羽病 — *029*, 087, 163, 465
すす点病 ——————— 237
胴枯病 ——————— 087, 153, 465
ならたけ病 ——————— 196
腐らん病 ——————— 087, 157
ボトリオディプロディア枝枯病
　——————— 207
紫紋羽病 ——————— 088, 176
輪紋病 ——————— 088, 465
ナス青枯病 ——————— *314*, 458
うどんこ病
　086, 132, *314*, 458
えそ斑点病 ——————— 458

褐色斑点病 ———————
　048, 089, **199**, 430
褐色腐敗病
　103, 387, 397, 458
褐色円星病 ———————
　069, 091, **242**, *314*, 458
褐紋病 ——————— 210, 458
菌核病 ——————— 458
黒枯病 ——————— 458
すすかび病 ——————— 091, 244, 458
根腐疫病 ——————— 387, 458
根腐線虫病 ——————— 458
根こぶ線虫病 ——————— 458
灰色かび病 ——————— 227, 458
半枯病 ——————— 095, 387
半身萎凋病 ——————— *066*, 091,
　236, *290*, *304*, *307*, *314*,
　387, 395, 401, 424, 446, 458
輪紋病 ——————— 090, 207
綿疫病 ——————— 085, 397
ナズナ白さび病 ——————— 107
ナタネ黒斑病 ——————— 225
ナツシロギク萎凋病 ——————— *062*
ナデシコ萎凋病 ——————— 095
さび病 ——————— *298*
ナラ赤衣病 ——————— 200
萎凋病 ——————— *307*, 442
かわらたけ病 ——————— 198
がんしゅ病 ——————— 145
毛さび病 ——————— *039*, 188
紅粒がんしゅ病 ——————— 144
こふきたけ病 ——————— 197
しみ葉枯病 ——————— 154
すす点病 ——————— 237
すす葉枯病 ——————— 090, **213**
ならたけ病 ——————— 196
にせ炭疽病 ——————— 087, **155**
葉枯病 ——————— 219
ペスタロチア病 ——————— 219
幹心腐病 ——————— 089
幹辺材腐朽病 ——————— 197
紫かび病 ——————— 086, 126
ナラガシワ裏うどんこ病 ——— 086
ナルコユリさび病 ——————— 193
炭疽病 ——————— 216
ナンテンハギ火ぶくれ病 ——— 112
ニシキギ円星病 ——————— 212
ニセアカシア枝枯病 ——————— 143
炭疽病 ——————— 218
ニチニチソウ疫病
　004, 085, **104**, 419
くもの巣かび病
　008, 086, 113, **114**, 421
葉腐病 ——————— *071*, **247**
ニラ褐色葉枯病 ——————— 235
白斑葉枯病 —— 227, 228, 383
ニリンソウ黒穂病
　036, 088, 179, *299*, 428
ニレ紅粒がんしゅ病 ——————— 144
ニンジンうどんこ病 ———————
　086, **127**, *313*, 457
菌核病 ——————— 161, 457
黒葉枯病 —— 226, *313*, 457
黒斑病 ——————— 457

こぶ病 ——————— 446, 457
根頭がんしゅ病 ——————— 457
しみ腐病 ——————— 085
そうか病 ——————— 457
軟腐病 ——————— 457
根腐病 ——————— 457
根こぶ線虫病 ——————— 457
斑点病 ——————— 457
紫紋羽病 ——————— 088, 176
モザイク病 ——————— 457
ニンニク黒斑病 ——————— 226
葉枯病 ——————— 235
ヌルデうどんこ病 ——————— 129
さび病 ——————— *043*, 191, **192**
ネギ萎縮病 ——————— *314*, 458
萎凋病 ——————— 095, 458
えそ条斑病 ——————— 458
歯糸腐敗病 ——————— 227, 458
黒腐菌核病
　091, 247, *295*, *314*, 458
黒渋病 — *033*, 088, 172, **173**
紅色根腐病 ——————— 090, 211, 458
黒斑病 ——————— *059*, 091,
　226, *297*, *314*, 406, 458
さび病
　043, 089, 192, *314*, 458
小菌核腐敗病 ———————
　060, 091, 228, 458
白絹病 ——————— 458
白色疫病 ——————— 458
白かび腐敗病 ——————— 458
軟腐病 ——————— 458
葉枯病 ——————— *065*, 088,
　235, 236, *314*, 406, 458
腐敗病 ——————— 458
べと病 — 086, 109, *314*, 458
ネズ樹脂胴枯病 ——————— 221
ネムノキさび病 ——————— 089, **194**
苗立枯病 ——————— 087
ノイバラうどんこ病 ——————— 132
さび病 ——————— 191
ノザワナ根こぶ病 ——————— 099
ノブドウさび病 ——————— 190
ノハラカェデうどんこ病 ——— 133
ノルウェーカエデうどんこ病 — *300*

〔ハ〕
ハイビスカス紫紋羽病 ——————— *295*
ハイビャクシン白紋羽病 ——————— *029*
ハギうどんこ病 ——————— 127
枝枯病 ——————— 207
さび病 ——————— 195
ハクサイうどんこ病 ——————— 127
えそモザイク病 ——————— 457
黄化病 ——————— 091, 236, 457
菌核病 ——————— *312*, 457
黒斑病 ——————— 225, 226, 457
黒斑細菌病 ——————— 457
白さび病 ——————— 107
軟腐病 ——————— *277*, *312*, 457
根くびれ病 ——————— 102
根こぶ病
　099, **100**, *276*, 457
白斑病 —— 245, *290*, 398, 457

■ 植物病名の索引

ハクサイピシウム腐敗病 ——— 107, 419, 457
　べと病 ——————————— 109, 457
ハクモクレン裏うどんこ病 ——— 130
ハコネウツギ灰斑病 ——————— 245
ハシバミがんしゅ病 ——————— 145
　グノモニア葉枯病 ———— 087, 155
　紅粒がんしゅ病 ————————— 144
ハゼノキ紅粒がんしゅ病 ———— 144
　さび病 ———————————— 089, 192
パセリうどんこ病 ————— 086, 127
ハトムギいもち病 ———————— 235
ハナカイドウ赤星病 ——— *040*, 426
ハナショウブ紋枯病 ——— *071*, 246
ハナズオウ枝枯病 ———————— 207
　角斑病 ———————————— 244, *290*
バナナ軸腐病 ———————————— 207
ハナミズキうどんこ病 ————
　　011, 086, *128*, *322*, *478*
　白紋羽病 — 087, 163, *322*, *478*
　とうそう病 ——————————
　　032, 424, *322*, *478*
　斑点病 ———————— *322*, *478*
　紫紋羽病 ——————————— *478*
　輪紋葉枯病 ——————————
　　063, 232, 233, *322*, 398, *478*
ハナモモ縮葉病 — *009*, 117, *290*
パパイアうどんこ病 —————— 091
　軸腐病 ———————————— 090, 207
ハボタン萎黄病 ————————— 095
　黒斑病 —————————————— 226
ハマオモト赤斑病 ————— 090, 212
ハマナスさび病 ——————————
　　042, 089, 191, *298*
バラうどんこ病 ——————————
　　086, 132, *318*, 471
　疫病 ——————————————— 085
　黒星病 — *031*, 088, 169, 219,
　　270, *318*, 330, 398, 424, 471
　根頭がんしゅ病 —————— *277*, 471
　さび病 —————— 089, 191, *318*, 471
　白紋羽病 ————————————— 471
　灰色かび病 —————————
　　227, *292*, *318*, 471
　半身萎凋病 ——————— 091, 236
　斑点病 ———————————— *318*, 471
　べと病 ———————————— 086, 110
ハラン炭疽病 ———————————— 217
パンジーモザイク病 —————— *278*
ハンノキ黄色胴枯病 ——————— 153
　紅粒がんしゅ病 ————————— 144
　がんしゅ病 ——————————— 145
ヒアシンス黒かび病 ——————— 227
　フザリウム腐敗病 ——————— 142
ピーマンうどんこ病 ——————
　　015, 086, 091, 133, *134*
　疫病 ——————————— 085, 103
　黒かび病 ————————————— 235
　へた腐病 ————————————— 113
　輪紋病 ———————————— 090, 206
ヒイラギナンテン炭疽病 ————
　　022, *284*, *296*, 398
ヒオウギ黒斑病 ————————— 226
ヒノキ暗色枝枯病 ———————— 088

樹脂胴枯病 ——— *058*, 090, 221
葉ふるい病 —————————— 087
ヒペリカムさび病 ——— 189, *270*
ヒマワリべと病 —————— 086, 110
ヒメクチナシ白絹病 ————— *029*
ヒメツルニチニチソウ黒枯病 — 208
ヒメユズリハ褐紋病 ————— 088
ヒメリンゴ赤星病 ——————
　　040, 189, 426
ビャクシンさび病 ——————
　　040, 089, 188, 189, *287*, *298*
　樹脂胴枯病 ———————— 090, 221
ヒュウガミズキうどんこ病 —— 128
ビョウヤナギさび病 ——— *041*, 189
ピラカンサ褐斑病 ——————— 245
ビロウ黒つぼ病 ————————— 088
　黒やに病 —————————————— 087
ビワ赤衣病 ——— *049*, 089, 200
　疫病 ——————————————— 103
　角斑病 ———————————— 091, 398
　ごま色斑点病 —— *057*, 090, 219
　さび病 ———————————————— 089
　炭疽病 ———————————— 090, 216
　灰斑病 ——————————————— 398
ファレノプシス株枯病 ———— 143
　乾腐病 ———————————— 087, 140
　炭疽病 ———————————— 149, 216
ブーゲンビレア円星病 ———— 243
フェスクいもち病 ——————— 235
フェニックス黒つぼ病 ————
　　088, 178, *299*, 404, 430
　黒葉枯病 ———————————— *050*
フジ灰色こうやく病 ————— *306*
フッキソウ紅粒茎枯病 ————
　　021, 087, 147
ブドウうどんこ病 ——— *316*, 465
　味無果病 —————————————— 469
　えそ果病 —————————————— 469
　枝膨病 ——————— *023*, 087, 153
　晩腐病 ——————————
　　088, 149, *292*, *316*, 465
　褐斑病 ————————— *316*, 465
　環紋葉枯病 ——————————— 160
　黒腐病 ——————————————— 088
　黒とう病 —— *032*, 088, 169,
　　170, 221, *292*, *293*, *294*, 465
　さび病 ——— *042*, 089, 191, 465
　白腐病 ——————————————— 465
　すす点病 — *067*, 091, 237, 465
　つる割病 ————————————— 465
　苦腐病 ——————————————— 465
　灰色かび病 ————————— *297*, 465
　ファンリーフ病 ——————— 469
　房枯病 ——————————————— 465
　べと病 —————————————
　　007, 086, 110, *316*, 419, 465
　芽枯病 ——————————————— 153
　毛せん病 ————————— *308*, 399
ブナ黄色胴枯病 ————————— 153
　がんしゅ病 ——————————— 145
　紅粒がんしゅ病 ————————— 144
　炭疽病 ——————————————— 216
フリージア球根腐敗病 ———— 095
　りん片先腐病 —————————— 229

プリムラ黒穂病 ———————— 179
　苗立枯病 ——————— *071*, *291*
　灰色かび病 —————————— 227
ブルーベリーすす点病 ———— 237
フロックス斑点病 ——————— 235
ブロッコリー黒すす病 ———— 226
　黒斑細菌病 ————————— *312*
　根こぶ病 —— *002*, 099, *312*
ブロムグラスいもち病 ———— 235
ベゴニアうどんこ病 ————— 091
　さび病 —————————————— 089
　灰色かび病 —————————— 227
ペチュニアこうがいかび病 ——
　　008, 086, 114, 115, *288*
　灰色かび病 ——————— *060*, 227
ヘデラ褐斑病 ——————— 088, 172
　炭疽病 —————————————— 218
ベニカナメモチごま色斑点病 — *057*
ベルベットグラスいもち病 —— 235
ヘレボルス根黒斑病 ————— *061*
ペンステモン白絹病 ————— *295*
ベントグラス赤焼病 ————— 104
ポインセチア灰色かび病 ——— 227
　ほう枯病 ———————————— 225
ホウレンソウ萎凋病 —— *062*, 091,
　　095, 231, *313*, 383, 457
　えそ萎縮病 ——————————— 457
　株腐病 — 091, 246, *313*, 457
　こうがいかび病 ——— 086, 114
　立枯病 ————————————
　　005, 085, 104, *313*, 457
　炭疽病 ——————————————— 218
　根腐病 ———————————— 085, 101
　白斑病 ——————————————— 235
　べと病 ————————————
　　086, 109, *313*, 387, 457
　モザイク病 ——————————— 457
ホオズキうどんこ病 —————
　　012, 086, 130
ボケ赤衣病 ——————————— 200
　赤星病 — *040*, 089, *188*, 426
　褐斑病 — *031*, 088, 169, *296*
ホソバヒイラギナンテン炭疽病 — 216
ボタン白紋羽病 ————— *320*, 471
　すすかび病 —————————
　　068, 091, 242, 471
　根黒斑病 ——————— 229, 471
　灰色かび病 —————————— 471
　葉枯線虫病 ——————— *279*, 471
ホトトギス炭疽病 ——————— 216
　葉枯病 ——————————————— 228
ポプラ汚斑病（セプトチス葉枯病）
　　————————————————— 088
　がんしゅ病 —————————— 145
　さび病 —————————————— 190
　腐らん病 ——————— 087, 157
　マルゾニナ落葉病 —————— 219
　幹心腐病 ———————————— 089
ホワイトレースフラワー萎凋病 —
　　018, 087, 142

〔マ〕
マクワウリつる割病 ————— 095
マコモ黒穂病 ————————— *299*

いもち病 ——— 235
マサキうどんこ病 ——— 091, 128
　ペスタロチア病 ——— 087, *173*
マダケ赤衣病 ——— 194
　小だんご病 ——— 087
マツ褐斑葉枯病 ——— *321*, **478**
　こぶ病 ——— *039*, 089, 187,
　　188, *321*, **399, 428, 447, 478**
　材線虫病 ———
　　306, 358, **441, 478**
　すす葉枯病 ——— **478**
　青変病 ——— 086
　赤斑葉枯病 ——— **478**
　デルメア枝枯病 ——— 088
　葉枯病 ——— *321*, **478**
　葉さび病 ———
　　039, **089, 187**, *321*, **478**
　葉ふるい病 ——— 087, *321*, **478**
　ペスタロチア（葉枯）病 ———
　　034, 087, 090, 173,
　　174, 219, **220, 478**
マツバギク立枯病 ——— 246
マメ類 菌核病 ——— 161
マリーゴールド灰色かび病 ——— **270**
マルメロ赤星病 ——— 188
　ごま色斑点病 ——— 088, 219
　腐らん病 ——— 157
マンゴーこうじかび病 ——— 226
　軸腐病 ——— *050*, 090, **207**
　炭疽病 ——— 149
マンサク円星病 ——— 232
マンリョウ根黒斑病 ——— 229
ミズキとうそう病 ——— 170, 424
ミズナうどんこ病 ——— 128
　裏うどんこ病 ——— 086
　すす葉枯病 ——— **055**
　紫かび病 ——— 126
ミツデカエデうどんこ病 ——— 133
ミツバ株枯病 ——— 095
ミツバアケビうどんこ病 ——— 128
ミヤギノハギうどんこ病 ——— 127
ミヤコワスレさび病 ——— 187
ミヤマザクラさび病 ——— 089
ミョウガ根茎腐敗病 ——— 085
ミントうどんこ病 ——— 091
ムギ赤かび病 ———
　　087, 142, *309*, 451
　赤さび病 ——— 193, *309*, 451
　うどんこ病 ———
　　086, 119, *309*, 451
　株腐病 ——— 451
　黒さび病 ——— 193
　黒穂病 ——— 404
　縞萎縮病 ——— *309*, 451
　立枯病 ——— *309*, 451
　なまぐさ黒穂病 ——— *299*, *309*, 451
　裸黒穂病 ——— 451
　ベアパッチ病 ——— 096
ムギワラギクべと病 ——— *297*
ムクゲ白紋羽病 ——— 163
ムクノキ裏うどんこ病 ——— 086, 131
ムレスズメさび病 ——— 194
メダケ赤衣病 ——— 194
メランポジウム白絹病 ——— *295*

メロン褐斑病 ——— 091, 241, **242**
　黒かび病 ——— 113
　黒点根腐病 ——— 087, 172
　炭疽病 ——— *056*, **218, 397**
　つる枯病 ——— 168, **294**
　つる割病 ——— *062*, 095, 231
　根腐萎凋病 ——— 106
モクセイさび病 ——— 089
モクレンうどんこ病 ——— *011*, 128
モチツツジうどんこ病 ——— 128
モチノキ黒紋病 ——— *029*, 087, **164**
モッコク葉焼病 ——— 172
モナルダうどんこ病 ——— 086, 130
モミてんぐ巣病 ——— 089
　幹心腐病 ——— 089
モモいぼ皮病 ——— 447, 465
　うどんこ病 ——— 086, 131
　枝折病 ——— *297*
　褐さび病 ——— *298*
　がんしゅ病 ——— 157
　環紋葉枯病 ——— 087, 159
　黒かび病 ——— 086, 113, 421
　黒星病 ——— *292*, 465
　こうじかび病 ——— 091, 226
　縮葉病 ———
　　009, 086, 117, *316*, 465
　すす点病 ——— 237
　せん孔病 ——— 465
　せん孔細菌病 ——— *277*, *316*, 465
　炭疽病 ——— 465
　胴枯病 ——— *024*, 087, **155**, 465
　ならたけ病 ——— 196
　灰色かび病 ——— 465
　灰星病 ———
　　087, 161, *292*, *316*, 465
　輪紋病 ——— 088, 447
モロコシ糸黒穂病 ——— 088
モロヘイヤ黒星病 ——— 091, 241
モンステラ斑葉病 ——— 208
モントレートサイプレスくもの巣病 ———
　　071, 247

〔ヤ〕
ヤシャブシさび病 ——— 080
ヤダケ赤衣病 ——— *298*
ヤチダモがんしゅ病 ——— *020*, 145
ヤツデそうか病 ——— *059*, 221, **290**
ヤナギかわらたけ病 ——— 198
　がんしゅ病 ——— 145
　黒紋病 ——— 165
　葉さび病 ——— 089
ヤブコウジ褐斑病 ——— *032*, 088, 170
ヤブサンザシすす病 ——— **306**
ヤブラン炭疽病 ——— 216, *296*
ヤマウルシうどんこ病 ——— 129
ヤマカシュウさび病 ——— *038*, 186
ヤマカモジグサがまの穂病 ——— 087
ヤマハギうどんこ病 ——— 127
ヤマブキ環紋葉枯病 ———
　　027, 087, 160
ヤマボウシうどんこ病 ——— 128
ヤマモミジうどんこ病 ——— 133
ヤマモモ褐斑病 ——— 088
　こぶ病 ——— 399, 447

ユウガオつる割病 ——— 383
ユーカリ褐変病 ——— 091
　炭腐病 ——— 208
ユキノシタ斑葉病 ——— 208
ユキヤナギ褐点病 ———
　　057, 090, **218**
ユリ青かび病 ——— 399
　疫病 ——— *004*, 085, **471**
　乾腐病 ——— 095, 471
　白絹病 ——— 471
　炭疽病 ——— 090, 217, 471
　葉枯病 ———
　　091, 228, *286*, *318*, 471
　腐敗病 ——— 113
　モザイク病 ——— *278*, *318*, 471
　りん片先腐病 ——— 091, 229
ユリノキべっこうたけ病 ——— 198
　紫紋羽病 ——— 035
洋ラン灰色かび病 ——— *292*
ヨドガワツツジ ペスタロチア病 ——— *058*

〔ラ〕
ライグラスいもち病 ——— 235
ライラックさめ肌胴枯病 ——— 166
ラッカセイ汚斑病 ———
　　207, *311*, 451
　褐斑病 ——— 243, *311*, 451
　茎腐病 ——— 090, 207
　黒かび病 ——— 091
　黒渋病 ——— *069*, 091, 243, 451
　黒根腐病 ——— 087, 141
　さび斑病 ——— 225
　白絹病 ——— *311*, 451
　そうか病 ——— *311*, 451
　根腐病 ——— 091
ラッキョウ赤枯病 ——— 230
　乾腐病 ——— 095, 383
　さび病 ——— 192
ラナンキュラスうどんこ病 ——— 127
　株枯病 ——— 091
リーキ黒斑病 ——— 226
　葉枯病 ——— 235, 236
リードカナリーグラスいもち病 ——— 235
リコリス葉枯病 ——— 212
リモニウム褐斑病 ——— *293*, *296*
リンゴ赤衣病 ——— 089
　赤星病 ———
　　040, 089, 189, *315*, 426, 465
　うどんこ病 ——— 086, 131, *315*, 465
　疫病 ——— 085, 103, *315*, 465
　褐斑病 ——— *031*, 088, 169, 424
　がんしゅ病 ——— 087, 145, 230
　環紋葉枯病 ——— 160
　くもの巣病 ———
　　089, 091, 246, *295*, 304
　黒星病 ——— 088, 465
　こうじかび病 ——— 091
　紅粒がんしゅ病 ——— 087, 144
　白紋羽病 ———
　　087, 163, *291*, 465
　すす点病 ——— *067*, 091, **237**
　すす斑病 ——— 090
　高接病 ——— 467
　炭疽病 ———

■ 植物病名の索引

(上巻 p 002〜249；下巻 p 270〜480)

　　088, 149, 216, *315*, 465
リンゴ胴枯病 087, 090, **154**, 210
　斑点落葉病 ————
　　091, 225, *292*, *315*, 465
　腐らん病 ———— *025*, 087,
　　157, *294*, *297*, *315*, 448, 465
　水腐病 ———— 230
　紫紋羽病 ———— *035*, 088, 176
　輪紋病 ————
　　030, 088, 166, **167**, *294*, 465
リンドウてんぐ巣病 ———— *278*
ルスカスこうじかび病 ————
　　060, 091, 226, **227**
ルタバガ黒すす病 ———— 226
　黒斑病 ———— 225
ルドベキア半身萎凋病 ———— *066*, 236
ルピナス褐変病 ———— 091
　立枯病 ———— 095
レイシ炭疽病 ———— 216
レタス株枯病 ————
　　051, 090, 208, **209**
　菌核病 ————
　　028, 161, **162**, *313*, 457
　すそ枯病 ———— 246, 457
　軟腐病 ———— 457
　根腐病 ————
　　091, 095, 353, 387, 457
　灰色かび病 ———— 227, *313*, 457
　灰斑病 ———— 235
　斑点病 ———— 090
　斑点細菌病 ———— 457
　腐敗病 ———— 457
　べと病 ———— 086
　モザイク病 ———— 457
レンゲこぶ病 ———— 086, **111**
ローズマリーうどんこ病 ———— 130
ローソンヒノキ樹脂胴枯病 ———— *058*

〔ワ〕
ワサビ黒斑病 ———— 225
　白さび病 ———— 107
　墨入病 ———— 209
ワサビダイコン黒斑病 ———— 225

【一般病名】

青かび病 ———— 448
青枯病 ———— 395, 396, 446, 448
赤衣病 ———— **201**
赤星病 ———— 448
アファノミセス病 ———— 395, 396
萎黄病 ———— 230, **231**, 395, 448
萎凋病 ———— 230, **231**, 448
萎凋細菌病 ———— 396
ウイルス病 ————
　　278, 356, 393, 448
うどんこ病 ————
　　086, 383, 398, 422, 447, 448
疫病 ———— 103, 390, 395, 396, 448

えそ病 ———— 448
えそ斑点病 ———— 448
枝枯病 ———— 396, 399
黄化えそ病 ———— 398
黄化葉巻病 ———— 448
褐色こうやく病 ———— 089, 399, 440
褐斑病 ———— 448
株腐病 ———— 448
かわらたけ病 ———— 403
がんしゅ病 ———— 396, 399
きつねかわらたけ病 ———— 403
菌核病 ———— 161, 383,
　　389, 395, 396, 398, 448
茎枯病 ———— 395, 396, 448
茎腐病 ———— 396, 448
グノモニア輪紋病 ———— 448
くもの巣病 ————
　　089, 096, 246, 396, 401
黒腐菌核病 ———— 390, 396
黒根腐病 ———— 396
黒穂病 ———— 088, 429, 448
こうがいかび病 ———— 094
紅色根腐病 ———— 396
こうやく病 ————
　　302, 400, 430, 440, 448
紅粒がんしゅ病 ———— 399
黒色こうやく病 ———— 440
黒点根腐病 ———— 396
黒とう病 ———— 165
黒斑病 ———— 402, 448
こぶ病 ———— 396
こぶきたけ病 ———— 403
ごま色斑点病 ———— 424
根頭がんしゅ病 ———— 396
さび病 ———— 398, 447, 448
細菌病 ———— *273*, **355**, 393
材質腐朽病 ———— 396, 400, 403, 436
材線虫病 ———— 441
シスト線虫病 ———— 358
条斑細菌病 ———— 448
白絹病 ———— 091, 247,
　　389, 390, 395, 396, 448
白星病 ———— 448
白さび病 ————
　　086, **107**, 389, 419, 421
白紋羽病 ————
　　163, 353, 390, 395, 448
心枯線虫病 ———— 358
すえひろたけ病 ———— 403
すす病 ———— *306*, 400, 439
すすかび病 ———— 448
生立木腐朽病 ———— 436
線虫病 ———— *279*, **357**, 393
そうか病 ———— 165, 448
立枯病 ———— 390, 448
炭疽病 ————
　　090, 148, 216, 217, 396, 448
ちゃいぼたけ病 ———— 403
つる枯病 ———— 168, 395, 396, 399

つる割病 ————
　　091, **231**, 387, 395, 446, 448
てんぐ巣病 ———— 448
胴枯病 ———— 395, 396, 399
とうそう病 ———— 165
苗立枯病 ———— 085, 091,
　　096, 107, 247, 390, 395
ならたけ病 ———— 089, 403
ならたけもどき病 ———— 089, 403
軟腐病 ———— 395, 446, 448
根株心腐病 ———— 403
根腐病 ———— 390, 448
根腐線虫病 ———— 358, 396, 448
根黒病 ———— 448
根こぶ病 ———— 085, 099,
　　353, 387, 390, 396, 418
根こぶ線虫病 ———— 358, 396, 448
バーティシリウム病 ————
　　358, 395, 396, 426
灰色かび病 ————
　　383, 389, 395, 396, 397,
　　399, 401, 402, 424, 448
灰色こうやく病 ———— 089, 399, 440
灰星病 ———— 397
葉かび病 ———— 448
葉枯線虫病 ———— 358
葉腐病 ———— 396, 401
白斑病 ———— 091, 448
白粉病 ———— 448
花枯病 ———— 448
花腐病 ———— 448
半身萎凋病 ———— 389, 448
斑点病 ———— 448
斑点細菌病 ———— 448
ピシウム病 ———— 395, 396
微粒菌核病 ———— 090, 208
ファイトプラズマ病 ————
　　278, 356, 393, 399, 448
フザリウム病 ————
　　358, 395, 396, 426
腐らん病 ———— 395, 396, 399
ペスタロチア病 ———— 166, 448
べっこうたけ病 ———— 403
べと病 ————
　　086, 108, 109, **110**, 111, 448
変形菌病 ———— 448
ホモプシス根腐病 ———— 396
マルゾニナ落葉病 ———— 448
円斑病 ———— 448
幹心腐病 ———— 403
幹辺材腐朽病 ———— 403
紫かび病 ———— 405
紫紋羽病 ———— **177**, 395, 396, 448
モザイク病 ———— 397, 398, 399, 448
もち病 ———— 448
雪腐小粒菌核病（雪腐黒色小粒菌核病）
　　———— 199
葉化病 ———— 448
リゾクトニア病 ———— 395, 396

□ 病原体等の索引 (上巻 p 002～249；下巻 p 270～480)

＊本索引は「病原菌の属種」「菌類の和名（個別和名，総称和名）」「細菌」「ウイルス・ウイロイド」「線虫」および「昆虫・ダニ類」からなる．数値は「植物病名の索引」の説明を参照．

【菌類の属種】

Achlya —————— 085
Acremonium ———— 087, 136,
　　137, 138, 140, 145, 225
Aecidium ———— *038*, 089, **182**
　mori ————————— *038*, 186
　rhaphiolepidis ——— *038*, **186**
Albugo ————— *006*, 086,
　101, **106**, **107**, 377, **418**, 420
　candida ———————— 107
　ipomoeae-hardwickii —— 107
　macrospora — *006*, **107**, 420, 457
　portulacae ——————— 107
　wasabiae ——————— 107
Alternaria — *059*, 091, 097, **222**,
　224, 377, 391, 402, **424**, 426
　alternate — *059*, 093, **225**, 465
　brassicae ——— 224, 225, 457
　brassicicola ——— 226, 457
　citri ———————— 465
　dauci ————— 226, 457
　dianthi ——————— 471
　infectoria ——————— 222
　iridicola ———— 226, 424
　porri —— *059*, **226**, 406, 458
　radicina ——————— 457
　solani ———— 226, 451, 457
Amyloporia ——————— 089
Aphanomyces ———— *003*, 085,
　　101, **418**, 419, 420, 421
　cochlioides ——— *003*, **101**
　euteiches ——————— 102
　euteiches f. sp. *phaseoli* —— 102
　iridis ——————— 419
　raphani —— *003*, **102**, 419
Apiocarpella ——————
　　049, 090, 202, 204, **424**
　quercicola —— *049*, 204, **206**
Arachnocrea ———— 136, 138
Armillaria ————— *045*, 089
　mellea ———— *045*, **196**, 478
　tabescens ——— *045*, **197**, 478
Arthrocladiella —————— 123
Ascochyta ————— *049*, 088,
　　090, 165, 166, **202**, 204
　aquilegiae ———— *049*, **206**
　cinerariae ——————— 206
　cucumis ————— *031*, 168
　fabae ———————— 206
　phaseolorum —————— 206
　pinodes ——————— 207
　pisi ———————— 207

yakushimensis ———— 204
sp. (ラッカセイ汚斑病菌) ———
　　　　　　　　　　207, 451
Aspergillus — *060*, 091, 097, **222**
　flavus ——————— 226
　niger ————— *060*, **226**
Asperisporium —————— 239
Asterina camelliae ———— 439
Asteroconium ——— *055*, 090, **213**
　saccardoi ——— *055*, 097, **215**
Asteroma ——————— 151
Athelia ———————— 246
　rolfsii ——————— 247
Bionectria ———————
　　016, 087, **135**, 136, 137
　ochroleuca ———— *016*, **140**
Bipolaris ——————— 088, 165
　leersiae ——————— 168
Blastospora ———————
　　038, 089, **182**, 426, 427
　smilacis — *038*, **186**, 381, 465
Blogiascospora —————— 215
Blumeria ———— *010*, 086, **118**,
　121, 122, 123, 124, 125, **422**
　graminis ———————
　　010, **119**, 120, 126, **422**, 451
Botryodiplodia ———— 088, 165
Botryosphaeria ———————
　　030, 088, **165**, 170, 222
　berengeriana —————— 167
　berengeriana f.sp. *pyricola* ——
　　　　　　　　167, 447, 465
　dothidea ———————
　　030, **166**, 167, 447, 465, 478
Botryotinia ———————
　　026, 087, **117**, **158**, 222
　fuckeliana ——— *026*, 115, **159**
Botrytis ——— *060*, 087, 091, 117,
　158, **222**, 224, 283, 402, 424
　byssoidea ————— 227, 458
　cinerea ———————
　　026, *060*, 097, 158, 224, **227**,
　　424, 442, 457, 458, 465, 471
　elliptica ———— *060*, **228**, 471
　porri ———————— 458
　squamosa ——— *060*, **228**, 458
　tulipae ——————— 471
Brasiliomyces —————— 123
Bremia ———— 086, 108, 109
　lactucae ——————— **109**
Bremiella ——————— 108
Caespitotheca —————— 123
Californiomyces —————— 122
Calonectria ———————

　　017, 087, **135**, 136, 137, 138
　ilicicola ———— *017*, **141**, 451
Ceratobasidium gramineum ——— **451**
Ceratocystis ———— *016*, 086, **134**
　coerulescens —————— 115
　ficicola ———— *016*, **134**
　fimbriata ——— 134, **135**, 451
Cercospora ————— *067*, 088,
　　091, 166, 222, **237**, **238**,
　　239, 240, 378, 402, 424, 426
　apii ———— *067*, **241**
　asparagi ——————— 241
　capsici ——————— 241
　carotae ——————— 457
　corchori ——————— 241
　gerberae ———— *067*, **241**
　kikuchii ————— 241, 451
　sojina ——————— 241
Cercosporella —————— 239
　brassicae ——————— 245
　chaenomelis —————— 173
　virgaureae —————— 241
Cercosporidium ——— 238, 239, 240
Choanephora ———————
　　008, 086, 113, **114**, 421, 422
　cucurbitarum ——— *008*, 094, **114**
Chrysomyxa ——————— 089
　ledi var. *rhododendri* ——— 478
Ciborinia ————— *026*, 087, **158**
　camelliae ———— *026*, **159**
Cladobotryum ———— 136, 138
Cladosporium ———— 091, **239**
　carpophilum —————— 465
　colocasiae ——————— 241
　paeoniae ——————— 242
Claviceps ———————
　　017, 087, 136, 137, **138**, 141
　microcephala —————— 141
　purpurea var. *purpurea* ——— 142
　virens ———— *017*, **142**, 451
Clonostachys — 087, **135**, 136, 137
　rosea ——————— 140
Cochliobolus — *030*, 088, **165**, 223
　heterostrophus —————— 451
　miyabeanus ——— *030*, **167**, 451
Coleopucciniella —————— 089
Coleosporium ———————
　　039, 089, **182**, 426, 427
　asterum ————— 187, 478
　pini-asteris ———— *039*, **187**
Colletotrichum ———————
　　056, 088, 090, 117, 148,
　　213, **214**, 249, 349, 423
　acutatum — *056*, 149, **216**, 471

[2] 病原体等の索引 (1)

□ 病原体等の索引

Colletotrichum dematium ——— **216**
　destructivum ——— 217
　gloeosporioides ———
　　022, *056*, 149, **216**, 465, 471
　higginsianum — *056*, **216**, 457
　lagenarium ———214, 217
　liliacearum ——— *056*, 217, 471
　lindemuthianum ——— 217
　orbiculare ——— *056*, **217**, 457
　spinaciae ——— 218
　trichellum ——— 218, 424
　truncatum ——— 214, 218
Coniella castanoicola ——— 465
Corynespora ———
　067, 091, **222**, 224, 239, **240**
　cassiicola ———
　　067, 228, **241**, 457, 458
　melongenae ——— 224
Coryneum ——— 087, 152
　castaneae ——— 156
Cristulariella moricola ——— 160
　pruni ——— 159
Cronartium ——— *039*, 089,
　　182, 184, **426**, 427, 428
　orientale ———
　　039, 184, **187**, 381, 428, 478
　quercuum ——— 187
Crossopsora ——— 089
Cryphonectria ———
　　023, 087, 150, **151**
　parasitica ——— *023*, 150, **152**
　radicalis ——— *023*, 153
Cryptodiaporthe ——— 087
Curvularia ——— *061*, 088,
　　091, 165, **223**, 224, 426
　gladioli ——— 228, 229
　lunata ——— *061*, 224, 228
　trifolii f.sp. *gladioli* ——— *061*, **229**
Cylindrocarpon ——— *061*, 087,
　　091, 097, 136, 137,
　　139, 140, **223**, 224
　castaneicola ——— 147
　destructans ——— *060*, **229**, 471
　heteronema ——— 145, 224, 230
Cylindrocladium ———
　　087, 091, 135, 136, 137, 138
　parasiticum ——— *017*, 141
Cylindrosporella ——— 151
Cylindrosporium ———
　　057, 090, 213, 214
　spiraeae-thunbergii ———
　　057, 214, **218**
Cystotheca ——— *010*, 086, **118**,
　　122, 123, 124, 125, *300*, **422**
　lanestris ——— *010*, **126**
　wrightii ——— **126**, 422
Cytispora ——— **087**, 151, 152

ambiens ——— 157
　rosarum ——— 157
Daedaleopsis ——— *045*
　tricolor ——— *045*, **197**
Dendrophona obscurans ——— 458
Dermea ——— 088
Diaporthe ———
　　023, 087, 150, **151**, 203, **423**
　citri ——— 210, 465
　eres ——— 150, 153
　kyushuensis ——— *023*, **153**
　medusaea ——— 153
　tanakae ——— **153**, 210
Dicarpella ——— 206
Didymella ———
　　031, 088, **165**, 202, 203
　bryoniae ——— *031*, **168**, 457
Diplocarpon ———
　　031, 088, **165**, 213, 215, **423**
　mali ——— *031*, **168**, 424
　mespili ——— 218, 424
　rosae ——— *031*, 115,
　　169, 219, 330, 424, 471
Diplodia ——— 204
　cercidis-chinensis ——— 207
　diversispora ——— 204, 207
Discogloeum sp. ——— 154
Discula ——— 151
　theae-sinensis ——— 451
Doassansia ——— 088
Dothiorella ——— 170
Dothistroma septospora ——— 478
Doulariopsis ——— 086
Drechslera ——— 088
　tritici-repentis ——— 230
Drepanopeziza ——— 215
Elsinoë ———
　　032, 088, 117, **165**, 215, **423**
　ampelina — *032*, **169**, 221, 465
　araliae ——— 221
　corni ——— *032*, 170, 424, 478
　fawcettii ——— *032*, **170**, 465
Endothia parasitica ——— 153
Endothiella ——— 151
　parasitica ——— 152
Entomosporium ——— *057*, 088,
　　090, 165, **213**, 214, **424**
　mespili ——— *057*, 097,
　　214, 215, **219**, 409, 424
　thümenii ——— 409
Entyloma ——— 088
Epichloë ——— 087
Erysiphe ———
　　011, 086, **118**, 121, 122,
　　123, 124, 125, *300*, 415, **422**
　akebiae ——— 128
　alphitoides ——— 128

aquilegiae var. *ranunculi*
　　011, **127**
　australiana ——— *012*, **129**
　buckleyae ——— 120
　corylopsidis ——— 128
　cruciferarum ——— 127
　euonymicola ——— 128
　gracilis var. *gracilis* ——— 127
　graminis ——— 119
　heraclei ——— 120, **127**, 457
　izuensis ——— 128, 478
　kusanoi ——— 129
　lespedezae ——— 127
　magnifica ——— *011*, 128
　necator ——— 465
　paeoniae ——— 128, 471
　pulchra — *011*, **128**, 422, 478
　salmonii ——— 129
　simulans ——— 120
　sp. （キクうどん病菌） ——— 471
　sp. ——— 120
　verniciferae ——— 129
　zekowae ——— 130
Erysiphe (*Californiomyces*) ——— 122
Erysiphe (*Erysiphe*) — *011*, **118**,
　　121, 122, 124, 125, **127**
Erysiphe (*Microsphaera*) ———
　　011, 118, 121, 122, 124, 125
Erysiphe (*Typhulochaeta*) ———
　　118, 121, 122
Erysiphe (*Uncinula*) — *012*, 118,
　　121, 122, 124, 125, 129
Erythricium ——— *049*, 089, **200**
　salmonicolor ——— *049*, **200**
Euoidium ——— 086, 118,
　　123, 124, 125, *303*, 415
Eupenicillium ——— 223
Eurotium ——— 222
Exobasidium ———
　　037, 089, **180**, **430**
　camelliae ——— *037*, 180
　cylindrosporum ——— 181, 478
　gracile ——— *037*, **180**, **431**
　japonicum ———
　　037, 180, **181**, 478
　reticulatum ——— 451
　vexans ——— *037*, 181, 451
Fibroidium ——— 086, 119,
　　123, 124, 125, *303*, 415
Fomes ——— 089
Fomitiporia torreyae ——— 465
Foveostroma ——— 088
Fulvia ——— 238, 239
　fulva ——— 243
Fusarium ——— *062*, 087, 091,
　　117, 136, 137, 138, 139, **223**,
　　224, 353, 377, 378, 391, **424**

avenaceum — 230, 471
cuneirostrum — 230
graminearum — 142
moniliforme — 142
oxysporum
　　062, 093, 224, **230**, 378, 471
oxysporum f.sp. allii — 095
　f.sp. apii — 095
　f.sp. arctii — 095
　f.sp. asparagi — 095
　f.sp. batatas — 095, 451
　f.sp. callistephi — 095
　f.sp. cepae — 095, 458
　f.sp. conglutinans
　　　093, 095, 231, 457
　f.sp. cucumerinum
　　　095, 231, 457
　f.sp. cyclaminis — 095, 471
　f.sp. dianthi — 095, 471
　f.sp. fragariae
　　　095, 231, 458
　f.sp. gladioli — 095
　f.sp. lactucae — 095, 457
　f.sp. lagenariae — 095
　f.sp. lilli — 095, 471
　f.sp. lupine — 095
　f.sp. lycopersici
　　　093, 094, 095, 231, 457
　f.sp. melongenae — 095
　f.sp. melonis — 095, 231
　f.sp. narcissi — 095
　f.sp. niveum — 095
　f.sp. phaseoli — 095
　f.sp. radicis-lycopersici
　　　093, 095, 231, 457
　f.sp. rapae — 095, 231, 457
　f.sp. raphani
　　　093, 095, 231, 457
　f.sp. spinaciae
　　　095, **231**, 457
　f.sp. tracheiphilum — 095
　f.sp. tulipae — 095, 471
　f.sp. vasinfectum — 095
solani — 451
　f.sp. phaseoli — 230
sp. — 143, 451
Fusicladium — 088, 166
levieri — 465
Fusicoccum — 088, 165
aesculi — 465
Gaeumannomyces graminis var. tritici — 451
Ganoderma
　　046, 090, **196**, 430
applanatum — *046*, **197**, 478
austral — 197
Gibberella — **018**, 087,

117, 136, 137, **138**, 223
fujikuroi — **142**, 451
zeae — *018*, **142**, 451
Gliocladium — 091
Gloeodes — 090
pomigena — 237
Glomerella
　　022, 088, 117, **148**, 213, **423**
cingulata — *022*, **148**, 149, 216, 424, 451, 458, 465
Gnomonia — *024*, 087, **151**, 154
comari — 154, 458
megalocarpa — *024*, 154
setacea — *024*, 115, **154**
Golovinomyces — *012*, 086, 118, 123, 124, 125, 415
biocellatus — 130
sp. (ホオズキうどんこ病菌) —
　　012, **130**
sp. — 120
Gonatobotryum
　　063, 091, **223**, 224, 402
apiculatum — *063*, 223, 224, **231**
Graciloidium — 123
Graphiola — *035*, 088, **177**, 428
phoenicis var. phoenicis —
　　035, **178**, 430
Graphiopsis — **068**, 091
chlorocephala — *068*, **242**, 471
Greeneria uvicola — 465
Grovesinia — *027*, 087, **158**
pruni — *027*, **159**, 465
pyramidalis — *027*, 160
Guignardia —
　　032, 088, **165**, 171, 203
ardisiae — *032*, 170
cryptomeriae — *032*, 170
sawadae — 171
sp. (アメリカイワナンテン褐斑病菌)
　　— *032*, **170**
sp. (セイヨウキヅタ〔ヘデラ〕褐斑病菌)
　　— 172
sp. (モッコク葉焼病菌) — 172
Gymnosporangium —
　　040, 089, **182**, 184, **426**, 427
asiaticum — *040*, 184, **188**, 380, 381, 426, 428, 447, 465
yamadae —
　　040, 189, 381, 426, 465
Haematonectria — *018*, 087, 136, 137, *139*, 144, 223
haematococca — *018*, **143**
Hamaspora — 089
Haradamyces — *063*, **223**
foliicola — *063*, **232**, 478
Helicobasidium —
　　035, 088, **176**, 430

mompa
　　035, **176**, 400, 430, 451, 478
Herpotrichia — 203
Heteroepichloë
　　019, 136, 137, **139**
bambusae — 144
sasae — *019*, **144**
Hinomyces — 087, 158
pruni — 159
Hyaloperonospora brassicae — 109, 457
Hypocrea — 136, 138
Hypoderma — 087
Hypomyces — 136, 138
Inonotus — *046*
mikadoi — *046*, **197**
Kuehneola — 089
japonica — 471
Lasiodiplodia
　　050, 088, 090, 165, **202**, 204
theobromae — *050*, 204, **207**
Lecanosticta acicola — 478
Lepteutypa — 215
Leptodothiorella — 165
Leptosphaeria — 203
Leptothyrium — 151
Leucocytospora — 087
leucostoma — 155
Leucostoma — *024*, 087, 150, **151**
perssonu — *024*, 150, **155**, 465
Leveillula
　　086, 119, 122, 123, 124, 125
taurica — 134
sp. — 120
Lewia — 222
Lophodermium — 087
pinastri — 478
Macrophoma sugi — 170
Macrophomina
　　050, 090, **202**, 204
phaseolina — *050*, 203, 204, **208**
Magnaporthe — 088, 225
oryzae — 234
Marasmius — 089
Marssonina — *057*, 088, 090, 165, 214, **215**, 423, 424
brunnea — 219
daphnes — *057*, 214, **219**
rosae — 169, 219
Melampsora
　　041, 089, **182**, 184, **426**, 427
hypericorum — *041*, **189**
idesiae — 189
lalici-populina — 184, 190
Melampsorella — 089
Melampsoridium — 089
Melanconis — *024*, 087, 150, **151**
juglandis — *024*, **155**

□ 病原体等の索引

Melanconis microspore — 150, 156
   pterocaryae — *024*, 156
   stilbostoma — *024*, 156
Melanconium — 087, 151
   bicolor — 156
   gourdaeforme — 156
   oblongum — 155
Melanopsichium — 088
Melasmia — 087
Meliola dichotoma — 439
Microidium — 123
Microsphaera —
   011, 118, 121, 122, 124, 125
   pulchra — **128**
Microsphaeropsis — 090
Moesziomyces — 088
Monilia — 087, 158
   fructicola — 160
   kusanoi — 161
Monilinia — *027*, 087, **158**
   fructicola — 160, 465
   kusanoi — *027*, **161**, 478
Monochaetia — 090, 214
   monochaeta — 214, 219
Monosporascus — *033*, 087, **166**
   cannonballus —
      033, 097, 166, **172**
Mucor — 086, 113
Mycocentrospora acerina — 471
Mycocitrus — 087, 136, 138
Mycosphaerella — *033*, 088,
   116, **166**, 202, 203, 237, 239
   allicina — *033*, **172**
   arachidis — 451
   berkeleyi — 243, 451
   chaenomelis — *033*, **173**
   fragariae — 458
   nawae — 465
   rosicola — 471
   pinodes — 115, 207
Mycovellosiella — 238, 239, 240
   nattrassii — 458
Myrioconium — 158
Myriosclerotinia — 246
Naohidemyces — 089
Nectria —
   019, 087, 136, 138, **139**, **423**
   asiatica — *019*, **144**
   cirrabarina — 144
Neocosmospora —
      087, 136, 137, 144
   haematococca — 144
   vasinfecta var. *africana* — 145
Neoërysiphe — 123, 124, 125
   galeopsidis — 120
Neonectria — *020*, 087,
   136, 137, **139**, 147, 223

ditissima — *020*, **145**
galligena — 145, 230
Nyssopsora — *041*, 089,
   183, 184, **426**, **427**, **428**
   cedrelae — *041*, 184, **190**
Octagoidium —
   086, 119, 123, 124, 125
Oidiopsis — *015*, 086,
   091, **119**, 123, 124, 125, *303*
   sicula — *015*, **133**, 457
Oidium — 086, 091,
   118, 123, 124, 125, *303*, 415
   sp. — *015*, 457
Oidium (*Fibroidium*) — 119
Oidium (*Octagoidium*) — 119
Oidium (*Oidium*) — 118
Oidium (*Pseudoidium*) — 118
Oidium (*Reticuloidium*) — 118
Oidium (*Setoidium*) — 118
Olpidium — 086, 111, **112**
   brassicae — 086, 112
   trifolii — 112
   verulentus — 112
   viciae — 112
Ophiostoma — 442
Ovularia — 238
Ovulariopsis —
   086, 119, 123, 124, 125
Ovulinia — *028*, 087, **158**
   azaleae — *028*, **161**, 478
Ovulitis — 087, 158
Paraperonospora chrysanthemi-coronarii
   — 109
Paracercospora — *069*
   egenula — *069*, **242**, 458
Parauncinula — 122
Passalora —
   069, 091, 166, 238, 239, **240**
   arachidicola — 243
   bougainvilleae — 243
   fulva — *069*, 094, **243**, 457
   nattrassii — **244**
   personata — *069*, 243
Penicillium —
   064, 091, **223**, 224, 377, 402
   digitatum — *064*, **233**, 465
   italicum — *064*, 224, **233**, 465
Perenniporia — *047*, 089, **196**
   fraxinea — *047*, **198**, 478
Peronospora — 086, **108**, 109
   chrysanthemi-coronarii — **109**
   destructor — 109, 458
   farinosa — 094, 457
   farinosa f.sp. *spinaciae* — 109
   infestans — 093
   manshurica — 109, 451
   parasitica — *007*, **109**, 457

sparsa — 110
Pestalosphaeria —
   034, 087, **166**, 215
   gubae — *034*, **173**
Pestalotia — 166, 448
Pestalotiopsis — *058*, 087,
   090, 166, 214, **215**, **424**, 448
   acacia — 219
   adusta — 214
   disseminata — 219, 478
   distincta — *058*, 219
   glandicola — *058*, **220**
   guepini — 220
   longiseta — 451, 465
   maculans — *058*, **220**, 478
   montellica — 214, **220**
   neglecta — 173
   theae — *058*, 221
Phaeolus — 090
Phaeoramularia — 238, 239
Phaeosphaeria — 203
Phakopsora —
   042, 089, **183**, 185, **426**, **427**
   ampelopsidis — 185, 190
   artemisiae — *042*, **190**, 471
   euvitis — 191
   meliosmae-myrianthae —
      042, 185, **191**, 381, 465
   nishidana — 191
   pachyrhizi — 191, 451
   vitis — 191
Phoma —
   051, 090, 165, **203**, 204
   exigua — *051*, 093, **208**, *296*
   exigua var. *inoxydabilis* — 093, 208
   wasabiae — 204, 209
Phomatospora — *034*, 087, **166**
   albomaculans — *034*, **174**
   aucubae — *034*, **175**
Phomatosporella — 087, 166
Phomopsis — *051*, 087,
   090, 151, **203**, 205, **424**, 425
   asparagi — *051*, **209**
   citri — 210
   fukushii — 465
   oblonga — 153
   rudis — 153
   sclerotioides — 457
   tanakae — 154, 210
   vexans — 205, 210, 458
   viticola — 465
   vitimegaspora — *023*, 153
Phragmidium — *042*, 089,
   183, 185, **426**, **427**, **428**
   griseum — 185, 191
   montivagum — *042*, 185, **191**
   rosae-multiflorae — 185, 191

Phyllachora ——— 087
Phyllactinia ———
013, 086, **119**, 121, 122, 123, 124, 125, *300*, **422**, 423
  kakicola ——— 130, 465
  magnoliae ——— 130
  mali ——— 465
  moricola ——— *013*, **130**, 422
  pyri-serotinae ——— 131
  salmonii ——— 131
Phyllosticta ——— *052*, 088, 090, 165, 170, **203**, 205, **424**
  ampelicida ——— *052*, 205, **210**
  concentrica ——— *052*, **210**
  kobus ——— 210
  sp.（アセビ褐斑病菌）— *052*, 210
Physoderma ——— 086, **111**
  alfalfa ——— 111
  maydis ——— 112
Physopella ——— 089
  ampelopsidis ——— 191
Phytophthora ———
004, 085, 093, 097, 101, **102**, 103, 349, 377, **418**, 419, 443
  cactorum ———
  004, **103**, 458, 465, 471
  capsici ——— 103, 458
  cryptogea ——— 471
  glovera ——— 158
  infestans ——— *004*, 093, 094, **103**, 419, 451, 457
  nicotianae ———
  004, 094, **104**, 419, 421, 471
  palmivora ——— 094
  porri ——— 458
  sojae ——— 451
Pileolaria ———
043, 089, 183, **426**, 427, 428
  brevipes ——— 192
  klugkistiana ——— *043*, **191**
  shiraiana ——— 131, 192
Plasmodiophora — *002*, 085, **099**
  brassicae ——— *002*, 094, 099, 377, 418, 443, 457
Plasmopara — 086, **108**, 109, 111
  halstedii ——— 110
  viticola — *007*, **110**, 419, 465
Plectosphaerella ——— 223
Plectosporium ——— 064, 091, **223**
  tabacinum ——— 064, **234**
Pleochaeta ——— 086, 122, 123, 124, 125, *300*, 423
  shiraiana ——— 115, 120, 131
Pleonectria — *020*, 136, 138, **139**
  rosellinii ——— *020*, **146**
Pleospora ——— 088, 225
  allii ——— 236

tarda ——— 235
Podosphaera ——— *014*, 086, **119**, 121, 122, 123, 124, 125, 415, **422**
  aphanis var. aphanis ———
  120, **131**, 458
  fusca ——— 120
  leucorticha ——— 131, 465
  pannosa ——— 131, 471
  spiraeae ——— 422
  tridactyla var. tridactyla ———
  014, **131**, 423
  xanthii ———
  014, **131**, 457, 458, 471
  sp. ——— 478
Polymyxa ——— 085, 099
  graminis ——— 086
Pseudocercospora ———
070, 091, 166, 238, **240**
  cercidis-chinensis ——— 244
  circumscissa ——— 465, 478
  cornicola ——— 478
  egenula ——— 242
  fukuokaensis ——— 244
  fuligena ——— 244, 457
  handelii — *070*, **244**, 426, 478
  kaki ——— 245, 465
  kalmiae ——— *070*, 245
  kurimaensis ——— *070*, 245
  leucothoës ——— 245
  ocellata ——— 245, 451
  pini-densiflorae ——— 478
  punicae ——— 245
  pyracanthae ——— 245
  variicolor ——— 471
  violae ——— 471
  violamaculans ——— 245
  vitis ——— 465
  weigeliae ——— 245
Pseudocercosporella ———
070, 091, 238, 239, **240**
  capsellae ——— *070*, **245**, 457
Pseudoidium ——— 086, 118, 123, 124, 125, *303*, 415
Pseudonectria ——— *021*, 087, 136, 137, **139**, 146, 423
  pachysandricola ———
  021, 146, **147**, 424
Pseudoperonospora — 086, **108**, 109
  cubensis — *007*, **111**, 419, 457
Pseudovalsa ——— *025*, 087, **152**
  modonia ——— *025*, **156**
  tetraspora ——— *025*
Puccinia ——— *043*, 089, 182, **183**, 185, 426, 427
  allii — *043*, **192**, 428, 458
  graminis ——— 093

graminis subsp. graminis ——— 381
  horiana — *043*, **193**, 428, 471
  kusanoi ——— 193, 381
  longicornis ——— 193, 381
  miscanthi ——— 381
  recondita ——— **193**, 381, 451
  sorghi ——— 451
  sessilis var. sessilis — 185, **193**, 381
  tanaceti var. tanaceti ———
  043, 185, **193**, 428, 471
  zoysiae ——— 381
Pucciniastrum ——— 089
Pyrenochaeta — *053*, 090, **203**, 205
  lycopersici ——— 053, **210**, 457
  terrestris ——— 205, 211, 458
Pyrenopeziza ——— 213
Pyrenophora ——— 088
  tritici-repentis ——— 230
Pyricularia — *065*, 088, 224, **225**
  grisea ——— 235
  oryzae ———
  065, 094, 224, **234**, 235, 451
  zingiberis ——— 235
Pythium ——— *005*, 085, 097, 101, 102, **104**, 377, 378, 390, **418**, 419, 420, 421, 443
  aphanidermatum ———
  005, **104**, 451, 457
  graminicola ——— 451
  irregulare ——— *005*, **105**, 471
  spinosum ——— *005*, **106**
  splendens ——— *005*, **106**
  sulcatum ——— 457
  ultimum var. ultimum ———
  005, **107**, 419
  sp. ——— 451
Queirozia ——— 122, 123
Raffaelea quercivora ——— *307*, 443
Ramularia — 166, 237, 238, 239
  pratensis ——— 245
Ravenelia ——— 089, **426**, 427, 428
  japonica ——— **194**
Reticuloidium ——— 118, 415
Rhizoctonia ——— *071*, 091, **096**, 245, 246, 354, 377, 378, 390, 391, 401, **430**
  fragariae ——— 246
  solani ——— *071*, 198, **246**, *291*, 400, **431**, 457, 471
Rhizopus ——— *008*, 086, **113**, *297*, 377, 391, **421**, 422
  arrhizus ——— 114
  chinensis ——— 114
  javanicus ——— 114
  stolonifer var. stolonifer ———
  008, **113**, 421
  sp. ——— 451

□ 病原体等の索引

Rhizosphaera kalkhoffii —————— 478
Rhytisma ————— **029**, 087, **164**
　acerinum —————————— 164
　ilicis-integrae ————— *029*, **164**
　illicis-latifoliae ——————— 164
　illicis-pedunculosae —————— 164
　prini ————————— *029*, **164**
　punctatum ——————————— 165
　salicinum ——————————— 165
Rosellinia — *029*, 087, **162**, **424**
　compacta ——————————— 163
　necatrix ————— *029*, **163**,
　　400, **424**, 465, 471, 478
Rugonectria
　　021, 136, 137, 140, 147
　castaneicola ————— *021*, **147**
Sawadaea —————— *015*, 086,
　　119, 121, 122, 123, 124,
　　125, 248, *300*, **422**, **423**
　bicornis ——————————— 133
　nankinensis ————————— 133
　polyfida ————— *015*, **133**
　tulasnei ——————————— 133
　sp.（トウカエデうどんこ病菌）
　　————————————— *015*
　sp. ——————————————— 120
Sclerophthora —————————— 086
　macrospora ————————— 451
Sclerospora —————————— 086
Sclerotinia —————— *028*, 088,
　　117, 159, **162**, 246, **424**
　sclerotiorum ————— *028*, **161**,
　　162, 400, **424**, 457, 458, 471
Sclerotium —————— *071*, 088,
　　091, 117, 159, 245, **246**
　cepivorum ——————————
　　246, 247, 401, 458
　rolfsii ————— *071*, 246, **247**,
　　400, 430, 451, 457, 458, 471
Seimatosporium ————————— 215
Seiridium — *058*, 090, 214, **215**
　unicorne ————— *058*, 214, **221**
Septobasidium ————— 089, **430**, **440**
　bogorience ————————— 440
　kameii ——————————— 440
　nigurum ——————————— 440
　tanakae ——————————— 440
Septoria —————— *053*, 088,
　　090, 166, **203**, 205, **424**
　abeliceae ————————— 205, **211**
　astericola ——————————— 211
　azaleae ————— *053*, **211**, 478
　chrysansemella ————— 211, 471
　obesa ——————————— 211, 471
　violae ————— *053*, 211, 471
Septotinia —————————— 088
Septotis —————————— 088

Setoidium ————————————
　　086, 118, 123, 124, 125
Setosphaeria turcica —————— 451
Sorataea pruni-persicae —————— 381
Sphacelia —————————— 138
Sphaceloma ————— *059*, 088,
　　090, 117, 165, 214, **215**
　ampelinum ————— 214, 221
　araliae ————— *059*, **221**, 451
　violae ——————————— 471
　sp.（アジサイそうか病菌）————
　　————————————— *059*, **222**
　sp.（ニンジンそうか病菌）— 457
Sphaerodothis —————————— 087
Sphaeropsis ————— *054*, 088,
　　090, 165, **203**, 205, *299*
　sp.（ザクロ褐斑病菌）— *054*, **211**
　sp. —————————————— 205
Sphaerotheca ————— *014*, 119,
　　121. 122, 124, 125, 131
　cucurbitae ————— *014*, 132
　fusca ——————————— 014
Sphaerulina —————————— 088
Spilocaea —————————— 088
Spongospora — *002*, 085, 099, **100**
　subterranea f.sp. *nasturtii* —— 100
　f.sp. *subterranea*
　　002, 099, **100**, 418, 451
Sporisorium —————————— 088
Stagonospora — *054*, 090, **203**, 205
　curtisii ————— *054*, **212**
　euonymicola ————— *054*, 212
　maackiae ————— 205, 212
Stemphylium ————————————
　　065, 088, 224, **225**, 226
　botryosum — *065*, 235, 406, 458
　lycopersici ————— 224, 235
　solani ————— 224, 236
　vesicarium ————— *065*, **236**
Stereostratum ————————————
　　044, 089, **183**, **426**, 427
　corticioides ————— *044*, 194, **427**
Striatoidium ————— 123, 124, 125
Synchytrium ————— 086, 111, **112**
　minutum ——————————— 112
Takamatsuella —————————— 122
Talaromyces —————————— 223
Taphrina ————————————
　　009, 086, 116, **117**, 377
　deformans ————— *009*, **117**, 465
　epiphylla ——————————— 116
　farlowii ——————————— 117
　johansonii —————————— 116
　mume ————————— 117, 465
　puruni ——————————— **117**
　wiesneri ————— *009*, 117, 478
Thanatephorus ————————————

　　048, 089, 176, **198**, 245, **430**
　cucumeris ————————————
　　048, **198**, 400, **430**, **431**, 451
Thekopsora —————————— 089
Thielaviopsis ————— 134, 135
　basicola ——————————— 471
Tilletia ————————————
　　036, 088, **177**, **428**, 429
　caries ————— *036*, **178**, 451
　controversa —————————— 179
Trametes ————— *047*, 090, **196**
　versicolor ————— *047*, **198**
Trichoderma ————— 136, 138
　viride ——————————— 451
Tubakia ————————————
　　055, 090, 205, **206**, 248, **424**
　dryina ————— *055*, **213**
　japonica ————— *055*, **213**
　subglobosa ————— 205, 213
Tubercularia ————— 087, 136, 139
　vulgaris ——————————— 144
Typhula ————— *048*, 089, **199**, 246
　ishikariensis ————— *048*, **199**
Typhulochaeta ————— 118, 121
Uncinula ————— *012*, 118,
　　121, 122, 124, 125, 129
　sp. ——————————————— 120
Uncinuliella — 118, 124, 125, 129
　australiana ————— *012*, 129
Uredo —————————————— 089
Urocystis ————— *036*, 088, **177**, **428**
　pseudoanemones — *036*, 179, 428
　tranzscheliana ————— *036*, **179**
　violae ——————————— 179
Uromyces ————————— *044*, 089,
　　182, **183**, 185, **426**, 427, 428
　amurensis —————————— 194
　dianthi ————— 194, 471
　laburni ——————————— 194
　lespedezae-procumbentis var. *lespedezae-*
　　procumbentis ——————— 195
　truncicola ————— *044*, 195
　viciae-fabae var. *viciae-fabae* ——
　　　　　　　　　　044, 185, **195**
Urophlyctis alfalfae —————— 111
Ustilago — *037*, 088, **178**, **428**, 429
　maydis ————— *037*, **179**, **430**, 451
　nuda ————— **180**, 429, 451
　shiraiana ——————————— 180
Valsa ————————————
　　025, 087, 150, 151, **152**, **424**
　ambiens ————— 157, 465, 478
　ceratosperma ————————————
　　　　　　025, 150, **157**, 465
Venturia — *035*, 088, 166, 239
　inaequalis ————— 175, 465
　nashicola ————— *035*, **175**, 465

〔菌類の学名（続き）〕

- *pirina* —— 175
- *Verticillium* —— *066*, 091, 136, 138, 140, 224, **225**, 378, 391, **424**, 443
  - *dahliae* — *066*, 093, 224, **236**, 378, 401, 424, 457, 458, 471
  - *longisporum* —— 457
- *Vestergrenia* —— 088
- *Villosiclava virens* —— *017*, 142
- *Volutella* —— 087, 136, 137, 139
  - *pachysandricola* —— 147
- *Wilsoniana portulacae* —— 107
- *Zaghouania* —— 089
- *Zygophiala* —— *067*, 091, **225**
  - *jamaicensis* — *067*, **237**, 465
- *Zythia* —— 151
  - *fragariae* —— 154
- *Zythiostroma* —— 136

【菌類の和名】

〔個別和名〕

- アイリスさび斑病菌 —— 424
- アオキ炭疽病菌 —— 424
- アジサイそうか病菌 — *059*, 222
- アセビ褐斑病菌 — *052*, 210
- アメリカイワナンテン褐斑病菌 — *032*, 170
- イネいもち病菌 —— 094, 377
- イリスさび斑病菌 —— 424
- ウメうどんこ病菌 —— 423
  - 変葉病菌 —— 381
- オオチリメンタケ —— 196
- オオムギうどんこ病菌 —— 378
- カシ紫かび病菌 —— 422
- カナメモチ（ベニカナメモチ）ごま色斑点病菌 —— 097, 426
- カワウソタケ —— *046*, 197, 436
- カワラタケ —— *047*, 198, 436
- キク白さび病菌 —— 428
- キュウリつる割病菌 —— 446
- キノイロノナタケ —— 196
- クサヨシさび病菌 —— 381
- クワ裏うどんこ病菌 —— 422
- コフキサルノコシカケ（コフキタケ） —— 197
- コフキタケ — *046*, 196, 197, *297*, 431, 436
- コムギ黒さび病菌 —— 381
  - 赤さび病菌 —— 381
- ザクロ褐斑病菌 —— *054*, 212
- ササさび病菌 —— 428
- シバさび病菌 —— 381
- シャガさび斑病菌 —— 424
- ジャガイモ疫病菌 — 093, 094, 378
  - 粉状そうか病菌 — *002*, 099, 418

- ススキさび病菌 —— 381
- セイヨウキヅタ褐斑病菌 —— 172
- セイヨウシャクナゲ葉斑病菌 — 426
- タケ 赤衣病菌 —— 427
- タケさび病菌 —— 381
- タブノキ白粉病菌 —— 097
- チャアナタケモドキ —— 465
- チャカイガラタケ —— *045*, 197
- ツツジもち病菌 —— 430
- トウカエデうどんこ病菌 —— 015
- トマト萎凋病菌 —— 093, 094
  - 根腐萎凋病菌 —— 093
  - 葉かび病菌 —— 093, 378
- ナシ赤星病菌 —— 287, 380, 381, 404, 447
- ナラタケ — 045, 196, 197, *295*, 436
- ナラタケモドキ — *045*, 196, 197, 297, 436
- ナラ毛さび病菌 —— 428
- ニシキギ円星病菌 —— 054
- ニチニチソウ疫病菌 —— 421
- ニリンソウ黒穂病菌 —— 428
- ニレサルノコシカケ —— *305*
- ネギ黒腐菌核病菌 —— 246, 382
  - さび病菌 —— 428
- ハナミズキうどんこ病菌 —— 422
- ヒイラギナンテン炭疽病菌 —— 424
- ビャクシンさび病菌 —— 428, 447
- フッキソウ紅粒茎枯病菌 —— *021*, 424
- ブドウべと病菌 —— 381
- ベッコウタケ — *047*, 196, 198, *297*, 431, 436
- ヘデラ褐斑病菌 —— 172
  - 炭疽病菌 —— 424
- ホウレンソウべと病菌 — 094, 378
- ホオズキうどんこ病菌 — *012*, **130**
- マゴジャクシ —— 196
- マツこぶ病菌 —— 381
- マツオウジ —— 436
- マンネンタケ —— 196
- ムギうどんこ病菌 —— 422
- ムギさび病菌 —— 378
- メロン黒点根腐病菌 —— 097
- モッコク葉焼病菌 —— 172
- モモ白さび病菌 —— 381
- ユキヤナギうどんこ病菌 —— 422
- ラッカセイ汚斑病菌 —— 207
- リンゴ赤星病菌 —— 381, 404
  - 輪紋病菌 —— *030*

〔総称和名〕

- 赤かび病菌 —— 143
- 赤衣病菌 —— **200**
- アンブロシア菌 —— 443
- 萎黄病菌（アブラナ科野菜） — 093

- うどんこ病菌 —— *011*, *012*, *013*, *014*, *015*, 098, 118, 120, **121**, 122, 124, 202, 248, *300*, *302*, *303*, 340, 349, 377, 378, 391, 405, 410, 412, 415, 422
- 疫病菌 —— 083, 094, **102**, 349, 377, 378, 418, 419, 420, 443
- 枝枯病菌 —— 424
- 菌核病菌 —— 117, 378, 400, 424
- クモノスカビ —— 421
- くもの巣病菌 —— 400
- 黒穂病菌 —— *035*, *036*, *037*, 176, **177**, *299*, 377, 378, 391, 404, 428
- コウガイカビ —— 421
- こうがいかび病菌 —— 094
- こうやく病菌 —— 377, 430, 431
- 黒紋病菌 —— **164**
- ごま色斑点病菌 —— 424
- 材質腐朽菌 — 176, 195, 377, 378
- さび病菌 —— *038*, *039*, *040*, *041*, *042*, *043*, *044*, 098, 176, 181, 184, 185, *298*, 340, 341, 377, 378, 380, 381, 389, 391, 404, 426, 427, 447
- 植物炭疽病菌 —— 148, 213
- 白絹病菌 —— 246, 354, 377, 378, 382, 391, 400, 430, 431
- 白さび病菌 — 107, 377, 418, 420, 421
- 白紋羽病菌 — 162, 377, 378, 400, 424
- すす病菌 —— 377, 439
- 青変菌 —— 442
- 青変病菌 —— *306*
- そうか病菌 —— 117, 423
- 炭疽病菌 — *022*, 117, 148, 213, 249, 349, 377, 378, 423, 426
- 胴枯病菌 —— *023*, *024*, 149, 150, 378, 423, 424
- とうそう病菌 —— 423
- 苗立枯病菌 —— 382
- ならたけ病菌 —— 431
- 根こぶ病菌 —— 094, 382, 353, 377, 378, 418, 443
- 灰色かび病菌 — 097, 117, 377, 378, 392, 442
- 灰色こうやく病菌 —— *306*
- 葉腐病菌 —— 400
- 腐らん病菌 —— 149, 150, 424
- 粉状そうか病菌 —— 100, 418
- べと病菌 —— *007*, 101, 107, 108, *109*, 349, 377, 378, 418, 419, 421
- 変形病菌 —— 377
- 紫紋羽病菌 — 176, 377, 378, 400, 430, 431

□ 病原体等の索引

木材腐朽菌 ————————
　　045, 046, 047, 176, **195**, 430
もち病菌 ———— *037*, 176, **180**, 430
ラファエレア菌 ——————— 443

【細　菌】

Agrobacterium tumefaciens ———— 457
Burkholderia andropogonis ———— 471
　caryophylli ————————— 471
　gladioli —————————— 451
　plantarii —————————— 451
Clavibacter michiganensis
　subsp. michiganensis ———— 457
　subsp. sepedonicus ———— 451
Curtobacterium flaccumfaciens pv. oortii
　　　　　　　　　　　　　——— 471
Dickeya zeae —————————— 451
Pantoea agglomerans ————— 471
Pectobacterium carotovorum ———
　　　　　　　　　457, 458, 471
Phytoplasma（Candidatus Phytoplasma
　oryzae）————————— 451
Pseudomonas cannabina pv. alisalensis
　　　　　　　　　　　　　——— 457
　cichorii ————————— 457, 471
　savastanoi pv. glycinea ——— 451
　syringae pv. lachrymans ——— 457
　　pv. morsprunorum ———— 465
　　pv. theae ———————— 451
　viridiflava ————————— 458
Ralstonia solanacearum ——— 457, 458
Rhizobacter dauci —————— 457
Rhizobium radiobacter ————— 471
　sp. ————————— 471, 478
Streptomyces ipomoeae ———— 451
　scabies —————————— 451
Xanthomonas arboricola pv. pruni
　　　　　　　　　　　　　——— 465
　pv. glycinea ——————— 451
　axonopodis pv. vitians ——— 457
　campestris pv. campestris ——— 457
　citri subsp. citri ————— 465
　cucurbitae ————————— 457
　oryzae pv. oryzae ————— 451

【ウイルス・ウイロイド】

BBWV（Broad bean wilt virus；
　ソラマメウイルトウイルス）——
　　　　　　　　　　　458, 471
BBWV-2（Broad bean wilt virus 2；
　ソラマメウイルトウイルス 2）— 457
BPYV（Beet pseudoyellows virus；
　ビートシュードイエロースウイルス）

—————————————— 457
CCYV（Cucurbit chlorotic yellows virus；
　ウリ類退緑黄化ウイルス）——— 457
CeMV（Celery mosaic virus；
　セルリーモザイクウイルス）— 457
CEVd（Citrus exocortis viroid；
　カンキツエクソコーティスウイロイド）
　　　　　　　　　　　　　——— 465
CMV（Cucumber mosaic virus；
　キュウリモザイクウイルス）——
　　　　　　　　451, 457, 471
CSNV（Chrysanthemum stem necrosis
　virus；キク茎えそウイルス）— 471
CSVd（Chrysanthemum stunt viroid；
　キク矮化ウイロイド）———— 471
CTV（Citrus tristeza virus；
　カンキツトリステザウイルス）
　　　　　　　　　　　　　——— 465
INSV（Impatiens necrotic spot virus；
　インパチエンスえそ斑点ウイルス）
　　　　　　　　　　　　　——— 471
IYSV（Iris yellow spot virus；
　アイリスイエロースポットウイルス）
　　　　　　　　　　　　　——— 458
LMoV（Lily mottle virus；
　ユリ微斑ウイルス）———— 471
MiLBVV（Mirafiori lettuce big-vein virus；
　レタスビックベインミラフィオリウ
　イルス）—————————— 112
MYSV（Melon yellow spot virus；
　メロン黄化えそウイルス）——— 457
PLRV（Potato leafroll virus；
　ジャガイモ葉巻ウイルス）——— 451
PPV（Plum pox virus；
　ウメ輪紋ウイルス）———— 465
PVX（Potato virus X；
　ジャガイモ X ウイルス）——— 451
RDV（Rice dwarf virus；
　イネ萎縮ウイルス）———— 451
RSV（Rice stripe virus；
　イネ縞葉枯ウイルス）———— 451
SDV（Satsuma dwarf virus；
　温州萎縮ウイルス）———— 465
SYSV（Shallot yellow stripe virus；
　シャロット黄色条斑ウイルス）
　　　　　　　　　　　　　——— 458
TbLCJV（Tobacco leaf curl Japan virus；
　タバコ巻葉日本ウイルス）——— 457
TBV（Tulip breaking virus；
　チューリップモザイクウイルス）
　　　　　　　　　　　　　——— 471
TNV-D（Tobacco necrosis virus D；
　タバコえそウイルス D）— 112, 471
TSWV（Tomato spotted wilt virus；
　トマト黄化えそウイルス）——— 457
TuMV（Turnip mosaic virus；
　カブモザイクウイルス）——— 457

TYLCV（Tomato yellow leaf curl virus；
　トマト黄化葉巻ウイルス）——— 457
WYMV（Wheat yellow mosaic virus；
　コムギ縞萎縮ウイルス）———— 451

【線　虫】

イチゴセンチュウ ———— 279, 471
イチゴメセンチュウ ———— 358
イネシンガレセンチュウ— 279, 358
キタネグサレセンチュウ ————
　　　　　　　279, 457, 458
クルミネグサレセンチュウ ——— 458
シストセンチュウ類 ———— 446
ダイズシストセンチュウ— 279, 446
ネグサレセンチュウ類 — 279, 446
ネコブセンチュウ類 ——— 307, 416
マツノザイセンチュウ ————
　　　　　　306, 358, 441, 442

【昆虫・ダニ類】

アザミウマ類 ————————
　　　　282, 357, 359, 361, 405
アブラムシ類 ————— 357, 361
アメリカシロヒトリ —— 280, 361
イチモンジセセリ ———— 361
イラガ類 —————————— 360
ウンカ類 —————————— 361
エゴタマバエ ———————— 308
エノキハトガリタマバエ ——— 445
オオタバコガ ————— 281, 361
オビカレハ ————————— 368
オンシツコナジラミ ———— 282
カイガラムシ類 ————————
　　306, 361, 400, 440, 441, 445
カキクダアザミウマ ———— 282
カサアブラムシ類 ————— 445
カシノナガキクイムシ ————
　　　　　　　307, 442, 443
カミキリムシ類 ———— 361
カメムシ類 ————— 281, 361
カワリコアブラムシ ———— 282
カンザワハダニ ———————— 283
キクイムシ類 ———— 361
キジラミ類 ——— 306, 361, 444
キスジノミハムシ ————— 361
キバガ類 ————————— 361
キモグリバエ類 ———— 445
クダアザミウマ ———— 445
クリタマバチ ————— 308, 361
クワシロカイガラムシ ——— 440
グンバイムシ類 ————— 445
コウモリガ ————— 361, 400
コガネムシ類 ————— 361

コナガ ― 280, 360	チャノホコリダニ ― 283	ブドウネアブラムシ ― 361
コナジラミ類 ― 357, 361, 435, 439, 445	チャバネアオカメムシ ― 281	ブドウハモグリダニ ― 308
	チュウレンジハバチ ― 280	プラタナスグンバイ ― 282
コナダニ類 ― 361	トドマツニセカキカイガラムシ ― 440	ヘリグロテントウノミハムシ ― 281
コバチ類 ― 445		ホソクチゾウ ― 445
ゴマダラカミキリ ― 281	トマトサビダニ ― 283	マツカキカイガラムシ ― 283, 479
サクラアカカイガラムシ ― 440	ナモグリバエ ― 280	マツカサアブラムシ ― 281
サビダニ類 ― 360	ニジュウヤホシテントウ ― 281	マツカレハ ― 280
シクラメンホコリダニ ― 283	ニッケイトガリキジラミ ― 308	マツノマダラカミキリ ― 306, 441, 442
シャクトリムシ類 ― 360	ネギハモグリバエ ― 361	
小蛾類 ― 445	ネキリムシ類 ― 361	マメハモグリバエ ― 361
シンクイムシ類 ― 361	ネダニ類 ― 361	ミカンキイロアザミウマ ― 282
スカシバガ類 ― 361, 444	ハスモンヨトウ ― 280	ミカンハモグリガ ― 280, 361
スギノハダニ ― 479	ハダニ類 ― 361, 479	ミノガ類 ― 360
スズメガ類 ― 361	ハナノミ類 ― 445	ミバエ ― 445
ゾウムシ類 ― 361, 445	ハバチ類 ― 360, 444	メイガ類 ― 361
ソロメフクレダニ ― 308	ハマキムシ類 ― 361	モモチョッキリゾウムシ ― 361
タネバエ類 ― 361	ハムシ類 ― 361	モンシロチョウ ― 280, 360
タバココナジラミ ― 282, 306	ハモグリバエ ― 445	ヤナギエダタマバエ ― 445
タマネギバエ ― 361	ハモグリバエ類 ― 361, 445	ヤノネカイガラムシ ― 283
タマバエ類 ― 444, 445	バラハタマバチ ― 308	ヨコバイ類 ― 261
タマバチ ― 361, 444	ハリガネムシ類 ― 361	ヨトウガ類 ― 360
タマワタムシ ― 444	フィロキセラ ― 445	ヨモギワタタマバエ ― 445
チャドクガ ― 280, 360	フシダニ類 ― 308, 361, 445	ロビンネダニ ― 283

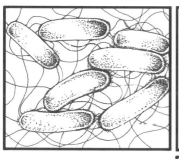

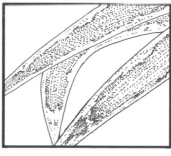
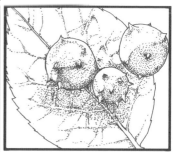

編者、執筆者、図表・写真提供者一覧

■編　者

堀江博道〔法政大学植物医科学センター副センター長；元法政大学生命科学部植物医科学専修 教授〕

【略歴】東京都農業試験場（東京都農林総合研究センター；研究員、大島園芸技術センター所長、環境部長、安全環境科長）、同・農林水産部（病害虫防除所主任、病害虫専門技術員）、東京大学大学院農学生命科学研究科 植物医科学研究室特任教授 ◇日本植物病理学会学術奨励賞（観賞緑化樹木の病害に関する研究）、同・学会賞（各種園芸作物病害の診断と生態および防除に関する研究）、樹木医学会功績賞（緑化樹木の病害研究および植物医科学の実践）、財団法人 農業技術協会 農業功労者表彰（特産作物に多発した未解明病害の原因究明と対策並びに普及指導）◇農学博士、技術士（農業部門）、樹木医

■執筆者

(50 音順；〔　〕は 2013 年 3 月現在の所属；属種・項目名は分担執筆の箇所；＊は共著項目；「植物病原アトラス」からの引用は同書の執筆分担による；学名は第Ⅰ編の該当項目)

阿部恭久〔日本大学生物資源科学部〕*Armillaria、Daedaleopsis、Ganoderma、Inonotus、Perenniporia、Trametes*

梅本清作〔千葉県農業者大学校〕*Venturia nashicola*

小野泰典〔第一三共 RD ノバーレ(株)〕*Penicillium、Pestalosphaeria、Pestalotiopsis*＊

柿嶌 眞〔筑波大学大学院生命環境科学研究科〕*Aecidium*＊、*Blastospora*＊、*Coleosporium*＊、*Cronartium*＊、*Graphiola*＊、*Gymnosporangium*＊、*Melampsora*＊、*Nyssopsora*＊、*Phakopsora*＊、*Phragmidium*＊、*Pileolaria*＊、*Puccinia*＊、*Stereostratum*＊、*Tilletia*＊、*Urocystis*＊、*Uromyces*＊、*Ustilago*＊

鍵和田 聡〔法政大学生命科学部植物医科学専修〕Ⅱ編Ⅰ-1（3 病原微生物の同定技術）、ノート 2.6

梶谷裕二〔福岡県農林水産部〕*Ceratocystis ficicola*（症状と伝染）

神庭正則〔(株)エコル〕Ⅱ編Ⅱ-7（2 材質腐朽の診断）

兼松聡子〔果樹研究所りんご研究部〕*Diaporthe kyushuensis*

酒井 宏〔群馬県農政部〕*Monosporascus*＊

佐藤幸生〔富山県立大学工学部〕*Blumeria*＊、*Cystotheca*＊、*Erysiphe*＊、*Golovinomyces*＊、*Phyllactinia*＊、*Podosphaera*＊、*Sawadaea*＊、Ⅱ編Ⅱ-5（3 うどんこ病菌アナモルフの観察方法＊）

周藤靖雄〔元島根県林業試験場〕*Rhytisma*、Ⅱ編Ⅱ-8（2 樹木の枝や幹に発生する「こうやく病」とカイガラムシの関係）

竹内 純〔東京都島しょ農林水産総合センター〕*Aspergillus*＊、*Choanephora*＊、*Colletotrichum*＊、*Cylindrocarpon*＊、*Guignardia*＊、*Lasiodiplodia*＊、*Phoma*＊、*Pythium*＊、*Plectosporium*、*Pseudonectoria*

竹本周平〔森林総合研究所〕*Rosellinia*

中島千晴〔三重大学大学院生物資源学研究科〕Ⅰ編Ⅱ-7（4 *Cercospora* 属および関連属菌類）

中山尊登〔北海道農業研究センター〕*Spongospora subterranea*

那須英夫〔元岡山県農業総合センター〕*Zygophiala*

西川盾士〔(株)サカタのタネ〕*Alternaria、Stemphylium*

根岸寛光〔東京農業大学農学部〕*Elsinoë ampelina*

橋本光司〔東京大学大学院農学生命科学研究科；法政大学植物医科学専修〕Ⅰ編：菌種別の「症状と伝染」の項＊、Ⅱ編全般＊、ノート 2.3, 2.4, 2.10, 2.11, 2.14, 2.17

廣岡裕吏〔森林総合研究所〕*Bionectria、Calonectria、Claviceps、Fusarium、Gibberella、Haematonectria、Heteroepichloë、Nectria、Neonectria、Pleonectria、Rugonectria*

星 秀男〔東京都農林総合研究センター〕II編II-5（3 うどんこ病菌アナモルフの観察方法＊）
堀江博道〔前掲〕I編・II編全般＊、ノート1.1〜1.5；2.1, 2.2, 2.5, 2.7〜2.9, 2.12, 2.13, 2.15, 2.16
升屋勇人〔森林総合研究所〕 *Ceratocystis*、*C. ficicola*（形態）、*Haradamyces*
松下範久〔東京大学大学院農学生命科学研究科〕II編II-8（4 カシノナガキクイムシとナラ・カシ類樹木の萎凋病）
松本直幸〔北海道大学大学院農学研究科〕 *Typhula ishikariensis*
雪田金助〔青森県農林総合研究センター農産物加工研究所〕 *Valsa ceratosperma*

■図表・写真提供者

☑図表・写真掲載箇所に明記した提供者（50音順）

青野信男　秋野聖之　我孫子和雄　阿部善三郎　阿部恭久　飯島章彦　飯嶋勉　飯塚康雄
石川成寿　市川和規　稲葉重樹　牛山欽司　梅本清作　漆原寿彦　栄森弘己　尾形正　小野剛
小野泰典　小野義隆　柿嶌眞　鍵渡徳次　鍵和田聡　梶谷裕二　勝本謙　神庭正則　金子繁
兼松聡子　川合昭　小林享夫　小林正伸　近藤賢一　酒井宏　佐々木克彦　佐藤豊三　佐藤幸生
須崎浩一　鈴木健一　周藤靖雄　高野喜八郎　高橋幸吉　高松進　竹内浩二　竹内純　竹内妙子
竹本周平　田代暢哉　田中明美　田中潔　田端雅進　近岡一郎　外側正之　中島英理夏　中島千晴
中村重正　中村仁　中山尊登　那須英夫　西川盾士　西島卓也　根岸寛光　原田幸雄　廣岡裕吏
藤永真史　古川聡子　星秀男　升屋勇人　松下範久　松本直幸　三澤知央　宮本善秋　向畠博行
本橋慶一　守川俊幸　山岡裕一　雪田金助　渡辺京子　（有）テラテック　千葉県農林水産部

☑提供者を明記していない図表・写真は下記の所属

堀江博道　法政大学植物医科学専修／総合診療研究室（＝堀江研究室）：阿部美咲　飯嶌柚奈
飯浜春奈　市之瀬玲美　今村有希　小野かすみ　小場悠貴子　久保田祐衣　来栖槙一郎　小林紀晃
坂口萌　笹井裕里　信太直也　志村美彩子　武田竜太朗　舘彩香　中村拓也　堀野龍介
前野早衣子　松本寛崇　森田琴子；佐野真知子　吉澤祐太朗
◇挿絵：太田智子（p073／079／080／081／092／248／249／305／309／398／399／〔3〕(2)）

■「植物医科学叢書」企画

西尾健・堀江博道・濱本宏・鍵和田聡〔法政大学生命科学部植物医科学専修〕
島田和幸〔（株）誠昌印刷〕

植物医科学叢書　既刊本

No. 2　植物医科学実験マニュアル
　　　－植物障害の基礎知識と臨床実践を学ぶ－
　　　　　　　　　（2016年1月発行）

No. 3　樹木医ことはじめ
　　　－樹木の文化・健康と保護、そして樹木医の多様な活動－
　　　　　　　　　（2016年9月発行）

No. 4　植物医科学の世界
　　　－植物障害の診断を極め、食料・環境の未来を拓く－
　　　　　　　　　（2017年4月発行）

カラー図説　植物病原菌類の見分け方　上下巻　増補改訂版
　　　　　～身近な菌類病を観察する～

下巻　第Ⅱ編　植物の病気およびその診断　～とくに菌類病の見分け方～

〈分売不可〉
2018年3月31日 初版発行

＊本書は「カラー図説　植物病原菌類の見分け方　上下巻」（2014年2月14日　初版発行）の増補改訂版になります。
　増補改訂版の刊行にあたり、下巻「Ⅱ-11」を増補し、それに合わせてカラー口絵と索引を充実させました。

編　者　堀江博道（法政大学 植物医科学センター）
発行者　島田和夫
発行元　一般財団法人 農林産業研究所
発売元　株式会社大誠社
　　　　〒162-0813
　　　　東京都新宿区東五軒町 5-6
　　　　電話 03-5225-9627
印刷所　株式会社誠晃印刷

定価はカバーに表示してあります。乱丁・落丁がございましたらお取り替えいたします。
本書の内容の一部あるいは全部を無断で複製複写（コピー）することは法律で認められた場合を除き、著作権および出版権の侵害になります。
その場合は、あらかじめ発行元に許諾を求めてください。

ISBN978-4-86518-074-9
©2018 Hiromichi Horie, Printed in Japan